鄱阳湖研究丛书

鄱阳湖湿地生态系统监测指标与技术

于秀波 纪伟涛 等 著

科学出版社
北京

内 容 简 介

　　本书以实际监测和多方专家研讨为基础，系统记录了鄱阳湖水文、水质、土壤、湿地植物、水鸟栖息地、鱼类资源、浮游植物和底栖动物等信息。本书为鄱阳湖保护、监测与调控提供了技术规范，可为政府相关决策部门提供科学依据，对我国湿地监测与管理有很好的推动作用。

　　本书可供从事湿地保护与监测研究的科研人员参考，也可供湿地类型保护区和国家公园的管理、技术人员，以及关心湿地保护的公众阅读。

图书在版编目（CIP）数据

鄱阳湖湿地生态系统监测指标与技术/于秀波等著. —北京：科学出版社，
2023.3

　（鄱阳湖研究丛书）

　ISBN 978-7-03-074171-4

Ⅰ. ①鄱… Ⅱ. ①于… Ⅲ. ①鄱阳湖–沼泽化地–生态系统–环境监测–
研究 Ⅳ. ①P931.7

中国版本图书馆 CIP 数据核字（2022）第 236137 号

责任编辑：王海光 / 责任校对：郝甜甜
责任印制：吴兆东 / 封面设计：无极书装

科学出版社 出版

北京东黄城根北街 16 号
邮政编码：100717
http://www.sciencep.com

北京中科印刷有限公司 印刷

科学出版社发行　　各地新华书店经销

*

2023 年 3 月第 一 版　　开本：787×1092 1/16
2023 年 3 月第一次印刷　　印张：15 1/4
字数：360 000

定价：298.00 元
（如有印装质量问题，我社负责调换）

丛 书 序

　　长江经济带是我国综合实力最强、战略支撑作用最大的重点区域,在我国社会经济活动中扮演着极其重要的角色。长江干流及其关联湖泊的水环境、水生态问题是关系长江经济带绿色发展的关键。鄱阳湖是中国最大的淡水湖泊,也是长江流域最大的通江湖泊。长期以来,鄱阳湖与长江的复杂交汇过程、独特的水文节律、洲滩湿地生态及生物多样性等一直是热点研究领域。特别是近年来,鄱阳湖秋冬季干枯引发水生态和水环境问题,引起政府和社会各界的广泛关注。

　　2016 年 9 月,在江西省水利厅的委托下,"鄱阳湖水生态综合模型研究及开发"项目正式启动。项目由中国科学院地理科学与资源研究所牵头,联合中国科学院南京地理与湖泊研究所、南昌大学、北京林业大学等多家单位共同承担。项目以鄱阳湖水文、水动力过程变化及其湖泊生态系统效应研究为核心,通过系统的监测和调查研究,构建并集成了"鄱阳湖水生态综合模型",实现了对湖泊水文、水动力、水质、浮游生物、湿地植被、水鸟栖息地及鱼类资源的集成模拟,搭建了鄱阳湖数据库信息平台,可视化展示了鄱阳湖水生态、水环境的现状及未来演变趋势。同时回应了一些社会关切的热点问题,为鄱阳湖水文调控提供了科学依据。

　　我作为项目的指导专家,参与了项目立项、中期评估和验收的全部过程。非常欣喜地看到"鄱阳湖水生态综合模型研究及开发"项目取得了丰硕的、高水平的研究成果。为促进项目成果的推广,项目指导委员会建议编写"鄱阳湖研究丛书",我希望该成果能为长江中下游相关的水利、生态环保、林业等政府部门和研究机构提供科学参考。

　　当前,生态文明建设成为国家发展战略的重要内容,开展鄱阳湖水生态、水环境模拟,预判未来的变化趋势是长江经济带发展和管理决策的现实需求。2019 年 2 月,中国科学院战略性先导科技专项"美丽中国生态文明建设科技工程"启动,我作为项目总体组的专家和"长江经济带干流水环境水生态综合治理与应用"项目的负责人,主持研发和集成监控-模拟-管理互联的"长江模拟器"。我相信,该丛书的相关成果将为"长江模拟器"的建设提供实证研究,为长江干流水环境综合整治、上游水库联合调度等提供科学支撑。

夏 军

中国科学院院士

2019 年 11 月

前　言

鄱阳湖是我国第一大淡水湖，汇聚赣江、抚河、信江、饶河、修水五大河流及博阳河等支流，由湖口汇入长江，属过水型、吞吐型、季节性通江湖泊。鄱阳湖是长江中下游重要的洪水调蓄区，是长江水系的重要组成部分，鄱阳湖湖泊和流域生态系统是区域经济社会发展的关键性基础资源，维系着长江中下游，尤其是江西省及鄱阳湖生态经济区的生态安全。鄱阳湖也是国际重要湿地和生物多样性热点区域，对保护全球候鸟生物多样性发挥着重要作用。

由于长江上游水利工程的运行、人类活动及降水等自然条件的变化，鄱阳湖枯水时间提前、枯水期延长、水位偏低，由此引起湖泊生态系统结构、生态过程和生态功能发生一系列变化。例如，植被群落组成更替，湿地植物多样性降低，植被类型和生产力时空格局发生改变，湖泊湿地国际重要水鸟栖息地功能面临不确定变化趋势；湖泊水环境恶化，食物网结构完整性和功能稳定性的维持存在风险。湖泊水文情势的变化降低了湖泊生态系统环境承载能力，对区域社会经济发展已然造成不利影响，鄱阳湖枯水期导致周边地区供水困难，灌溉水源不足，渔业资源衰退，通航能力下降。

为应对鄱阳湖水文情势变化，以及伴随而来的生态、经济和社会问题，鄱阳湖水利枢纽工程被再次提上议程。鄱阳湖水利枢纽工程为开放式全闸工程，其目标为提高鄱阳湖枯水期水资源和环境承载能力，改善供水、灌溉、生态环境、渔业、航运的不利状况，保护水资源，科学恢复和调整江湖关系。鄱阳湖水利枢纽工程一经提出就成为争论热点。支持和反对两方面的声音蕴含了湖泊生态系统的生态功能与社会经济功能之间的权衡，这要求决策者统筹兼顾，对湖泊生态系统在各种情景下可能发生的变化及其影响做出科学可靠的预判，找到维持生态功能和促进社会经济发展之间的平衡点。

为贯彻落实党的十八大精神和中央关于加快水利改革发展的决策部署，水利部于2014年发布《关于加强河湖管理工作的指导意见》，指出：全面提升河湖管理的法制化、规范化和专业化水平，实现传统管理向现代管理、粗放管理向精细管理转变，保障防洪和供水安全，促进湖泊休养生息，维护河湖健康生命，推进水生态文明建设。由于鄱阳湖生态功能和社会经济功能的多样性，可持续的现代化精细管理对于协调区域社会经济发展与湖泊生态系统健康之间的关系非常必要。鄱阳湖生态文明建设是鄱阳湖区域经济发展的生态安全基础，是推进区域生态文明建设的综合体现。

当前鄱阳湖在管理上面临诸多难题，国土、林业、水利、环保、农业等多部门管理，决策和管理机制存在相互掣肘、责权落实不明等问题，导致湖泊自然生态资源被无序利用。因此，多个管理部门之间的高效协调、综合性湖泊管理机制的制定是鄱阳湖管理需要探索的议题，这需要对各种管理方式给鄱阳湖生态系统可能带来的影响做出预先评估。鄱阳湖是水文节律驱动的开放性生态系统。以水文情势的演变为基础，建立一个涵盖水文、水质、湿地生态系统结构和生态功能的鄱阳湖生态模型，对鄱阳湖的保护和管理十分重要。

在此背景下，中国科学院地理科学与资源研究所受江西省鄱阳湖水利枢纽建设办公室委托，执行"鄱阳湖水生态综合模型研究及开发"项目。项目实施过程中，在鄱阳湖设置了多个监测固定场站与监测样带，持续对鄱阳湖及其典型子湖进行综合监测，并提出了构建鄱阳湖水生态综合模型，模拟鄱阳湖的水文情势变化和水质演变，预测湿地植被群落及其生产力时空格局动态，以食物网为媒介，刻画鄱阳湖生态系统物质和能力流通功能的完整性和稳定性，评估鄱阳湖水鸟栖息地的变化趋势。由此夯实鄱阳湖开发、管理决策的科学基础。

出版《鄱阳湖湿地生态系统监测指标与技术》一书是"鄱阳湖水生态综合模型研究及开发"项目的主要任务之一，以展示鄱阳湖水生态综合模型研发过程中采集的基础数据，力求满足鄱阳湖湿地生态系统研究和生态评估对监测技术规范的需求，为保障鄱阳湖水生态综合模型数据库的建立提供规范、系统、完整的数据采集方案，为鄱阳湖生态保护、环境治理、资源开发和保护区建设等相关活动提供技术规范。

本书以鄱阳湖生态系统监测工作为基础，同时参考国内外相关规范、标准和湿地生态系统监测技术规程编写而成。全书分为四章，第一章绪论由于秀波、纪伟涛撰写，第二章鄱阳湖湿地生态系统监测布局由于秀波、张广帅撰写，第三章鄱阳湖湿地生态系统监测方案由于秀波、李海辉、张广帅、张全军撰写，第四章鄱阳湖湿地生态系统监测结果由司武卫、张广帅、王晓龙、张全军、陈江、孔继万、葛刚、应智霞、胡中民、李雅、段明、王玉玉、夏少霞、吴敦华、孟竹剑、甘亮撰写。全书由张全军统稿，于秀波、纪伟涛负责统筹和校审。

本书出版得到"鄱阳湖水生态综合模型研究及开发"项目的资助，在撰写过程中许多科学家给予了指导和帮助，在此表示感谢。

由于时间和水平有限，书中难免存在不足之处，敬请读者不吝赐教并提出宝贵意见。

著 者

2023 年 1 月于北京

目　　录

第一章 绪 论

第一节 研究背景

鄱阳湖是我国第一大淡水湖，汇聚赣江、抚河、信江、饶河、修水五大河流及博阳河等支流，由湖口汇入长江。鄱阳湖是长江中下游重要的洪水调蓄区，是长江水系的重要组成部分。鄱阳湖湖泊和流域生态系统是区域经济社会发展关键资源的生态基础，维系着长江中下游的生态安全。

鄱阳湖是一个开放的生态系统，与长江的天然联系是湿地发育的重要水文环境，作为长江流域仅存的两个大型过水性、吞吐型湖泊之一，与长江保持了长期的天然联系，江湖连通有效地保证了湖泊的水质和生物多样性。鄱阳湖水位涨落受到"五河"（赣江、抚河、信江、饶河、修水）及长江来水的双重影响。鄱阳湖存在着明显的洪、枯水期水位变化，年内水位变化巨大，呈现出独特的水文节律：每年4月至9月为汛期，水位上涨，10月至翌年3月为枯水期，水位下降。水位和水域面积的变化造成鄱阳湖天然湿地各类型之间的动态变化，水位高时，以湖泊为主体，水位低时，以沼泽滩涂为主体，呈现水陆交替出现的生态景观，"高水是湖，低水似河""丰水一片，枯水一线"是鄱阳湖环境特点的写照。鄱阳湖湿地洪枯两季变化悬殊，使鄱阳湖生态系统各生态要素（水文、土壤、气候等）呈高度的时空变异，因此鄱阳湖湿地在中国湖泊湿地中有着重要的地位，是重要的物种基因库。

鄱阳湖多种多样的生境类型为许多物种提供了完成其生命循环所需的全部因子或者复杂生命过程的一部分，形成了丰富的植物多样性和动物多样性，是国际重要湿地和生物多样性热点区域，尤其成为全球关注的众多水禽的越冬栖息地。已记录的鄱阳湖动、植物物种为1690多种，其中，湿地水生、沼生、湿生植物327种，浮游植物319种，浮游动物205种，鱼类136种，鸟类310种，哺乳类52种，两栖、爬行类40种。湖区植被面积约2262 km^2，占全湖总面积的72.2%。不同生境条件下分布着不同的植物群落，其中草本植物占绝对优势，为总种数的71%，莎草植物群系面积最大、类型最多。湿地植被为草食性鱼类和多种越冬水鸟及其他水生动物提供了丰富的食物、栖息地和繁殖场所。在310种鸟类中，冬候鸟155种，夏候鸟107种，留鸟41种，其中，国家一级保护鸟类10种，二级保护鸟类44种。鄱阳湖是世界上95%的白鹤和75%的东方白鹳等珍稀水禽种群的越冬场所，也是迄今发现的世界上最大的越冬鸿雁群体所在地，所栖息的水鸟数量达3万只以上，被誉为"白鹤之乡""候鸟王国"。在136种鱼类中，鲤科最多，占鱼类总数的52.2%，主要经济鱼类有鲤、鲫、草、青、鲢、鳙等，珍贵鱼类有鲥鱼、银鱼、中华鲟等。鄱阳湖既是江湖洄游鱼类的摄食和育肥场所，也是某些过河口洄游性鱼类的繁殖通道或繁殖场，对长江鱼类种质资源保护及种群维持具有重大意义。

水位是维系鄱阳湖植物生长和繁殖的重要因子，对湿地植物群落初级生产力、物种分布、物种多样性及群落的演替都具有极其重要的影响。丰水期，湿地草滩植被完全被淹没，湿生植物受到高水位胁迫影响，大多数植物采取休眠和耐受的生存策略度过，此时沉水植物和浮叶植物占据优势地位，优势物种为竹叶眼子菜、微齿眼子菜、苦草等，但水位过高也会导致沉水植物群落丧失。例如，1998 年长江流域特大洪水导致优势沉水植物竹叶眼子菜和苦草等大面积死亡；平水期，平水位以下的洲滩部分被淹没，形成明显的水位梯度，洲滩优势植物为薹草；枯水期，大片洲滩出露，湿地植被覆盖率达 90%以上，以灰化薹草、蒌蒿、黄背草分布面积最大，而中央湖区和主要碟形湖内堤前大面积干涸，水生植物死亡，进入休眠期。鄱阳湖植物应对剧烈的水位变化，形成了各自的应对适应策略和生存机制。长期以来鄱阳湖逐渐形成了稳定的水位-植物-水鸟协同机制。鄱阳湖丰枯水文节律的变化直接影响湿地植物与候鸟栖息周期，每年 10 月随着鄱阳湖水位降低，草洲开始出露，大批越冬候鸟陆续到达鄱阳湖，冬季出露的洲滩新生长的植被、泥滩洼地及湖泊浅水区是候鸟集中分布的区域。

鄱阳湖湿地水文过程面临流域内外水文情势变化的强烈影响，导致湿地生态环境脆弱、稳定性差。2004 年三峡工程运行后，鄱阳湖与长江的江湖关系发生了重要变化，据研究报告《三峡工程运用后对鄱阳湖及江西"五河"的影响》显示，三峡水库对鄱阳湖的影响时间为每年 10 月 6 日至 11 月 15 日，蓄水期间流量比三峡水库调度前流量减少 5000～8000 m³/s，三峡水库汛末蓄水对鄱阳湖水位的影响非常明显。从历史资料来看，鄱阳湖枯水位（低于星子水位 12 m）一般出现在 12 月，而对近几年枯水期到来的时间统计发现，枯水期提前至 11 月甚至 10 月，鄱阳湖枯水期的到来呈现出提前的趋势。自 2001 年长江中下游干流河道实行全面禁止采砂以来，大量采砂船涌入鄱阳湖，严重破坏了湿地生态环境。据统计，2002～2009 年，每年从鄱阳湖输出的砂石量达 2.36 亿 m³。一方面采砂改变了河湖形态，河床变深，水道变宽，湖口泄流能力增强，向长江排水增多，直接导致鄱阳湖水位下降，枯水期提前；另一方面采砂破坏了湖底原生植被，加速水域荒漠化，降低浮游生物生产力，并严重堵塞了鱼类"三场一通道"，使湖区鱼类资源和鱼类多样性显著下降。

近十年来鄱阳湖呈现枯水期提前的特点对湿地植被演替和候鸟栖息造成了一些影响，原生植物生物量下降、中生植物入侵，水鸟栖息地严重破坏。水位低枯态势下会影响苦草等沉水植物的生长，进而导致越冬候鸟食物减少。此外，由于丰水期出现季节推迟，持续时间较短，可能会逐步改变洲滩土壤的性质，使原有植物群落向偏旱生的群落类型演替，改变鄱阳湖的湿地植物组成结构。目前由于缺少针对鄱阳湖湿地生态系统的长期定位监测和控制实验，特别是针对水文-植物-土壤-动物协同变化的监测，低枯水位对植被与候鸟影响的研究也缺乏长时间序列的具有可比性的系统科学数据，已有的分析和判断存在着难以回避的不确定性，对其变化的机制和未来的变化趋势难以形成共识。

20 世纪初，孙中山先生曾提出过"湖口建闸联通赣粤交通"的构想。20 世纪 50 年代，袁良军先生编著《鄱阳湖湖口建闸蓄水建议书》。20 世纪 80 年代江西省在鄱阳湖综合考察的基础上，编制了《鄱阳湖控湖工程规划》，但由于缺乏系统论证，没有正式实施。近年来，在我国经济迅速发展的背景下，江西省实施"中部崛起""进位赶超"的发展战略，江西省政府于 2008 年提出《鄱阳湖生态经济区规划》，并于 2009 年 12 月 12 日得到国务院批准，上升为国家战略。在此规划中，根据鄱阳湖水文和生态环境变化，特别是枯水期提前、枯水态势持续延长等情况，再次提出了建设鄱阳湖水利枢纽工程，并将其作为《鄱阳湖生态经济区规划》的核心项目之一。以"一湖清水"为目标,以"江湖两利"为原则,按照"调枯不控洪"的方式运行。该工程得到了国内外机构和专家的广泛关注,但同时也存在着许多不同的意见,其中"江湖关系""泥沙冲淤""候鸟保护""湿地演替""渔业资源""生物多样性"等一直是社会关切的焦点问题。

2016 年 10 月,受江西省鄱阳湖水利枢纽建设办公室委托,由中国科学院地理科学与资源研究所牵头,联合中国科学院南京地理与湖泊研究所、南昌大学、北京林业大学等多家单位共同组织实施"鄱阳湖水生态综合模型研究及开发"项目。其中一项主要任务就是编制并出版《鄱阳湖湿地生态系统监测指标与技术》一书。

第二节 规范性引用文件

本规程引用的文件如下。

HJ 495—2009《水质 采样方案设计技术规定》

HJ 493—2009《水质 采样样品的保存和管理技术规定》

HJ/T 166—2004《土壤环境监测技术规范》

GB 3838—2002《地表水环境质量标准》

GB 15618—1995《土壤环境质量标准》

DB11/T 1301—2015《湿地监测技术规程》

GB/T 50138—2010《水位观测标准》

SL 219—2013《水环境监测规范》

HJ 636—2012《水质 总氮的测定 碱性过硫酸钾消解紫外分光光度法》

HJ/T 199—2005《水质 总氮的测定 气相分子吸收光谱法》

HJ 535—2009《水质 氨氮的测定 纳氏试剂分光光度法》

HJ/T 195—2005《水质 氨氮的测定 气相分子吸收光谱法》

SL 84—1994《硝酸盐氮的测定(紫外分光光度法)》

SL 86—1994《水中无机阴离子的测定(离子色谱法)》

GB 7493—87《水质 亚硝酸盐氮的测定 分光光度法》

GB 11893—89《水质 总磷的测定 钼酸铵分光光度法》

GB 11892—89《水质 高锰酸盐指数的测定》

GB 7476—87《水质 钙的测定 EDTA 滴定法》

GB 7477—87《水质 钙和镁总量的测定 EDTA 滴定法》

GB 11896—89《水质 氯化物的测定 硝酸银滴定法》

HJ/T 342—2007《水质 硫酸盐的测定 铬酸钡分光光度法(试行)》

SL 83—1994《碱度(总碱度、重碳酸盐和碳酸盐)的测定(酸滴定法)》

SL 21—2015《降水量观测规范》

SL 247—2012《水文资料整编规范》

HJ 710.7—2014《生物多样性观测技术导则 内陆水域鱼类》

《水和废水监测分析方法》(第四版)(国家环境保护总局《水和废水监测分析方法》编委会，2022)

《陆地生态系统生物观测规范》(中国生态系统研究网络科学委员会，2007)

《水域生态系统观测规范》(中国生态系统研究网络科学委员会，2007年)

《陆地生态系统水环境观测规范》(中国生态系统研究网络科学委员会，2007年)

《陆地生态系统土壤观测规范》(中国生态系统研究网络科学委员会，2007年)

《长江中下游湿地保护网络水鸟调查与监测手册》(长江中下游湿地保护网络水鸟工作组，2008)

《湖泊生态系统观测方法》(陈伟民等，2005)

《湿地生态系统观测方法》(吕宪国，2005)

《湖泊调查技术规程》(中国科学院南京地理与湖泊研究所，2015)

《内陆水域渔业自然资源调查手册》(张觉民和何志辉，1991)

《中国国际重要湿地监测的指标与方法》(张明祥和张建军，2007)

第三节　监测目标与原则

一、监测目标

1. 近期目标

服务于"鄱阳湖水生态综合模型研究及开发"项目的实施，为水生态综合模型验证提供基础数据，针对鄱阳湖水利枢纽工程建设背景下社会各界关切的问题提供科学认识。

2. 长期目标

为鄱阳湖湿地生态系统演变与自然和人文因素作用下的水文、水生态和水环境变化研究及相关的生态评估和预测工作提供全面、系统、连续、一致可比的监测数据，促进鄱阳湖区域可持续健康发展。

二、监测原则

1. 天-地一体化监测原则

充分利用航空航天遥感的覆盖范围广、一致性高的优势及近地遥感高频率和灵活的特点，结合定位监测指标全面、时间连续的优势，建立天-地一体化的湿地监测平台体系(图1-1)。

2. 多站点联合同步性原则

同步监测是捕捉鄱阳湖湿地生态系统特征的有效手段，尤其是对水鸟、水文、水质等与空间移动有关的生态系统要素的监测更为重要。应在监测站点多要素监测的基础上，在每年的丰水期和枯水期各开展一次以上的同步监测，对鄱阳湖水文、水质、植被、土壤、地下水、水生生物、鸟类等生态要素进行全方位的协同调查，建立时间同步、点位统一、要素配套的数据体系。

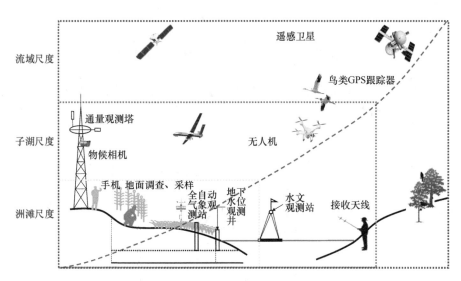

图 1-1 鄱阳湖生态系统天-地-空一体化监测技术体系

3. 技术先进与一致性原则

监测过程中，应优先选择国际通用、方法成熟、技术先进、结果可靠的监测方法或手段，不同监测站点相同生态要素的监测方法应尽可能一致，以保证监测结果的规范性和可比性。

4. 强化典型区监测

在鄱阳湖全面勘察的基础上，根据不同区域的水文、地形地貌和生物多样性特征，确定其生态系统对环境变化尤其是水文过程和人类活动变化的响应敏感程度，应该优先选择生态敏感区域作为生态监测的优先区。

5. 针对性和实用性原则

监测技术规程应涵盖针对鄱阳湖水生态综合模型研发过程中所涉及的湿地生态系统指标的监测方法和规范，应能指导建立鄱阳湖水生态系统综合监测网络，支持获取定量描述鄱阳湖水生态系统结构、过程和功能的变化所需的数据，为预测人类活动和气候变化情景下鄱阳湖水生态系统结构和功能的变化趋势提供科学数据，为全面评价鄱阳湖健康水平、诊断湖泊生态退化、制定湖泊管理方案提供服务。

6. 湖河时空关联原则

鄱阳湖受赣江、抚河、饶河、信江和修水"五河"来水与长江水流倒灌顶托等影响较大。鄱阳湖生态水文过程与湖河联系密切，相互制约，因此在制定鄱阳湖监测方案时，应该充分考虑江湖和河湖之间的关系。

7. 经济性原则

为了节约监测成本，避免重复建设，应该充分利用现有不同部门、不同网络、不同系统的监测站点、定位站，通过协商，合理调配重点监测领域或项目。

第四节　监测方案编制流程

湿地生态系统监测方案的编制工作分为顶层设计阶段、方案研究阶段和方案优化阶段（图 1-2）。在监测方案的顶层设计阶段，通过对监测工作可能涉及的生态因子的现状

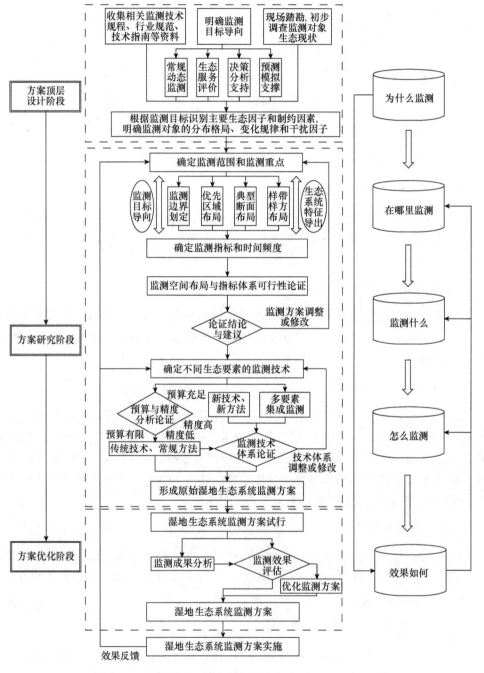

图 1-2　湿地生态监测方案编制流程

调查分析，收集与梳理相关的技术规程、行业规范、技术指南，对目标监测区域进行现场踏勘，收集相关基础信息数据，初步确定目标监测区域的主导环境因子和敏感环境因子。另外，在顶层设计阶段，必须明确监测工作开展的目标，无论监测空间布局、监测指标选取还是监测技术的精度要求都是基于不同的监测工作目标进一步确定的。

监测方案研究阶段主要包括确定监测范围和监测重点、确定监测指标体系和时间频度及确定不同生态要素的监测技术。在研究阶段应该始终落实阶段性的方案分析和论证，及时根据论证结果调整和修改方案，避免因为中间环节的疏漏而影响后续工作。监测技术的选择应该充分考虑财政预算和监测目标所要求的精度，进而选择合适的技术手段，在预算充足的情况下优先采用新技术、新方法，以提高监测结果的精度和频度，保证监测数据的配套和可比性。

在监测方案优化阶段，方案的评估可随着监测工作的试运行及监测成果与监测目标的匹配程度进行分析、论证，提出监测方案实施过程中的影响因素，进而优化监测方案。

（本章作者：于秀波　纪伟涛）

第二章 鄱阳湖湿地生态系统监测布局

第一节 鄱阳湖湿地监测空间布局

一、监测单元等级体系

根据空间上的从属关系，将鄱阳湖湿地生态系统长期定位监测场（站）分为三个级别，从大到小为鄱阳湖湿地（鄱阳湖多年平均最高水位的淹没区域）、子湖、典型断面和观测样带（图 2-1）。

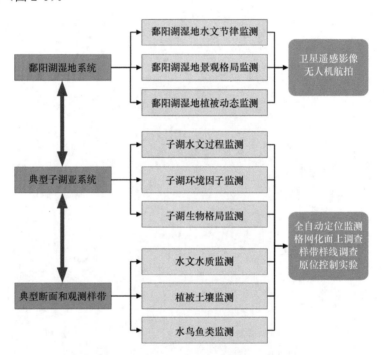

图 2-1　鄱阳湖湿地生态系统监测单元等级体系

一级空间尺度：鄱阳湖湿地系统，监测手段为卫星遥感影像和无人机航拍技术；

二级空间尺度：典型子湖或通江河道，监测手段为定位监测和定期格网化调查；

三级空间尺度：典型断面和观测样带，监测手段为样带（样方）调查、野外采样、室内分析。

此外对水鸟、鱼类资源和沉水植被及水质等指标的监测，除了子湖尺度上的格网化调查外，还应在主湖区进行典型断面调查。

为了便于反映赣江、抚河、信江、饶河、修水和长江等对鄱阳湖生态系统的影响，尤其是河流泥沙、流量等水动力因素对鄱阳湖水文、生态变化的作用，可以在入湖河道处设置监测点，以反映河湖之间的水文联系。

二、湿地监测二级空间尺度布局（子湖）

典型子湖及通江河道断面监测场站的设置主要用于水文、水质、水生生物、湿地植被、水鸟和土壤的常规定位监测及开展鄱阳湖湿地生态过程研究性原位实验。监测场应该根据监测对象、水域面积大小、形态特点、选择或测绘适当比例尺的研究区地形图，再根据小尺度的地形特征、水文状况、植被分布进行采样点的室内图上判读布设，最后与湿地勘察结果对照进行合理布设。

1. 整体布局方案

在白鹤、鸿雁等水鸟重要越冬地和栖息地设置监测；

在未来水位变化情景下可能转变为越冬水鸟替代栖息地的区域设置监测；

在生态敏感区，如人工养殖活动密集区、富营养化高风险区、蓝藻水华易暴发区设置监测；

在实行典型水位管理模式的特定区域设置监测；

在河湖关系密切的河道、湖口设置监测，以反映"五河"水文情势对鄱阳湖生态系统的影响。

监测点选择应尽可能涵盖鄱阳湖典型湿地类型：河口湿地、三角洲湿地、沼泽、沙地、泥滩。

考虑到未来建设的鄱阳湖水利枢纽工程，建议在水利枢纽工程选址断面前 500～1000 m 的区域设置监测断面进行水文、水质和生物监测。

2. 推荐监测优先区清单

一级监测优先区：南矶湿地国家级自然保护区白沙湖，鄱阳湖湿地国家级自然保护区常湖池、梅西湖，都昌候鸟省级自然保护区黄金咀。

二级监测优先区：四独洲、康山湖、撮箕湖、赣江中支三角洲、大汊湖、鞋山湖、都昌老爷庙附近湖区。

三、湿地监测三级空间尺度布局（样带）

1. 监测场样带布设方案

布设方向：样带方向皆为从湖岸向湖心、沿高程梯度布设；

典型性：所布设的样带应涵盖监测区主要的植被类型，反映整体植被分布格局、土壤状况与水文过程。

充分性：样带上有足够的空间开展取样观测，既要保证样带上能布设足够多的样地，又要保证每个样地上能布设足够数量的监测样方；

均匀性：对于子湖而言，环境条件允许的情况下，样带的分布尽量从闸口附近向远离闸口方向均匀布设。

2. 植被、土壤监测

调查应该在样带调查的基础上辅助以子湖尺度全湖随机样地调查，以保证监测数据的代表性和准确性。随机样地可以按照地形与植被类型适当布设 3～5 个样带，每条样带上设置若干样地，每个样地设置 3 个以上重复样方，样方大小设置为 1 m×1 m 或 2 m×2 m，具体按照植被类型设定，如薹草、虉草（*Phalaris arundinacea*）等植物调查选择 1 m×1 m，南荻、芦苇调查采用 2 m×2 m。样带、样地、样方的布设如图 2-2 所示。每个样方可沿对角线方向选择 3 个采样点。

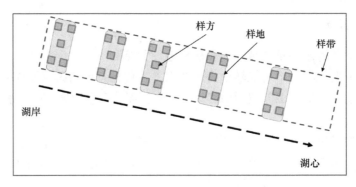

图 2-2 样带、样地、样方布设示意图

3. 水生生物监测

沉水植物采用全湖（断面附近）随机调查，其余采用样带监测。对通江断面监测，布设的样带根据实际情况，宽度适当增加，样地数量相应增多，根据水位向入江水道变化延伸。

四、全湖监测断面布局

1. 水文水质监测断面

沿湖盆南北每 5 km 布设一个断面，遇河流入湖口、水利枢纽工程闸址等特殊湖域则适当调整，测区范围自 115°39′E～117°12′E，28°12′N～29°45′N，全湖 173 km 共布设断面 34 个；断面垂线布设最多 68 条，最少 46 条。监测期间同时对"五河"及西河、博阳河 8 个控制水文站（外洲、李家渡、梅港、渡峰坑、石镇街、永修、石门街、梓坊）实施流量和水质测量（表 2-1）。

表 2-1 鄱阳湖水质监测断面空间分布

监测点号	经纬度	
	东经	北纬
1	116°12′56″	29°45′09″
2	116°08′32″	29°42′24″
3	116°11′15″	29°42′24″
4	116°09′53″	29°39′43″

续表

监测点号	经纬度	
	东经	北纬
5	116°08′22″	29°37′02″
6	116°11′23″	29°37′02″
7	116°07′17″	29°34′17″
8	116°06′51″	29°31′35″
9	116°07′54″	29°31′35″
10	116°07′06″	29°28′51″
11	116°02′20″	29°26′08″
12	116°05′31″	29°26′08″
13	116°01′54″	29°23′26″
14	116°03′01″	29°23′26″
15	116°04′00″	29°20′44″
16	116°01′57″	29°18′02″
17	116°02′47″	29°18′02″
18	116°05′24″	29°18′02″
19	115°57′40″	29°15′17″
20	115°58′57″	29°15′17″
21	116°01′58″	29°15′17″
22	116°04′28″	29°15′17″
23	115°58′13″	29°12′40″
24	116°01′07″	29°12′40″
25	116°13′04″	29°12′40″
26	116°16′12″	29°12′40″
27	116°28′31″	29°12′40″
28	116°33′48″	29°12′40″
29	115°59′47″	29°10′58″
30	116°00′51″	29°10′58″
31	116°09′13″	29°09′54″
32	116°13′32″	29°09′54″
33	116°17′35″	29°09′54″
34	116°28′40″	29°10′02″
35	116°13′46″	29°07′14″
36	116°18′47″	29°07′14″
37	116°25′19″	29°07′14″
38	116°17′35″	29°04′30″
39	116°22′20″	29°04′30″
40	116°28′55″	29°04′30″
41	116°20′04″	28°59′10″
42	116°25′28″	28°59′10″
43	116°28′10″	28°59′10″
44	116°22′47″	28°56′25″
45	116°25′43″	28°56′25″
46	116°28′00″	28°56′25″
47	116°30′57″	28°56′25″
48	116°20′11″	28°51′02″

续表

监测点号	经纬度	
	东经	北纬
49	116°23'45″	28°51'02″
50	116°22'06″	28°48'20″
51	116°22'44″	28°45'39″
52	116°19'35″	28°42'57″
53	116°18'54″	28°40'14″
54	116°15'07″	28°36'58″
55	116°12'41″	28°34'47″

2. 植物监测断面

基本覆盖全湖主要植被类型。其中，苔藓类植物调查可以先将枯水期湖区由岸边向水体划分 3 条主要生境带：湖岸高潮带、草洲沼泽带和泥滩水域带；蕨类植物调查区域一般在近岸、圩堤上或圩堤内水位变化较小的区域；芦苇群落调查区域一般在高程 14 m以上的洲滩区域；南荻群落调查区域一般分布在"五河"三角洲滩湿地上，在碟形湖中呈带状分布；藜蒿群落调查区域一般分布在高程 13～14 m 的滩地上；菰群落调查区域一般位于枯水期水深为 30～50 cm 的地方；薹草在鄱阳湖湿地分布最广，几乎遍布整个湿地洲滩（图 2-3）。

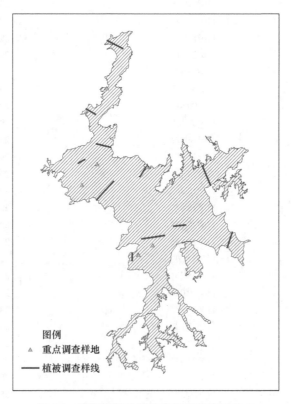

图 2-3　鄱阳湖植物群落监测样带空间分布

第二节　鄱阳湖湿地监测指标与时间频度

一、监测指标确定的原则

从功能上讲，生态监测指标体系的确定包括 3 种基本的指标类型，即一致性指标、诊断性指标和预警性指标。一致性指标主要反映湿地生态系统的结构、过程和功能与理想状态或正常发挥其生态服务功能所接近的程度；诊断性指标可揭示湿地生态系统发生变化的成因；预警性指标可为鄱阳湖湿地生态系统预见性管理决策提供依据。根据鄱阳湖湿地生态系统的特点，该技术规程所列生态监测指标的确定主要考虑以下几个方面。

1. 相关性

所选择的指标要与鄱阳湖生态系统的结构、过程和功能相关。

2. 时空变异性

所选择的指标在一定时空尺度上具有可变异性，进而能够适用于整个鄱阳湖湿地生态系统或者其中重要的组成部分。

3. 技术可行性

所选择的指标应具有监测技术上的可行性（监测数据的可获得性）。

4. 敏感性

由于鄱阳湖独特的生态系统复杂性是由水文情势决定的，5、6 月水文变化主要受"五河"来水影响，7、8 月主要受长江顶托倒灌，9 月后水位下降，子湖脱离主湖影响，其生态结构和过程变化主要受自身的水文特征影响，所选择的指标必须对鄱阳湖生态系统的主要驱动因子敏感，对水文情势变化响应敏感，可预测鄱阳湖湿地生态系统对驱动变化的响应。

5. 可比性和系统性

所选择的指标应该可以在时间和空间上配套使用，高频监测指标的监测时间应该涵盖低频监测指标的监测时间。

6. 区域特异性

所选择的指标应该可以反映鄱阳湖独特的生态系统，如湖泊滩地的机械构成（黏壤型、沙质）、地下水位埋深等。

二、监测指标体系与时间频度

当前国内水生态系统、水环境监测对象主要集中在水质、水位、流量等指标，缺乏对湿地生物和沉积要素的监测。在鄱阳湖湿地，监测指标的选择应符合不同生态功能区的需求，遵循宏观监测与微观监测相结合、常规监测与特殊监测相结合。

水位变化是鄱阳湖生态系统最主要的驱动因子，监测指标体系的制定应该尽可能涉及对水位变化响应敏感的指标，如植物生长过程、植物分布格局、土壤颗粒组成、地下水埋深、土壤氧化还原电位等。

监测指标应该能够反映鄱阳湖河相和湖相的差异性，揭示不同水文态势下生态系统的变化趋势，如水体硝态氮浓度、水体氨氮浓度、水体总磷浓度、水体叶绿素 a 浓度、沉水植被生物量、植物物候期等。

鄱阳湖湿地是重要的水鸟栖息地和鱼类"三场"（索饵场、越冬场、产卵场），鄱阳湖生态系统监测指标体系应当在非生物环境要素监测指标的基础上重视生物指标的监测，如渔获物产量、鱼类物种组成、鱼类营养级、水鸟种群数量、水鸟生境特点等。

为了揭示鄱阳湖湿地环境与水鸟种群之间的关系，建议增加薹草等食源植物营养成分作为监测指标，反映食源植物适口性特征及其与水文节律和水鸟取食偏好的关系。

1. 总体要求

对于采样的时间与频率，一经确定就应该长期保持不变，以便获取完整、可比的数据；同时又要灵活掌握，兼顾湖泊的生产经营活动、极端降雨（干旱）时间的影响，临时补充监测采样以弥补定期监测所获取数据的不足。

可以全自动高频监测的指标应优先选用全自动监测技术，获取长时间序列的高频数据。

在开展地面动态周期采样监测的同时还要运用遥感及全自动定位监测技术进行鄱阳湖湿地生态敏感区域的同步监测。

2. 采样时间的确定

一方面要考虑监测指标自身的变化规律，另一方面也要兼顾实际情况，以免产生顾此失彼的结果。

湖泊水体理化性质和水生生物监测，应该考虑到藻类活动的日变化规律，在每天上午 10：00 之前进行，以获取比较稳定的结果。

在确定监测时间时，如果无法做到对特殊参数、特殊环境条件变化的协调，也应该尽可能计划好各监测调查点采样监测时间的统一性，使得每次监测采样时间基本一致，并记录好实际的监测调查时间。

3. 采样频率的确定

必须考察湿地生态系统各生态要素自身的动态变化特征及鄱阳湖水文节律特征。适当地增加采样频率可以提高监测数据的准确度。

4. 结合鄱阳湖水文节律确定监测时间

（1）确定依据

鄱阳湖属于吞吐型季节过水湖泊，呈高水湖相、低水河相的景观，平均年内水位变幅达 11.01 m。每年 4 月，湖泊水位开始抬升，大小湖汊融为一体；至 6 月进入丰水期，湖泊水位较高；10月开始稳定退水，12月进入枯水阶段，水退滩出，形成彼此分隔的碟形湖泊，持续到翌年3月，即遵循枯（12~3月）—涨（4~5月）—丰（6~9月）—退（10~11月）的水文节律（图2-4）。

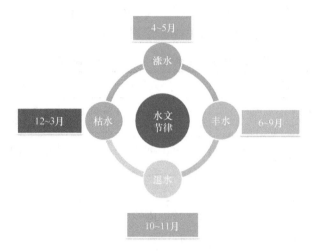

图 2-4 鄱阳湖水文节律图

（2）关键时间节点

在鄱阳湖的退水期、涨水期、枯水期应该至少进行一次敏感时段的调查采样与生态监测，对于沉水植物和水生生物还应该在丰水期补充一次采样监测。鄱阳湖生态系统不同生态要素的监测时间和频度可以在该规程规定最低频度的基础上进行加密采样监测，但必须保证在鄱阳湖关键水文节律时间段内至少有一次。

5. 结合鄱阳湖水利枢纽工程确定监测时间

根据鄱阳湖水利枢纽工程的水位调度方案，鄱阳湖水利枢纽9月15日前后下闸蓄水，翌年3月下旬开闸，3月上中旬到8月底泄水闸门全部打开，鄱阳湖处于江湖连通状态（图2-5）。

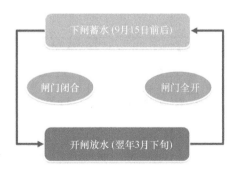

图 2-5 鄱阳湖水利枢纽工程水位调度情景

为了保证鄱阳湖水利枢纽工程运行前、后监测工作的一致性和监测数据的可比性，同时尽可能全面把握鄱阳湖水利枢纽对鄱阳湖生态系统的影响作用，建议在每年的9月中旬和 3 月下旬进行一次全湖尺度重点是水位影响敏感区的生态监测和调查采样。

该技术规程建议的监测指标及时间频度要求见表 2-2。该规程所规定的监测时间频度是为了保证数据准确可靠性和对湿地生态过程描述的科学性的前提下的最低监测频度，在实际生态要素监测工作中可以根据实际的经费和监测任务需求进行适当的加密，尽可能地采用先进的全自动监测技术手段进行数据的高频度连续采集。

表 2-2　鄱阳湖湿地生态监测指标与时间频度

监测对象		监测指标	监测时间频度	获取途径	备注
非生物环境指标	背景环境	水域面积、植被面积、景观格局	枯水期（12月）、丰水期（8月）至少各1次，其余阶段可加密监测	遥感解译和GIS空间分析	
		气象要素（风速、风向、气温、湿度、太阳辐射、水面蒸发）	实时连续自动监测	全自动监测	
	水文要素	水位（水深）	间隔1 h连续自动监测	全自动监测	
		降水量	实时连续自动监测	全自动监测	
		水量（闸口排水量、主湖区向碟形湖抽水量）	每月实时监测1次	全自动监测	
		流速	实时连续自动监测	现场监测	
		渗透系数	每月至少监测1次	现场监测	
		"五河"入湖流量、"五河"七口水位	每月实时监测1次	现场监测（数据共享）	
	水化学要素	水温、浊度、pH、电导率、溶解氧、矿化度、透明度、氧化还原电位、总氮、氨氮、硝氮、亚硝氮、总磷、磷酸盐、高锰酸盐指数、总有机碳、钙、镁、氯化物、硫酸盐、总碱度	实时连续自动监测	现场监测、野外取样与室内分析	
	底泥要素	底泥厚度、间隙水可溶性氮、间隙水可溶性磷	枯水期每季度1次（10月、12月、3月）	野外取样与室内分析	
	土壤要素	剖面土壤机械组成（砂粒含量2～0.05 mm、粉粒含量0.05～0.002 mm、黏粒含量<0.002 mm）、土壤质地（美国制）	枯水期（12月左右）监测1次	野外取样与室内分析	0～10 cm、10～20 cm、20～50 cm、50～70 cm、70～100 cm
		潜水地下水位、土壤含水量、渗透系数	实时连续动态监测	野外全自动监测	
		pH、容重、孔隙度、电导率、氧化还原电位、全氮、全磷、有机碳、阳离子交换量	春草期（3月）和秋草期（10月）及枯水期间（12月）至少各监测1次	野外取样与室内分析	0～10 cm、10～20 cm、20～50 cm、50～70 cm、70～100 cm
		微生物生物量碳、氮	春草期（3月）和秋草期（10月）及枯水期间（12月）至少各监测1次	野外取样与室内分析	0～10 cm、10～20 cm、20～50 cm、50～70 cm、70～100 cm，氯仿熏蒸法测定
		土壤 δ^{13}C、木质素、纤维素含量	枯水期（12月）监测1次	野外取样与室内分析	0～10 cm、10～20 cm、20～50 cm、50～70 cm、70～100 cm

续表

监测对象		监测指标	监测时间频度	获取途径	备注
生物要素	湿地湿生植物	物候期生长变化（萌芽期、返青期、开花期、结实期、枯黄期）	连续逐日自动监测（每 1 h）	物候相机野外全自动拍摄，室内图像处理分析	观测群落优势种和指示种
		群落结构与物种组成（总盖度、密度、株数、平均高度、物候期、绿色部分干重、绿色部分鲜重、凋落物干重、立枯干重、地上干重）	枯水期每月监测 1 次	野外样方调查	草本 1 m×1 m，灌丛 2 m×2 m，每个观测点 3～5 个重复样方
		生长过程监测（生物量、高度、盖度、叶面积、叶长、叶宽）	低矮草本植物每半月监测 1 次，高大草本植物每月监测 1 次	野外样方调查	草本 1 m×1 m，灌丛 2 m×2 m，每个观测点 3～5 个重复样方
		优势植物矿质元素与营养物质含量（植物全碳、全氮、全磷、热值、糖类、蛋白质、脂肪）	枯水期每半月监测 1 次	野外取样与室内分析	常规元素分析法，热值用燃烧法测定
	湿地沉水植物	生物量和物种组成	丰水期内进行 1 次环湖调查	野外调查和室内分析	
	浮游植物	植物种类、生物量、叶绿素 a、初级生产力	结合水文节律，每季度（2 月、5 月、8 月、12 月）至少各监测 1 次，枯水期内碟形湖逐月监测	野外调查和室内分析	
	浮游动物	物种种类、生物量	结合水文节律每季度（2 月、5 月、8 月、12 月）至少各监测 1 次	野外调查和室内分析	
	底栖动物	物种种类、生物量	结合水文节律每季度（2 月、5 月、8 月、12 月）至少各监测 1 次	野外调查和室内分析	
	水鸟	物种种类、数量、分布位置、行为、生境特点	越冬期内（12 月～翌年 2 月）每半月调查 1 次	野外调查	
	鱼类	渔获物产量、物种组成、与营养级相关的指标（$\delta^{13}C$、$\delta^{15}N$ 稳定同位素值）	鱼类种类监测为丰水期（7～8 月）和枯水期（11～12 月）各监测 1 次，渔获物组成调查为放水捕捞之前	野外调查与室内分析	

第三节　鄱阳湖湿地监测技术规程

一、全湖尺度景观变化遥感监测

全湖尺度的水域面积、景观分布、植被面积等指标的监测以"3S"技术为主，采用面向对象分类方法，获取湿地类型分布、面积等信息，借助高精度的差分 GPS 进行地面验证和辅助定位，技术路线图如图 2-6 所示。

遥感解译常用软件：eCognition、ENVI、ERDAS 等。

监测对象：景观格局、植被变化、水体变化、人工干扰识别。

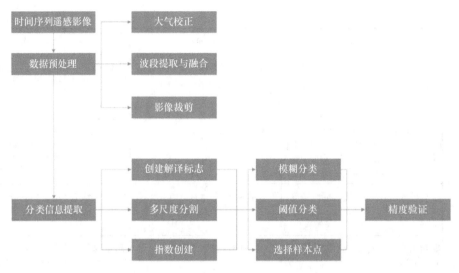

图 2-6　遥感影像解译技术路线

1. 遥感数据源的选择

不同遥感影像数据源具有各自的优势，选择适合的数据源对成本的节约和研究内容具有重要的作用。在湿地资源动态监测调查工作中，主要应用的卫星遥感数据有中等分辨率的 MODIS、Landsat-5/TM、Landsat-7/ETM+、Landsat-8/OLI、SPOT5/HRG、ASTER、HJ-1A/1B/CCD，以及高分辨率的 Quickbird、Planet、国产卫星 GF1 等数据（表 2-3）。

表 2-3　不同卫星影像参数特征对比

传感器类型	波段范围	波段数	空间分辨率（m）	扫描宽度（km）	重复周期（d）
ASTER	Multi/VNIR	4	15	60	16
	Multi/SWIR	6	30	60	
	Multi/TIR	5	90	60	
MOIDS	Multi/VNIR	2	250	2330	
	Multi/WIR	5	500	2330	
Landsat-5/TM	Multi	7	30	185	16
Landsat-7/ETM+	Multi	7	30	185	16
	Pan	1	15	185	
Landsat-8/OLI	Multi	8	30	185	16
	Pan	1	15	185	
Landsat-8/TIRS	Multi	2	100	185	16
SPOT5/HRG	Multi/VNIR	3	10	60	26
	Multi/SWIR	1	20	60	
	Pan	1	5	60	
HJ-1A/1B/CCD	Multi	4	30	360	2
Sentinel-2A	Multi/SWIR	13	10/20/30	290	10

在过去数十年中，为了完善对地观测系统，各国及国际组织根据不同的需求相继提出了各自的卫星计划。例如，中国的环境监测卫星（FY）和高分卫星（GF）系列、美国的 Landsat 系列和 Terra/Aqua 卫星、欧洲的 SPOT 系列卫星等，这些卫星获取的数据在相关领域发挥了重要作用，并取得了诸多成果。欧洲航天局（ESA）于近年启动了哥白尼计划，预期通过发射一系列 Sentinel 卫星，提高森林状况和土地利用的监测水平及增强灾害的管理能力。其中，Sentinel-2 属光学遥感卫星，其携带一枚多光谱成像仪，能够提供从可见光和近红外到短波红外高空间分辨率（10 m、20 m 和 60 m）的多光谱数据（13 个波段），幅宽达 290 km，重访周期 10 天。在光学数据中，Sentinel-2A 数据是唯一一个在红边范围含有 3 个波段的数据，为植被监测提供了更多的波段选择。Sentinel-2 共包含两颗卫星，Sentinel-2A 已于 2015 年 6 月下旬成功发射，并于当年年底免费对外发布数据，Sentinel-2B 已于 2017 年发射，并于 2017 年 7 月 6 号免费对外发布，双星同时运行，其重访周期将缩短至 5 天，从而极大地增强对地观测的能力。

2. 数据预处理

（1）辐射校正

传感器获取影像时，由于太阳位置和角度条件、薄雾等大气条件或因传感器的性能等问题，传感器的测量值与目标的光谱反射率或光谱辐亮度等物理量是不一致的。消除影像中依附在辐亮度中的各种失真的过程称为辐射校正。由于传感器响应特征产生的误差会导致接收到的影像产生条纹和噪声，通常这类畸变在数据生产过程中由数据提供商根据传感器参数进行校正，用户无须考虑自行校正，只需考虑大气和太阳辐射造成的畸变。辐射校正中的大气校正是复杂的过程，何时需大气校正、采用何种模型进行大气校正需根据不同的应用目的和精度进行正确的选择。

大气校正对于分类和变化监测来说不是必需的。例如，对单时相的遥感影像进行分类处理，可不必进行大气校正；对多时相的遥感变化动态监测而言，若采取先分类后检测比较的方案，也不必进行大气校正；但如果要提取生物指标，如水体悬浮浓度、温度、植被叶面积指数、归一化植被指数、水体指数等，就必须进行大气校正，若不进行遥感影像的大气校正，可能丢失地表重要成分反射率的微小差别。因此，基于遥感影像提取植被指数的研究中，大气校正是基本条件。绝对辐射校正可以去除大气影响，将遥感影像的灰度值转换成地表表面反射率，从而恢复遥感影像中地物地表反射率的本来面目，该方法要求提供传感器定标参数和大气校正算法，大气校正算法通常使用辐射传输模型，如 FLAASH、ACTOR、ATREM 等。

（2）几何校正与几何配准

卫星传感器在成像时，由于卫星姿态、地球表面曲率、地形起伏等因素的影响，遥感影像会产生几何畸变，从而造成影像失真，消除影像几何畸变的过程称为几何校正。同时，利用不同时相遥感影像提取变化信息进行对比分析，实现同一区域和不同时相影像数据的地理坐标及像素空间分辨率的统一是必要的。几何校正一般分两步，即几何粗校正和几何精校正。几何粗校正一般由卫星地面接收站完成，经过处理的遥感影像一般误差较大，不能满足实际要求，用户需做进一步的几何精校正。几何精校正的关键是建立图像像素坐标和地面坐标的空间对应关系及新像素的插值方法，主要由地面控制点选取、函数选择、坐标变换和像素重采样等步骤组成。

几何配准是动态监测、变化信息提取、信息复合等工作中不可缺少的步骤，其主要目的是实现同一区域、不同时相和不同类型影像在地理坐标和像素空间分辨率上的统一。多图像几何配准原理与几何校正基本相同，配准方式主要有两种：①相对配准，以某一幅影像作为参考影像，将其他影像数据与其配准，简称图像对图像的配准；②绝对配准，即分别完成卫星数据对统一地理坐标系统的几何校正。

（3）影像拼接与裁剪

在完成遥感影像大气校正的基础上，利用 ArcGIS10.0 软件对未能完全覆盖研究区的影像进行拼接。拼接完成后，根据研究区范围对影像逐景进行镶嵌和裁剪，产生研究区一幅完整的遥感影像。

3. 遥感解译

（1）建立解译标志

遥感解译标志是指能在遥感影像上具体反映和判断地物或现象的影像特征，解译标志的建立是遥感影像解译的重要内容。解译时主要从影像特征入手，主要是对影像颜色和形状特征进行分析。解译标志可划分为直接解译标志和间接解译标志两种：直接解译标志是指影像上能直接反映出来的影像标志，一般包括色调、阴影、形状、大小、位置、布局、图案和纹理质地等；而间接解译标志是运用某些直接解译标志，同时根据地物的相关属性等地学知识，间接推断出的影像标志。解译标志随着区域、时间、影像数据源类型等诸多因素的影响而变化，因此解译标志的建立必须有针对性，通过典型样片，对典型标志进行实地比照、详细观察与描述。

（2）解译方法

1）基于像素的分类方法

根据是否需要事先提供已知类别及其训练样本对分类器进行训练和监督，可将分类方法划分为非监督分类和监督分类。基于像素的遥感影像分类方法存在以下不足：①难以克服"同物异谱"与"同谱异物"等光谱信息的局限性；②无论是监督分类还是非监督分类都没有人类知识和专家经验参与；③分类结果受"椒盐效应"严重影响。针对这些问题，一些新的数学工具被相继引入基于像素的分类中，如模糊集、人工神经网络、分层聚类、空间逐步寻优模型等。

2）面向对象的分类方法

遥感影像蕴含丰富的光谱、形状和纹理等信息，仅利用像素光谱信息作为分类依据的基于像素的分类方法会对影像识别的准确性和分类的精度产生较大影响。面向对象的遥感影像分类方法采用多尺度分割算法将原始影像划分为一系列同质对象；然后计算获取每个对象的特征，如光谱特征、形状指数、纹理结构、位置关系等，并建立分类规则集；最后根据建立的规则集，采用模糊分类算法，实现对不同类别地物的自动提取。面向对象的分类方法处理的最小单元不是单个像素，而是一系列有意义的影像对象，参与分类的依据不仅是影像对象，还包括对象自身的语义信息（如大小、形态）、对象之间的空间关系（如拓扑、邻近、方向等关系）、形状信息等。影像分割和基于影像对象的分类是面向对象分类方法的两个关键环节。

3）多尺度影像分割

影像分割是面向对象分类方法的前提，是指将原始影像分割为一系列空间上连续、互不重叠且具有同质性的连通区域，其中同一区域在灰度、纹理、颜色等特征方面具有相同或相似的特性。影像分割的基本原则是：对象内部的特征或属性是相同的，相邻对象之间的属性或特征是不同或相异的。影像分割是由遥感影像处理到遥感影像分类分析的关键步骤，一方面，它对对象特征提取有重要影响，是要素表达的基础；另一方面，利用影像分割和基于分割的特征提取等步骤可以将原始影像转化为更紧凑抽象的形式，可以从更高层次上对影像进行分析和理解。

（3）遥感数据的验证

采用基于混淆矩阵和 Kappa 系数的方法，对研究区的湿地分类结果进行精度验证。参考野外采集的样点数据及 GoogleEarth 高分辨率影像，在遵循验证点分布随机且均匀的前提下随机进行选取，选取样点数据建立混淆矩阵，计算分类精度和 Kappa 系数。整个研究区的精度验证在完成每景影像的遥感解译后进行以确保解译精度。

（4）数据统计

遥感影像解译完成后，在 GIS 软件中，将面状湿地解译图、线状湿地解译图、分布图和境界图进行叠加分析，求算各图斑的面积，面积单位为公顷，输出的数据保留小数点后两位。解译出的主要单线河流的面积统计，可根据野外调查给出平均宽度而求得。

二、气象与水热气通量监测

1. 监测系统组成

气象与水热气通量监测建议采用搭载常规气象测定系统的涡度通量监测系统。气象要素测定系统应包括空气温度传感器、光合有效辐射传感器、风速/风向传感器、土壤温度传感器、雨量计、水位计及物候记录相机。由于监测环境限制，监测系统应该由太阳能供电系统供电（图 2-7）。

2. 监测指标

监测指标应至少包括风速、风向、气温、湿度、太阳辐射、降水量、碳通量，尽可能整合土壤温度、地下水位测定模块。

平均气温：日平均气温是一天中不同时间观测的气温值的平均数；月平均气温是一月中日平均气温的平均数，由各日平均气温加和后除以该月的天数而得；年平均气温是一年中各月平均气温的平均数，是将 12 个月的月平均气温累加后除以 12 而得。

图 2-7 湿地气候与通量监测系统

≥10℃活动积温：一年中≥10℃的积温，又称为活动积温，是把≥10℃持续期内每天的日平均气温加起来，得到的温度总和。积温是植物要求热量的指标，因植物种类和物候期的不同而异，是植物物候期预测的依据。

降水总量：是指某一时段内的未经蒸发、渗透、流失的降水，在水平面上积累的深度。以 mm 为单位，取一位小数。一段时间内降水量之和为降水总量。

降水距平百分率：是指某时段降水量与历年同时段平均降水量差值占历年同时段平均降水量的百分率，降水距平百分率可以表示旱涝程度。

蒸发散：是水面蒸发量，是指一定口径的蒸发器中，在一定时间间隔内因蒸发而失去的水层深度，以 mm 为单位，每日定时观测。

光合有效辐射：植物能正常地生长发育，完成其生理学过程的光谱区，通常称之为辐射的生理有效区。在这个波长范围内，量子的能量能使叶绿素分子处于激发状态，并将自己的能量消耗在形成处于还原形式的有机化合物上，这段光谱被称为光合有效辐射，即进行光合作用的那一部分光谱区。光合有效辐射由光合有效辐射传感器直接测定。

3. 数据传输

气象观测系统数据应具备远程传输功能（GPRS 或 VPN 技术），数据自动存储在硬盘中。

4. 监测系统选址

气象监测系统应搭建在地势平坦的区域且周围无高大障碍物遮挡。系统选址还应能反映湿地生态系统总体环境条件，使监测结果具有代表性。

三、湿地水文监测

1. 水位监测技术

传统水位采用水尺测定。水尺设立数量依所测湖泊水文情势而定，一般典型子湖至少各设立一个水尺，鄱阳湖主湖区可以根据湖底地形设置多个水尺。当监测区域已经设有水尺时，可以利用其水位观测资料，但是所用基准面应考证清楚。

水位计监测水位。压力式水位计具有灵敏度高、精度等级高的特点，可以持续自动监测湖泊水位。当传感器固定在水下某一测点时，该测点以上水柱压力高度加上该点高程即为该点水位值（图2-8）。

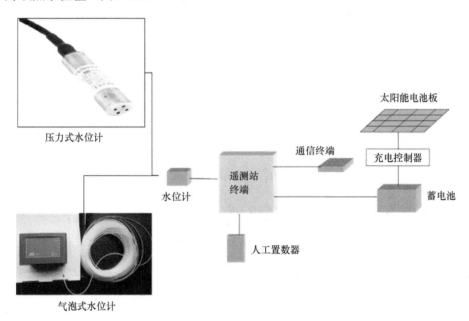

图2-8　水位自动监测站设备组成结构示意图

2. 水位监测时间

洪水期，子湖与主湖连通，水位受主湖控制，这段时间的水位可以采用主湖水文站（星子、吴城）数据；

当子湖与主湖水力联系脱离后，启动子湖水位监测，人工校核水位每月不少于3次。子湖水位数据按间隔1 h进行采集、整理。

采用水尺测定时，水位监测次数应该根据湖泊水位的变化速度而定，水位变幅小的湖泊每天测定一次，水位变幅大的湖泊每天早晚各测定一次。

利用子湖水位-面积-容积曲线，可以计算子湖的出水量、流速等水文指标，绘制子湖涨水与退水的水文过程曲线。

流速监测采用流速仪法，参见《河流流量测验规范》（GB50179—93），单位为m/s。

降水量监测参见《降水量观测规范》（SL 21—2015），单位为mm。

四、湿地水质监测

1. 水质监测技术

水质监测采用水质现场监测仪器（便携式水质测定仪、氧化还原电位计、塞氏透明度盘）原位水质监测与实验室分析检测两种方式进行。利用 YSI 多参数水质检测仪可以测定水温、pH、电导率、溶解氧及叶绿素等指标参数。具体常用监测指标及监测方法见表 2-4。

表 2-4　水质监测方法

监测指标	监测测方法和技术	计量单位
水温	便携式水质测定仪现场监测	℃
浊度	便携式水质测定仪或浊度计现场监测	NTU
pH	便携式水质测定仪现场监测	
电导率	便携式水质测定仪现场监测	μS/cm
溶解氧	便携式水质测定仪现场监测	mg/L
氧化还原电位	氧化还原电位计现场监测	mV
矿化度	便携式水质测定仪现场监测	mg/L
透明度	塞氏透明度盘现场监测	cm
总氮	《水质 总氮的测定 碱性过硫酸钾消解紫外分光光度法》（HJ 636—2012） 《水质 总氮的测定 气相分子吸收光谱法》（HJ/T 199—2005）	mg/L
氨氮	《水质 氨氮的测定 纳氏试剂分光光度法》（HJ 535—2009） 《水质 氨氮的测定 气相分子吸收光谱法》（HJ/T 195—2005）	mg/L
硝酸盐氮	《水质 硝酸盐氮的测定（紫外分光光度法）》（SL 84—1994） 《水中无机阴离子的测定（离子色谱法）》（SL 86—1994）	mg/L
亚硝酸盐氮	《水质 亚硝酸盐氮的测定 分光光度法》（GB 7493—87） 《水中无机阴离子的测定（离子色谱法）》（SL 86—1994）	mg/L
总磷	《水质 总磷的测定 钼酸铵分光光度法》（GB 11893—89）	mg/L
磷酸盐	《水质 总磷的测定 钼酸铵分光光度法》（GB 11893—89）	mg/L
高锰酸盐指数	《水质 高锰酸盐指数的测定》（GB 11892—89）	mg/L
总有机碳	TOC 仪法	mg/L
钙	《水质 钙的测定 EDTA 滴定法》（GB 7476—87）	mg/L
镁	《水质 钙和镁总量的测定 EDTA 滴定法》（GB 7477—87）	mg/L
氯化物	《水质 氯化物的测定 硝酸银滴定法》（GB 11896—89） 《水中无机阴离子的测定（离子色谱法）》（SL 86—1994）	mg/L
硫酸盐	《水质 硫酸盐的测定 铬酸钡分光光度法（试行）》（HJ/T 342—2007） 《水中无机阴离子的测定（离子色谱法）》（SL 86—1994）	mg/L
总碱度	《碱度（总碱度、重碳酸盐和碳酸盐）的测定（酸滴定法）》（SL 83—1994） 碱度（总碱度、重碳酸盐和碳酸盐）的测定（电位滴定法）《水和废水监测分析方法》第四版）	mg/L

2. 水质采样点选择

采样点的布设应充分考虑湖泊水体的水动力条件、湖库面积、湖盆形态、补给条件等。对于岸线复杂的湖泊，由于形态的不规则性可能出现水质特性在水平方向上的明显差异。为了评价水质的不均匀性，应该设置若干个采样点。

3. 水质监测频度

由于鄱阳湖水文节律季节性变化明显，不同时段水文情势不同，水质采样频率取决于水质变化的状况和特性，条件允许情况下应选择实时连续自动监测，或逐月进行监测。在调查年内，每季度应至少采样监测一次。

五、湿地土壤监测

本技术规程中湿地土壤的定义为长期积水或在生长季积水、周期性淹水的环境条件下，生长有水生植物或湿生植物的土壤。

湿地土壤监测指标的选择要避免为了照顾湿地功能的全面性而选取大量的指标，导致指标体系纷繁复杂、可操作性差，同时指标过多会产生指标之间的冗余重叠，湿地土壤监测指标与生态学意义如表 2-5 所示。

表 2-5　湿地土壤监测指标与生态学意义

	指标	与土壤功能联系	利用途径
土壤物理指标	土壤质地	土壤水分保持与传输	调节洪水功能参数
	土壤容重	淋溶、侵蚀与水分调节	侵蚀及水分调节功能参数
	土壤含水量	水分保持、传输及侵蚀	水分调节功能参数
土壤化学指标	土壤 pH	土壤肥力、缓冲性能	土壤肥力评价重要参数
	土壤 Eh	生物活性及养分有效性适应区	土壤过程模型重要参数
	有机碳	对生物及环境危害状况	土壤环境质量参数
	(有效)氮磷钾	物质转化及养分循环	生产力与环境评价参数
土壤生物指标	微生物多样性及活性	物质转化及养分循环	生物多样性参数
	土壤酶活性	养分有效性及缓冲净化功能	土壤环境质量参数

土壤监测采用类似植物样带调查的方法，土壤属性指标则包括物理属性指标、化学属性指标和生物属性指标。每个样带平均 5 个样区，每个样点采用 3 次重复，土壤分 0～5 cm、5～10 cm、和 10～20 cm 共 3 层土层。根据土壤指标的不同，采用不同的监测频率。监测方法如表 2-6 所示。

表 2-6　湿地土壤监测方法

监测项目	土壤剖面特征	剖面调查
土壤 pH	取样带回实验室，利用 pH 仪加无 CO_2 水测定，参见 LY/T1239—1999	
土壤质地	取样带回实验室，利用激光粒度仪测定粒径	
土壤全氮	取样带回实验室，用凯氏法测定（LY/T 1228—1999）	
土壤全磷	取样带回实验室，用钼锑抗比色法测定（LY/T 1235—1999）	
土壤有机碳	取样带回实验室，用重铬酸钾氧化-外加热法测定（LY/T 1237—1999）	

续表

	监测项目	土壤剖面特征	剖面调查
土壤属性	物理指标	含水量、粒径、团粒结构、质地、容重、孔隙度、持水量、电导率	取样带回实验室，分析测定，含水量采用烘干法测定，粒径采用马尔文激光粒度仪测定，土壤质地参见 NY/T 1121.3—2006，孔隙度参见 LY/T 1215—1999
	化学指标	水解氮、有效磷、氧化还原电位（Eh）、阳离子交换量	取样带回实验室，分析测定 水解氮（LY/T 1229—1999） 有效磷（HJ 704—2014） 氧化还原电位（HJ 746—2015） 阳离子交换量（LY/T 1243—1999）
	生物指标	土壤微生物生物量碳（氮）、生物胞外酶活性	取样带回实验室，分析测定，土壤微生物生物量碳、氮采用氯仿熏蒸法测定，生物胞外酶活性采用比色法测定

利用不锈钢土钻采用五点交叉取样法采集洲滩混合土壤，样品根据《土壤环境监测技术规范》（HJ/T 166—2004）采集并保存，其中用于测定土壤微生物酶活性和土壤微生物生物量与结构的样品需要放入 4℃保鲜盒内运输至实验室进行冷藏保存，其余样品需要经过风干、磨细、过筛、混匀等预处理。

风干：将采回的土壤样均匀平铺入木质或不锈钢制通风橱中，土层厚度不超过 1 cm。肉眼下用不锈钢镊子挑拣出大的石块、砾石、植物根系、残茬等。通风橱需放置在干燥通风、人为干扰较少处。风干过程中戴上聚乙烯薄手套定期翻晾土壤样品，自然风干过程中及时拣去细碎动植物残体和石块。

过筛：将风干后的土壤样通过全自动土壤研磨机或碾钵磨碎，使之全部通过 2 mm 孔径的筛子；将过筛土样混匀后通过四分法分成两份，一份作为物理分析用，一份作为化学分析用。其中化学指标分析的土壤样进一步研细，使之通过 1 mm 孔径网筛用于 pH 和速效养分的测定；此外，利用四分法选取 1/4 土壤样用玛瑙研钵全部磨碎过 0.149 mm 孔径网筛用于全量养分的测定。

保存：一般样品用塑料瓶保存半年或一年，以备必要时查核之用。样品瓶上的标签须注明样号、采样地点、泥类名称、试验区号、深度、采样日期、筛孔等。

六、湿地洲滩植物监测

本小节中的湿地植物主要是指洲滩植物。植物监测包括植被尺度、植物群落尺度和种群尺度 3 个层面。其中，植被尺度主要涉及植被覆盖面积变化；植物群落尺度主要涉及植物群落生境要素、群落种类组成与动态变化；种群尺度主要涉及植物生产积累与营养释放、植物功能性状、植物分布格局等。植被尺度监测时间频度为枯水期（12 月）、丰水期（8 月）至少各 1 次，其余时间可根据水文变化情势加密；植物群落和种群尺度监测时间频度建议逐月监测（低矮草本半月一次），物候监测为实时连续自动监测。

1. 植被尺度监测

利用植被覆盖度衡量植被尺度。植被覆盖度是指植被（包括叶、茎、枝）在地面的垂直投影面积占统计区总面积的百分比。

植被覆盖度的计算方法如下。

根据归一化植被指数（NDVI）模型对遥感影像的植被覆盖度进行信息提取，

$$NDVI=(NIR–RED)/(NIR+RED)$$

式中，NIR、RED 分别表示植被在近红外波段和红光波段上的反射率。

植被指数转换为植被覆盖度模型：

$$f_{NDVI} = \frac{NDVI - NDVI_{min}}{NDVI_{max} - NDVI_{min}}$$

式中，f_{NDVI} 为植被覆盖度；$NDVI_{min}$ 和 $NDVI_{max}$ 分别为最小和最大归一化植被指数。

根据像元二分模型提取植被覆盖度，1 个像元的 NDVI 值可以表示为由有植被覆盖部分地表和无植被覆盖部分地表组成的形式，计算植被覆盖度的公式则为

$$F_c = \frac{NDVI - NDVI_{soil}}{NDVI_{veg} - NDVI_{soil}}$$

式中，$NDVI_{soil}$ 为完全裸地或无植被覆盖区域 NDVI 值；$NDVI_{veg}$ 为完全是植被覆盖的像元的 NDVI 值，即纯植被像元 NDVI 值。

2. 植物群落尺度监测

植物群落监测采用样带-样方法调查和无人机航拍结合的方式，样带-样方法是样带法与样方法的结合，首先在需要进行调查的植物群落分布地段内用测绳拉一直线作为基线，然后沿基线用随机或系统取样设置样方，样方是用一定规格的样方框围成的一定面积的正方形地块。植物群落种类组成与结构调查指标与方法如表 2-7 所示。

表 2-7　植物群落种类组成与结构调查指标与方法

指标	定义	确定方法	计算公式	说明
多度	某一植物种在群落中的数量	目测估计法		
密度（D）	单位面积上某种植物种的个体数目	计数法	$D=N/S$	N：样方内某种植物的个体数，株（丛） S：样方水平面积，m^2
盖度（C_c）	植物地上部分的垂直投影面积占样地面积的百分比	目测法	$C_c=C_i/S$	C_i：样方内 i 种植物植冠的投影面积之和，m^2 S：样方水平面积，m^2
高度（H）	该技术规程中高度为自然高度，即植株自然情况下从地面到植物茎叶最高处的垂直高度	实测法	$H=\sum h_i/N_i$	$\sum h_i$：第 i 种所有植物个体的高度之和，m N_i：第 i 种植物个体数，株
频度（F）	某一个种在一定地区内特定样方中出现的机会	样方计数法	频度=某种植物出现的样方数/调查样方的总数×100%	
生活型	植物对综合生境条件长期适应而在外貌上反映出来的植物类型	由植物外貌特征（大小、性状、分枝、生命期长短）确定		可简单分为乔木、半灌木、木质藤本、多年生草本、一年生草本、垫状植物等
地上生物量	包括绿色生物量和立枯量	将 1 m×1 m 内的物种全部收割装入袋子，编号后带回实验室，将绿色鲜草和枯草分开后分别称其鲜重，再装入纸袋于烘箱中 80℃烘干至恒重，记录其干重		
凋落物量	覆盖在土壤表面的植物残体	在第一次测定地上生物量的剪草样方中，将当年的凋落物捡起，在以后各期样方内，仅收集前几次至今脱落的凋落物。将收集的凋落物装袋、编号、带回实验室，清理泥沙后烘箱内烘干至恒重，称量		

一般情况下，每条样带设置 5 个样点，每个样点设置 3 个重复样方，薹草、藜草样方大小为 1 m×1 m，南荻、芦苇样方面积为 2 m×2 m。

在样带调查的同期，利用无人机航拍获取全湖的影像，提取全湖植被类型空间分布。采用缩时相机进行物候监测。

（1）群落组成测定

鄱阳湖湿地洲滩植被以草本植物为主，在进行植物种类观测和鉴定时，必须准确鉴定并记录群落中所有植物的中文名、拉丁名及所属的生活型。对于不能当场鉴定的，需要采集带有花或果实的标本（或做好标记），以备在花果期进行鉴定。

群落优势种是指对群落结构和群落环境的形成有明显控制作用的植物种，它们通常是一些个体数量多、盖度大、生物量高、体积较大、生活能力较强的植物种类。优势种对整个群落具有控制性影响。鄱阳湖湿地生态系统中草洲植物群落的主要优势植物种为灰化薹草、南荻、芦苇、藜草等。群落优势种根据植物的数量特征及其在群落中所起的作用决定，一般通过计算每种植物的优势度或重要值，进行大小排序后确定。

优势度一般由植物种的密度、盖度、频度、高度、重量等多个指标进行综合评定，常用图解法或数值法来测度，测定方法如表 2-7 所示。重要值是相对密度、相对盖度及相对频度三者之和。重要值之和超过群落所有植物种重要值总和的 50%时的所有植物种定为优势种。

（2）群落结构测定

植物群落结构主要分为植物种类组成、植物种群数量特征和群落特征 3 个方面，植物种类组成与种群数量特征的具体监测指标有：植物种名、植物多度（植株数）、平均高度、盖度、物候期、生活型；群落特征的主要监测指标有：植物群落的物种多样性指数、均一度指数和优势度指数及群落的总体盖度。

根据湿地植物群落样方调查的物种种类和数量特征研究湿地植物群落的多样性。植物群落物种多样性研究选用以下 3 个指数，其中包括 2 个均匀度指数（J_P、E_a），1 个综合多样性指数（H'），计算公式如下。

Pielou 均匀度指数（J_P）：

$$J_p = \frac{-\sum_{i=1}^{n} P_i \times \ln P_i}{\ln S}$$

Shannon-Wiener 多样性指数（H'）：

$$H' = -\sum_{i=1}^{S} P_i \times \ln P_i$$

Alatalo 均匀度指数（E_a）：

$$E_a = \frac{\left[\dfrac{1}{\sum P_i^2} - 1\right]}{\exp\left(-\sum P_i \times \ln P_i\right)} - 1$$

式中，$P_i=n_i/N$，n_i 为第 i 种物种在样方内的个体数量，N 为样方中所有物种个体的数量之和；P_i 为一个个体在样方内属于第 i 种物种的概率；n 为样方总数；S 为样地中所有样方内物种数的总和。

当样方内物种数目增加或者样方内已存在的物种个体数量分布越来越均匀时，H' 就会增大，样方内物种多样性也就越高。若 $H'=0$，则 $P_i=n_i/N=1$，说明样方里只含一种物种。H' 越大样方内物种多样性就越高。

3. 植物种群尺度监测

（1）鄱阳湖湿地种群植物功能性质测定

1）叶片长度和宽度

采用游标卡尺（精度 0.01 mm）测定新鲜叶片。叶长为从叶基到叶尖（不含叶柄）的测量值，叶宽为叶片上与主脉垂直方向上的最宽处的测量值。

2）比叶面积

比叶面积是新鲜叶片的单面面积与叶片干重的比值（cm^2/g）。其中，叶片单面面积测定方法为，先将叶片平铺在坐标网格纸上进行图像扫描，然后用 Image J 软件进行叶面积求算；叶片干重测定方法为，先在烘箱中 105℃杀青 15 min，再 85℃烘干 48～72 h，后称重得到干重，利用比值计算比叶面积。

3）比根长与根体积

比根长是根长与根干重的比值。测定方法为将采集的细根（直径<2 mm）洗净擦干，用根系扫描仪扫描根系及参照物，然后计算得出实际根长。根体积采用排水替代法，将新鲜洗净的细根完全浸入盛水的量筒中约 5 s，读取量筒中水增加的体积作为根体积，测完后放入烘箱烘干至恒重（80℃，48 h），用电子天平称量根干重。

4）单位质量叶片碳氮磷含量

采集新鲜植物叶片带回，烘干后粉碎测定。

5）植物群落功能性状的计算

不考虑某物种的功能性质在不同环境中的变异问题，即不考虑环境梯度下物种功能形状的种间变异，直接以群落样点为单元，用重要值加权平均计算群落性状值，利用采集到的群落数据分别计算出各群落中每个物种的相对多度、相对盖度和相对生物量，再分别将一个群落内 i 物种的重要值计算出，最后将该群落中 i 物种的平均 j 性状计算出。计算公式如下：

$$IV_i=(相对多度+相对盖度+相对生物量)/3$$

$$IV = \sum_{i=1}^{n} IV_i$$

$$C_j = \frac{\sum_{i=1}^{n} t_{ij} \times IV_i}{IV}$$

式中，n 为样方总数；IV_i 为 i 物种在该群落中的重要值（$0<IV_i<1$）；IV 为该群落总的重要值（$0<IV<1$）；C_j 为该群落的 j 性状值；t_{ij} 为该群落中 i 物种的 j 性状值。

（2）鄱阳湖湿地种群物候监测

植物的发育节律随季节发生变化，这种季节性外貌就是物种的不同物候学阶段，即物候期，鄱阳湖湿地植物物候期存在"一岁一枯荣"（如南荻、芦苇）和"一岁两枯荣"（如灰化薹草、多穗薹草）两种现象。一般对洲滩植物的物候监测时期为退水后的 10 月、11 月到翌年 5 月。观测方法为基于固定样方的物候相机逐日观测，物候监测方法见图 2-9。

图 2-9　湿地植物物候期监测的一般流程
G、R、B 分别代表绿色波段、红色波段、蓝色波段

一般用 Matlab 软件进行图像数据处理并提取绿度指数，运用多项式拟合及傅里叶拟合确定时间与绿度指数的方程，计算最大曲率值进而确定植物不同物候期的具体时间。

绿度值计算公式：

比值绿度值：$G/R=DN_{green}/DN_{red}$

相对绿度值：$G\%=DN_{green}/(DN_{green}+DN_{red}+DN_{blue})$

绝对绿度值：$2G\_RB= 2DN_{green}-(DN_{red}+DN_{blue})$

式中，DN_{green}、DN_{red}、DN_{blue} 分别为绿、红、蓝波段的平均亮度值。

根据所提取的不同监测时间内植物绿度指数的变化确定监测植物的物候期阶段（图 2-10），其中，SOS 为生长期开始时间（开始变绿时间）；EOS 为生长期结束时间（变黄，落叶）；POS 为植被生长鼎盛时间（绿度最高）；LOS 为生长期长度。

（3）鄱阳湖湿地植物生产力监测

鄱阳湖湿地植物的生产力测定采用多次收获法。根据生物量的动态数据（10～15 天为一个监测周期），利用增重累积法将每期生物量的正增长值相累加，即可对地上净生产量进行估算。当群落各期生物量的增长皆呈正值时，由该方法计算的地上净生产量与群落的最大生物量相同。

植物营养成分测定样品采集时，要在统一时间内选取有代表性的样株。选择样株时，要注意各样株在群体密度、植株长相和长势、生育时期等条件上具有一致性，并避免采集有边际效应或其他原因影响的特殊个体为样品；过大或过小的植株，受病虫害或机械损伤影响的植株不应采集。用于植物营养元素测定的样品采集周期为 1 月，采集方法为收获法整体割刈采集。

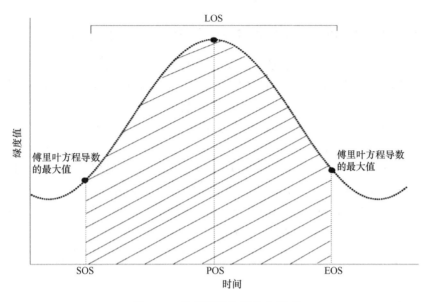

图 2-10　物候期提取的基本原理

SOS. 生长期开始时间（开始变绿时间）；EOS. 生长期结束时间（变黄，落叶）；POS. 植被生长鼎盛时间（绿度最高）；
LOS. 生长期长度

通过每期地下生物量的测定，可以得到不同层次根量的季节变化。根据每一层根量的"最大值"和"最小值"所求得的"差值"之和，即为地下部分当年的生长量，也就是根部当年净生产量。需要注意的是，估算地下部分当年净生产量时，必须采用"各层次的最大差值"相累加，而不能用"全剖面根系的最大差值"。原因是，各层根系生物量的最大差值出现的时间是不一致的，若用"全剖面法"估算，数值会偏低。将每次测定的地下生物量和地上生物量相加，便可得到总的生物量（g/m²）。

植物营养元素测定方法参照《陆地生态系统生物观测规范》。其中，植物全碳采用干烧法（元素分析仪）或重铬酸钾外加热法测定；全氮采用凯氏定氮法、靛酚蓝比色法或硫酸-双氧水扩散法测定；全磷采用湿灰化（硝酸-硫酸-高氯酸消煮法）和钼锑抗比色法测定。

植物营养成分测定方法为，蛋白质含量的测定方法参考国家标准《食品安全国家标准　食品中蛋白质的测定》（GB 5009.5—2016），其原理是蛋白质在催化加热条件下被分解，产生的氨与硫酸结合生成硫酸铵。碱化蒸馏使氨游离，用硼酸吸收后以硫酸或盐酸标准滴定溶液滴定，根据酸的消耗量计算氮含量，再乘以换算系数，即为蛋白质的含量。粗纤维含量的测定方法参考国家标准《植物类食品中粗纤维的测定方法》（GB/T 5009.10—2003），在硫酸的作用下，试样中的糖、淀粉、果胶质和半纤维素经水解除去后，再用碱处理，除去蛋白质及脂肪酸，剩余的残渣为粗纤维，如其中含有不溶于酸碱的杂质，可灰化后除去。脂肪含量的测定方法参考国家标准《食品安全国家标准　食品中脂肪的测定》（GB 5009.6—2016），其原理是食品中的结合态脂肪必须用强酸使其游离出来，游离出的脂肪易溶于有机溶剂。试样经盐酸水解后用无水乙醚或石油醚提取，除去溶剂即得游离态和结合态脂肪的总含量。

（4）鄱阳湖湿地植物分解过程监测采样野外原位分解袋法

植物分解监测采用尼龙网袋法。为避免分解袋中植物残体的非分解损失，同时保证不限制分解作用，选择了 100 目（0.15 mm）、规格为 15 cm×15 cm 的网孔分解袋。在远离水体的高地草洲上采集薹草、芦苇和南荻成熟叶片进行实验。叶片用去离子水冲洗后，剪成 10 cm 长的小段，置于 60℃烘箱中烘干至恒重，每种植物类型单独装袋，分别称取 5.00 g 分解样品装入尼龙网袋中。将分解袋用竹竿固定在大样地的样点中，其中在每个梯度内选择 1 个实验点进行枯立物分解实验，即将分解袋悬空固定在竹竿上，距离地面约 0.5 m，以模拟湿地植物立枯阶段时的分解状态。分解袋回收时间为实验开始后的第 15 天、30 天、60 天、90 天、120 天、150 天和 180 天。分解袋带回实验室后，清除表面杂物并用去离子水冲洗干净后置于 60℃烘箱中烘干至恒重，测量其干物质质量、总碳（C）、总氮（N）、总磷（P）、δ^{13}C、δ^{15}N、纤维素含量和木质素含量。

七、湿地水生生物监测

该技术规程涉及的水生生物包括鱼类、浮游植物、沉水植被、浮游动物、底栖动物。在全湖尺度上，水生生物调查为典型断面样线调查；在子湖尺度上，水生生物调查为全湖调查；对于入江水道断面，则为断面附近调查的取样监测。全湖调查除鱼类调查指标外，其余指标要保证能覆盖到全湖。沉水植物、鱼类调查拟采用回声探测器辅助（图 2-11，表 2-8）。

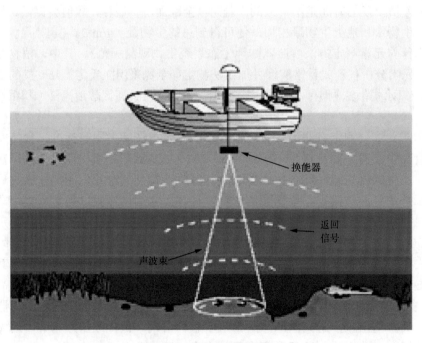

图 2-11 回声探测器原理

表 2-8　湿地水生生物调查监测方法

观测指标	观测方法和技术	计量单位
叶绿素 a 浓度	YSI 水质速测仪现场实测和热乙醇分光光度法实验室分析	mg/m³
浮游植物种类	生物显微镜镜检法（鉴定属、种）	
浮游植物密度	生物显微镜镜检法	个细胞/L
浮游植物生物量	细胞体积法计算生物量	mg/L
浮游动物种类	生物显微镜镜检法（鉴定属、种）	
浮游动物生物量	生物显微镜镜检法，细胞体积法或者称重法计算生物量	mg/L
底栖动物种类	生物解剖镜镜检法（鉴定属、种）	
底栖动物生物量	生物解剖镜镜检法，称重法计算生物量	g/m²
浮游细菌	DAPI 染色显微镜计数法	
水生高等植物	称重法。对于沉水植物，在夏季丰水期，利用声呐技术（DT-X 回声探测仪）进行沉水植被调查。通过声呐调查沉水植被的分布状况，之后根据沉水植被的分布图，有针对性地进行沉水植物数量、密度的随机取样	g/m²
鱼类种类、渔获物组成	采用网簖（定置网）、电捕或"斩秋湖"的方式现场调查鱼类种类和渔获物组成	g/m²
渔业产量	子湖承包渔民协助记录	t/a
鱼类和底栖生物、水生生物营养源	$\delta^{13}C$、$\delta^{15}N$ 稳定同位素测定，利用混合模型进行营养源测算	

1. 沉水植物监测

（1）样品采集

首先将水草夹的铁夹完全打开，投入水中，到达水底后关闭铁夹，匀速上拉；将水草夹收入船板之上，打开铁夹，去除枯死的枝叶及杂质，放入编号袋中。

（2）监测指标

将每个样方内的全部植物鉴定到种，测量植株高和株重，并记录；
某植物单位面积数量为所有样方内植株数量除以样方数再乘以植被面积，即为该植物的植株总数量；
某植物单位面积数量乘以株重即为该植物单位面积生物量。

2. 浮游植物监测

（1）样品采集

选用 2.5 L 采水器在水体表层 0.5 m 处采集水样，充分摇匀后量取 1 L 水样倒入水样瓶中，并添加水样体积的 1%的鲁哥试剂对浮游植物进行固定，在实验室静置 48 h 后，用细小玻管（直径小于 2 mm）借虹吸方法缓慢地吸去上层的清液，注意不能搅动或吸出浮在表面和沉淀的藻类（虹吸管在水中的一端可用 25 号筛绢封盖）。

最后留下约 20 ml 时，将沉淀物放入容积为 30 ml 或 50 ml 的试剂瓶中。试剂瓶事先应在准确的 30 ml 处做好标记。用吸出的上层清液或蒸馏水冲洗试剂瓶和放置在水中的虹吸装置 2～3 次。计数时定容至 30 ml。

如果最终的样品量超过 30 ml，则可静置几小时后，再小心吸去多余水量。样品瓶上应写明采样日期和采样点。

（2）计数

计数选取我国目前通用的面积 20 mm×20 mm、容量 0.1 ml 的计数框。计数时，将计数样品充分摇匀后，迅速吸取 0.1 ml 的样品到计数框中，盖上盖玻片，保证计数框内无气泡，也无样品溢出，置于光学显微镜下进行镜检。

计数方法一般选取目镜视野法或目镜行格法。目镜视野法的计数视野数目应根据样品中浮游植物数量的多少确定。一般计数 100～500 个视野，使所得计数值至少在 300 以上。可以先计数 100 个视野。如计数后数值太少，再增加 100 个，以此类推。目镜行格法计数时，只计数横格内的藻类，连续移动，计数一横格。根据藻类多少，确定计数的横格数，一般为 5～20 行。

（3）种类鉴定

浮游藻类的种类鉴定参照《中国淡水藻类——系统、分类及生态》和《淡水浮游生物研究方法》。浮游植物的个体太小，很难直接称重，一般通过计数和测量体积后换算。由于浮游藻类的比重接近 1，即 1 mm³ 的细胞体积等于 1 mg 湿重生物量，故生物量的测定可以采用体积转化法。细胞的平均体积根据物种的几何形状计算。

3. 浮游动物监测

湖泊中浮游动物主要由原生动物、轮虫、枝角类和桡足类四大类水生无脊椎动物组成。由于个体大小差异较大，原生动物和轮虫与枝角类和桡足类的采样方法有所不同。原生动物和轮虫的采样方法和固定方法与浮游植物的相同，一般原生动物和轮虫的计数可与浮游植物的计数合用一个样品。浮游甲壳动物枝角类和桡足类一般个体较大，在水体中的丰度也较低，故要用浮游生物网过滤较多的水样才有较好的代表性，野外采样必须用孔径为 64 μm 的浮游生物网作过滤网，避免用捞定性样品的网当作过滤网。

枝角类、桡足类用采水器方法取 10～50 L 水样，用 25 号浮游生物网过滤，把过滤物放入标本瓶中。水深在 2 m 以内、水团混合良好的水体，可只采表层水样，水深更深的水体区域，应分别取表层、中层、底层、混合水样。采得的水样经 64 μm 的浮游生物网过滤后保存于 50 ml 塑料瓶后，并立即加甲醛固定，以杀死水样中浮游动物和其他生物。样品带回室内在显微镜下镜检，鉴定浮游动物至种属水平。在计数时，根据样品中甲壳动物的多少分若干次全部过数。通过显微镜计数获得浮游动物数量。再根据近似几何图形测量长、宽、厚，并通过求积公式计算出生物体积，换算生物量。原生动物参照《原生动物学》和《微型生物监测新技术》进行鉴定；轮虫种类参照《中国淡水轮虫志》进行鉴定；枝角类和桡足类参照《中国动物志》进行鉴定。

4. 底栖动物监测

底栖动物是指生活史的全部或大部分时间生活于水体底部的水生动物群。底栖动物是一个生态学概念，而非分类学概念，淡水底栖动物的种类繁多，在无脊椎动物方面几乎包括最低等的原生动物门到节肢动物门的所有门类。在湖泊中底栖动物主要包括水生寡毛类（水蚯蚓等）、软体动物（螺蚌等）和水生昆虫幼虫（摇蚊幼虫等）。

（1）样点布设

采样点设置应该与水质理化分析采样点一致；在子湖沿水深梯度布设至少 5 个样点；在入江水道沿横断面布设至少 5 个样点；各样点的布设应具有代表性。

（2）样品采集

底泥定量采样用开口面积固定的抓斗式采泥器、箱式采泥器等，蚌类等大型底栖动物采集需使用三角拖网。将采集的沉积物用分样筛初步筛洗，剩余物装入塑料袋中，置于阴凉处或低温保温箱中，带回实验室挑出动物标本。挑样工作中，应在标本活体状态中进行，并且在 1～2 天内完成挑样，气温较高时需要低温保存样品。

（3）标本固定

寡毛类在固定前先麻醉，将标本置于玻皿中，加少量水，加 75% 的乙醇 1～2 滴，然后每隔 5～10 min 再加 1～2 滴直至个体完全麻醉，然后加 7% 的甲醛溶液固定 24 h，再移入 75% 的乙醇溶液中保存。做单纯的定量分析，可直接投入 7% 的甲醛溶液中固定。软体动物中大型蚌固定前先在 50℃ 左右热水中将其闷死，然后向内脏团中注射 7% 的甲醛溶液并投入该溶液中固定 24 h，再移入 75% 的乙醇中保存。对于小型螺蚌可直接放入 7% 的甲醛溶液中保存。水生昆虫一般直接投入 7% 的甲醛溶液中固定 24 h，再移入 75% 的乙醇中保存。固定液须为动物体积的 10 倍以上。

（4）标本鉴定

软体动物和水栖寡毛类的优势种应鉴定到种，摇蚊科幼虫鉴定到属或种水平，水生昆虫等至少鉴定到科。对于疑难种类应有固定标本，以便进一步分析鉴定。水栖寡毛类和摇蚊幼虫等鉴定时需制片在解剖镜或显微镜下观察，一般用甘油做透明剂。如需保留制片，可用加拿大树胶或普氏胶等封片。

（5）计数和生物量测算

按不同种类准确地统计个体数，包括每种的数量和总数量。小型种类如寡毛类、摇蚊幼虫等，将它们从保存剂中取出，放在吸水纸上吸去附着水分，然后置于电子天平上称重，其数据代表固定后的湿重。大型种类如螺、蚌等，分拣后用电子天平或托盘天平称重即可。其数值为带壳湿重，记录时应加以说明。把计数和称重获得的结果根据采样面积换算为 1 m² 内的数量（个/m²）或生物量（g/m²）。

5. 渔业资源及鱼类食性监测

（1）渔获物调查

调查方式：用网簖对子湖和通江水道沿岸带鱼类进行调查，通过雇请渔民捕捞，或采用网簖（定置网）、电捕的方式调查（图 2-12）。对于堑秋湖，鱼类捕捞量数据还可以向子湖承包渔民进行咨询。

图 2-12 不同渔业捕捞方式
上图：网簖（定置网）；下图：堑秋湖

调查样点设置：网簖调查，每个子湖或通江断面设置至少 3 个调查样点，每个样点调查 2～3 个网簖，每个网簖应该放置 24 h，取单网产量进行数据分析。

电捕调查：用电捕对子湖和通江水道敞水区鱼类进行调查，设置至少 3 个调查样点，每个样点进行至少 3 次定量调查，每次采集距离约 500 m，取单次电捕产量进行数据分析。

鱼类鉴定与指标测定：现场鉴定鱼的种类，并测量其体长、体重等生物学指标。对于当时难以鉴定到种的鱼类，用 10%的福尔马林溶液固定保存，带回实验室分析。鱼类的鉴定主要参照《中国动物志　硬骨鱼纲》《中国淡水鱼类检索》《长江鱼类》等鱼类分类学资料。

（2）产卵场调查

由于鄱阳湖水生态综合模型的驱动因子主要有水文和湿地植被，鱼类"三场"（产卵场、索饵场、越冬场）中仅有产卵场受该因子影响较大，且受影响的主要为产黏性卵鱼类。另外，鲤、鲫在鄱阳湖渔业资源中占比超过 50%，为绝对优势种类。因此，在鄱阳湖监测工作中鱼类产卵场的监测重点可以考虑鲤、鲫的产卵场。

鄱阳湖鲤、鲫产卵场的监测从 3 月下旬开始。产卵场的监测应该结合历史资料记载并在渔政管理部门的配合下进行。

根据每日渔获物中捕捞到处于排卵期的鲤、鲫作为产卵场的直接证据。

用 GPS 记录点位信息，采用 ArcGIS 软件，结合鄱阳湖地形图，绘制出各产卵场的分布图并计算出其面积。同时，调查产卵场的环境状况，记录其所在的水位、深度、水温、透明度、含氧量、水生植物及底质等情况。

（3）食性分析

胃（肠）含物处理：采集的样品鱼，测定其体长、体重后，即可剖开腹部，取出完整的胃或肠。将取出的胃和肠管轻轻拉直，测量长度，并目测其食物饱和度。将胃和肠管的两端用线扎紧，系上编号标签，再用纱布包好放入标本瓶，然后加入 5%的甲醛溶液。对于体长 20 cm 以下的小鱼，可以整条固定。固定之前，在鱼的腹下剪一小口，每个样品放置一个标签，注明采集时间、地点和渔具；用纱布包裹，固定在 5%的福尔马林液中。

胃（肠）含物检查：隔开胃肠，取出内容物进行称重，取其全部或部分进行定性和定量检查。①定性检查，主要鉴定饵料生物的种类。取样最好在近口腔的部位，无法鉴定的种类可按大类区分。有些饵料生物根据其生物体上难以消化且保存较为完整的部分进行鉴定。②定量检查，在定性的基础上，计算出每尾鱼胃（肠）含物中各类不同饵料生物的数量。以浮游生物或小型生物为食的鱼类，取胃（肠）含物的一部分，在显微镜下逐个计数。一般应计数多次，取其平均值，再乘以胃（肠）含物总量，计算得到该尾鱼摄食的总量。

（4）稳定同位素比值和营养级

1）$\delta^{13}C$ 和 $\delta^{15}N$ 值的测定

从渔获物中选取优势种鱼类测定其 $\delta^{13}C$ 和 $\delta^{15}N$ 值，每种鱼类随机挑选 5～10 尾成熟个体。从所有鱼类样品的背部取一小块白色肌肉，用清水冲洗干净，然后冷冻保存。

利用 D 型底栖网在浅水区域采集底栖动物样品，每个种类的采集数量不少于 5 个。所有采集到的底栖动物样品均要放置在清水中过夜，使其肠含物排空，再取其腹足或斧足肌肉用于同位素值测定。

将所有样品在 60℃下烘烤 48 h 以上，然后用研钵将其研磨成均匀粉末。用元素分析仪燃烧包裹于锡囊的样品粉末，在真空中经过一系列氧化和还原反应生成 CO_2、H_2O 和 N_2，然后经 $Mg(ClO_4)_2$ 干燥和色谱柱分离，所得纯气体进入同位素质谱测定（图 2-13）。

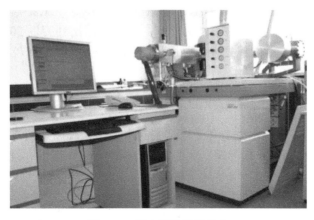

图 2-13　稳定同位素质谱仪

2）鱼类营养级的测定

消费者营养级的计算公式为

$$营养级 = \lambda + \{\delta^{15}N_{消费者} - [\delta^{15}N_{基准1} \times \alpha + \delta^{15}N_{基准2} \times (1-\alpha)]\}/3.4‰$$

式中，λ 为基准生物的营养级（如初级消费者的 λ 定义为 2）；$\delta^{15}N_{消费者}$ 为消费者 $\delta^{15}N$ 的测定值，$\delta^{15}N_{基准1}$、$\delta^{15}N_{基准2}$ 分别为浮游和底栖食物网基准生物的 $\delta^{15}N$ 值；α 为消费者摄食浮游或底栖碳源的百分比例；3.4‰为每递增一个营养级 $\delta^{15}N$ 的富集常数。通常，浮游、底栖食物网的基准生物分别选用生长周期较长的蚌类和螺类。

为比较底栖和浮游碳源对鱼类生物量的贡献比例（α），质量平衡混合模型如下：

$$Percentbenthic = \frac{\delta^{13}C_{consumer} - \delta^{13}C_{pelagic}}{\delta^{13}C_{benthic} - \delta^{13}C_{pelagic}} \times 100$$

式中，$\delta^{13}C_{消费者}$、$\delta^{13}C_{基准1}$ 和 $\delta^{13}C_{基准2}$ 分别为鱼类消费者、浮游基准生物和底栖基准生物的 $\delta^{13}C$ 平均值。

八、湿地水量交换过程监测

1. 气象条件监测

（1）降水、气温等常规气象数据

在湖区周边设置微气象站，采集湖区的降水、气温、相对湿度、风速、气压等气象数据，为模型的运行提供输入条件。

（2）水面蒸发

在湖区水面上布设 PH-2F 自动水面蒸发计，与配套的自动加水装置、溢水装置、数据采集仪、自供电系统、通信系统、计算机数据处理软件等组成监测设备，实现对碟形湖水面蒸发的实时监测。

2. 土壤监测

土壤理化性质、水力性质参数的测定：在碟形湖湖底、土堤、主湖区湖底等关键点位分别挖取土壤剖面，剖面深度均为 1 m。每一剖面用环刀以 20 cm 为 1 层取原状土样带至实验室。经过室内预处理，采用 Mastersizer 2000 激光粒度仪和室内环刀法分别测定土壤粒径与渗透系数。

3. 底泥监测

监测频次：2018 年枯水季节（子湖与主湖水力联系脱离期间），每季度监测 1 次。

监测点位：为准确反映碟形湖底泥的空间异质性，每个碟形湖设置 2～4 个监测点。

监测指标：底泥厚度、间隙水可溶性氮、间隙水可溶性磷。

监测方法：通过底泥样品采集与实验室分析完成。

4. 碟形湖与鄱阳湖主湖区水量交换过程监测

（1）碟形湖排水闸口流量监测

在碟形湖排水闸口布设一套巴歇尔槽式明渠超声波流量计系统。该系统与流体不接触即可完成水位监测，以标准巴歇尔槽的水位流量关系曲线法计算流量，实现排水闸口水量的实时监测。调研和确定水闸开启、关闭的关键水位阈值，了解碟形湖水务管理的运行机制。

（2）主湖区向碟形湖抽水量监测

近年来连续干旱使得地势较高的碟形湖水位骤降，为减少养殖损失，养殖户通过抽湖水补充的方式不让碟形湖水位下降。泵站抽水量根据校准后的泵站流量（m^3/s）和记录的运行时间（s）计算。

5. 湖区水位与流速时空变化监测

（1）湖区水位监测

监测点选址：在水位代表性好、不易损坏的地方，要求水准点牢固耐久、长期稳定，底座基础为混凝土。如湖底平滑，则仅在湖底高程最低点布设 1 处。如湖底坑洼连片，则应在较大凹陷处也布设监测点。

仪器布设：在该监测点布设一套带有钢管锁扣保护的 Hobo U20-001-02 水位计（深度范围 0～30 m，温度−20～50℃）。配套有数据采集器、太阳能电池板、无线传输模块，实现数据的远程在线传输。

（2）水面流速

监测点选址：湖心、湖岸、排水闸处等关键代表性位置。

仪器布设：采用电波流速仪、浮标对碟形湖水面流速进行测量。

6. 地表水-地下水交互（渗漏）作用机制的监测

在鄱阳湖遭遇特枯水位时，碟形湖水面与主湖区水位高差悬殊，地下水水面坡降大，渗漏加速了碟形湖水位消落，导致提前干涸。

采用渗透仪直接多点测量或通过野外对两湖水位、土堤、湖床沉积物渗透系数的监测与分析，根据达西定律估算地表水对地下水的补给量或地下水对地表水的排泄量。渗透仪方法原理简单、成本低，但操作耗时费力。

九、湿地生态水文过程监测（水体-地下水-土壤-植物同步监测）

鄱阳湖湿地由于其生态系统的独特性，其植物、土壤均受到水位变化的影响。因此有必要把水文、植被和土壤的监测纳入一个系统中进行集成监测，以反映鄱阳湖生态系统的生态水文过程。

1. 监测断面选择

监测断面应具备鄱阳湖洲滩湿地的典型水文过程与生态特征（图2-14）。

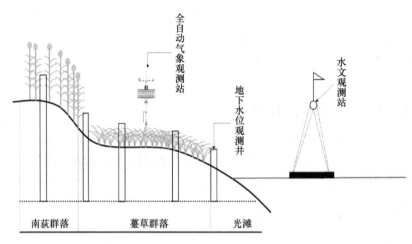

图2-14 水域-洲滩地下水-土壤-植物同步观测系统示意图

2. 监测技术

采用地下水-土壤-植物-大气连续体（GSPAC）观测系统，开展水文过程野外定位动态监测，系统监测 GSPAC 中的水分运动和植物-大气、土壤-大气、土壤-根系、土壤水-地下水等之间水分迁移的界面过程，开展长期气象综合要素、土壤要素、地表地下水要素及植被要素的定位观测，通过软件进行数据存储与传输；同时进行鄱阳湖湿地大气水-地表水-地下水水样采集，揭示水位显著变化条件下典型湿地中地表水和地下水的交互作用。监测技术体系见图2-15。

十、湿地水鸟及生境监测

水鸟监测记录的主要指标包括物种、数量、位置、生境特点、行为描述等。水鸟分布位置、数量应该结合采用高精度 GPS 和激光测距仪定位、无人机航拍定位技术；雁鸭类、鹤类的分布和活动可以利用卫星跟踪器。监测频率应至少半月一次，尽量与保护区水鸟定期监测和水鸟同步调查相结合。除了水鸟种类与数量以外，应将水鸟行为与生境作为监测重点，努力克服目前在水鸟监测上所存在的方法不规范和信息不完整等问题。水鸟及其生境监测主要技术规程如图2-16和图2-17所示。

1. 水鸟监测

（1）水鸟监测的主要目的

水鸟监测的目的主要有三个方面：①了解研究区的水鸟种类、数量和群落结构；②确定水鸟种群在研究区内的时空分布情况；③重点监测越冬候鸟在研究区不同区域的行为活动。

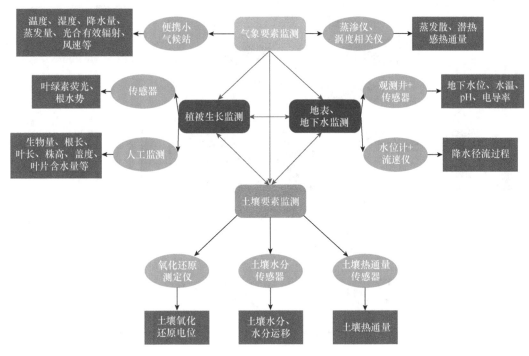

图 2-15　湿地生态监测技术体系

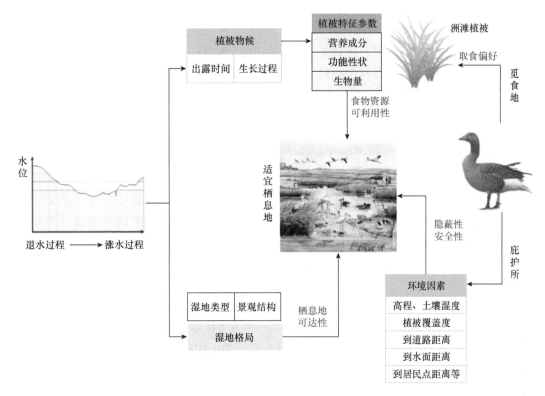

图 2-16　水鸟及其生境监测技术体系示意图

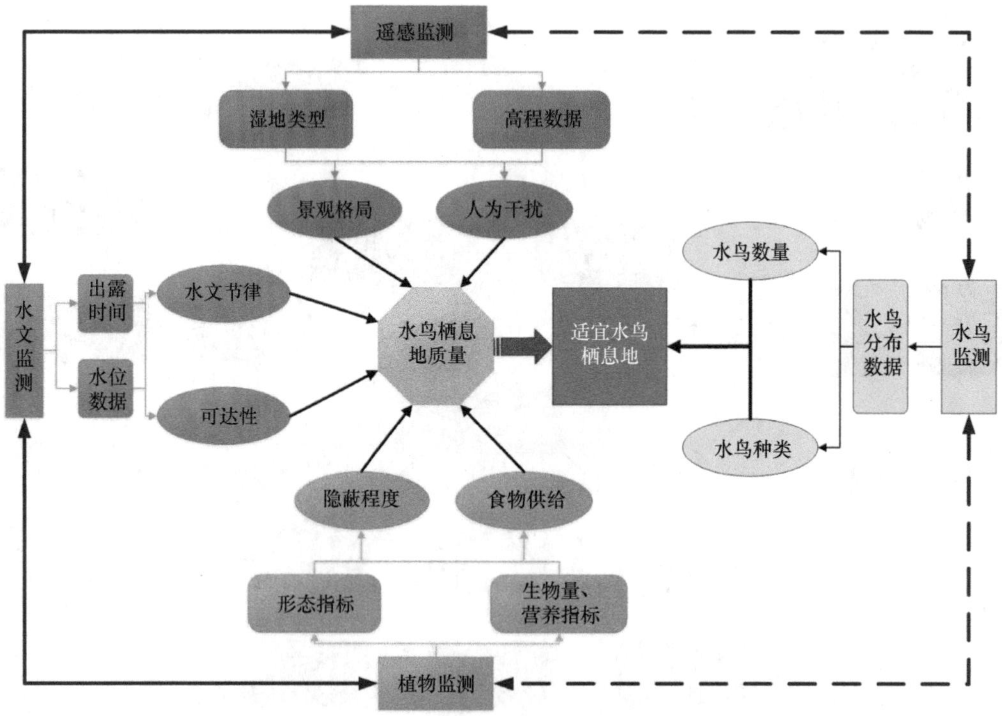

图 2-17   水鸟栖息地生态监测体系

（2）水鸟监测方法

水鸟数量调查方法采用直接计数法、集团统计法、样方法和样线法等，要求在同一调查区内同步调查。调查过程中，结合地形图和 GPS 定位的方法，测定出调查路线的起止点或定点调查位置，绘出实际调查样线或调查点图。一般在无雨、无大风、晴朗的天气条件下，采用裸眼结合单筒或双筒望远镜进行野外调查。水鸟调查一般有以下几种方法。

直接计数法：鸟类种群成簇分布时，通常采用直接计数法结合集团统计法进行。调查时以定点观察结合步行为主，在比较开阔、生境均匀的大范围区域可借助汽车、摩托车、船只进行调查，有条件再开展航空调查。直接计数法是通过直接计数而得到调查区域中水鸟绝对数量的调查方法。适用于越冬水鸟及格子湖泊定点观察（调查区域较小），便于计数统计。直接计数法的记录对象以动物实体为主，在繁殖季节还可记录鸟巢数，再转换成种群数量（繁殖期被鸟类利用的每一处鸟巢应视为一对成鸟；鸟类孵化期观察到的一只成体鸟应视为一对成鸟）。

集团统计法：如果群体数量极大难以直接计数，通过将整个种群均匀分隔成较小的几个集团，然后分别统计其中的 2~3 个集团，求出平均值来获得整个种群的鸟类数量，或群体处于飞行、取食、行走等运动状态时，可以 5、10、20、50、100 等为计数单元来估计群体的数量。春、秋季候鸟迁徙季节的调查以种类调查为主，同时还应兼顾迁徙种群数量的变化。直接计数法得到的某种鸟类的数量总和即为该区域该种鸟类的数量。

样线法：是指在监测子湖外围小路和湖泊堤岸、公路、河道设置调查样线。定点观察是指在候鸟集中分布的滩涂、草洲和浅水区域设置固定观测点，进行分组调查，每组成员1~2名。在调查的湖泊沿堤岸进行调查时，尽可能调查清楚每个子湖泊的水鸟种类、数量及栖息情况，记录所遇到水鸟的种类、数量、生境、栖息区域及与观测点的距离。

样方法：通过随机取样估计水鸟种群的数量。在群体繁殖密度很高的或难于进行直接计数的地区，一般鸟类种群呈现随机分布或均匀分布时可采用样方法和样线法。总体要求调查强度不低于总面积的1%的原则。样方大小一般不小于20 m×20 m；同一生境的样方数量可根据实际情况进行具体设定，尽量不低于10个。计数方法同直接计数法。对于芦苇地、南荻地、高草灌丛或者草甸可采用样方法、样线法或者其他有效方法。样方法数量计算公式为$N=D×M$（式中，N为某区域某种水鸟的数量；D为该区域该种水鸟的平均密度；M为该调查区域总面积）。

物种的种群密度采用以下公式进行数据处理：

$$D=N/2LW$$

式中，D为某物种的种群密度（只/km^2）；N为某物种在样带内的出现数目（只）；L为样带长度（km）；W为样带的单侧宽度（km）。

对于小型鸟类，样带单侧宽度W值取25 m；对于猛禽、鹭科、雁形目等大型鸟类W值取250 m。同时，可采用鸟类样带法调查数据处理专用软件DISTANCE，对每一调查物种进行种群密度计算。

2. 水鸟生境监测

（1）栖息地面上调查与水鸟分布监测

栖息地面上调查应该结合高分辨率遥感影像，利用高分辨率遥感影像进行精细网格化处理，作为调查底图。用单筒望远镜观察并确定水鸟聚集地具体位置，在影像图上标注相应的位置，并采用直接计数法进行水鸟数量计数。

水鸟分布区域的确定还可以通过与地方保护区合作对关键水鸟佩戴背负式GPS跟踪器进行记录，根据停留时间和停留位点确定。

栖息地面上调查的信息包括：水鸟种类、数量、行为分配、栖息地高程、湿地类型、植被盖度、距道路的距离、距附近居民点等人工建筑的距离、距水面的距离、威胁因子和土壤温湿度等。

（2）栖息地食源植物性状监测

对已确定的水鸟觅食区域，应该补充植物群落样方监测，测定方法具体参见湿地洲滩植物监测部分。植物性状监测指标应包括株高、盖度、植冠、多度、叶长、叶宽及植物叶片主要营养物质（糖类、蛋白质、脂肪、纤维素等）和元素含量。

（3）栖息地动态变化与水文过程监测

在水鸟栖息地安装缩时物候相机记录涨/退水过程和栖息地景观变化，为了准确测定水位和植株变化，可以在靠近湖心位置树立标杆。

栖息地附近湖区的水位数据和气象数据可以参考对应湖区的水位、气象监测数据。

第四节　数据内容与质量控制规范

一、数据内容

在监测工作的数据获取过程中，必须对实验设计、观测过程、测定方法选择及数据整理和计算转化等每一个步骤进行详细真实的记录和描述。为了方便数据共享，保证数据的科学有效性及时间和空间上的可比性，鄱阳湖湿地生态系统监测工作中必须要制定完整的数据规范。为了避免数据使用者没有直接参与数据获取而缺乏对数据获取背景信息的了解，数据获取的同时还必须记录、提供相关数据的地点背景、数据采集过程、采集人、采集方法等辅助信息，即元数据。

元数据是"关于数据的数据"，其根本意义在于实现数据共享，为他人提供可用的数据或者有效使用他人的数据。元数据除了要有数据的各种辅助性信息以外，还应该包括数据的被检索与被获取的信息。

根据《陆地生态系统生物观测规范》和《水域生态系统生物观测规范》，完整的生态系统长期观测数据应该包括监测场地背景信息、动态观测数据及其辅助信息。

1. 监测场地背景信息

场地背景信息，是指产生数据的试验或观测场地及其所在区域的相关资料和信息，用于描述野外试验或者观测数据的背景环境。在鄱阳湖湿地生态系统长期监测过程中，背景信息应该包括6方面内容（表2-9）。①监测场地的地理位置信息、高程分布、洲滩湿地类型（河口湿地、湖泊湿地、新生三角洲湿地等）；②监测场地的干扰胁迫因子（人工垦殖、道路建筑、采砂等）；③监测场地植物群落种类组成与结构本底调查；④对于碟形湖泊还要明确其与大湖的连通类型（完全隔离、闸口控制、自然连通）及其水文节律特征；⑤监测场地的水文特征、生物群落（植物、水鸟、水生生物）分布、小气候条件和土壤基本属性的分析报告；⑥监测场地采样设计及其说明。

表 2-9　鄱阳湖湿地生态监测背景信息简表

项目	信息内容
观测场名称	
填表人	
观测点代码	
观测场类型	1. 碟形湖泊 2. 通江断面 3. 主湖
观测场地理位置	经度；维度；高程；行政区；
观测场有关图片信息	
观测场代表性描述、周边环境	
监测内容	植物；土壤；水鸟；气象；水文等
观测样地（样方）设置情况	
样地（样方）面积及形状	
植被本底信息及分布	植被类型、空间分布格局（梯度、离散）

项目		信息内容
观测场自然地理 背景信息	地貌地形	坡度、坡向、其他特征
	土壤类型	
	土壤剖面特征	
	气象要素	气温、降水、湿度、太阳辐射等
	水文特征	潜水层地下水位、水深、流速、流量等
	动物活动情况	水鸟、鱼类等
	人类活动情况	垦殖、养鱼、采砂、畜牧养殖等
	其他信息	
采样地1 （名称和代码）	样地名称	
	样地编号	
	样地类型	固定样地、动态监测样地
	监测项目	
	关联数据表格代码	
	其他说明	
采样地2	……	
……	……	
备注		

2. 动态观测数据

动态观测数据即根据生态指标体系的各项指标通过观测、分析获得的数据。鄱阳湖湿地生态系统所有生态观测数据组成一个数据集，鄱阳湖内不同固定监测样地内所有的观测数据也可以分别形成单独的数据集。每个数据子集都包括多个数据表，考虑到可操作性，数据表一般使用 Microsoft Excel 制作。鄱阳湖湿地生态系统长期监测常用数据集见表 2-10。在实际监测工作中可以根据监测对象的不同在本数据集清单的基础上进行调整。

表 2-10　鄱阳湖湿地生态监测数据集的数据清单表

序号	数据表名称	数据表代码
1	鄱阳湖水文水资源调查用记载表	PL-W01
2	鄱阳湖水质采样记录表	PL-W02
3	鄱阳湖湿地植被调查表	PL-V01
4	大型底栖动物野外采样记录工作表	PL-A01
5	渔获物调查表	PL-F01
6	鱼类生物学数据记录表	PL-F02
7	鄱阳湖水鸟监测点调查表	PL-B01
8	鸟类样线（点）调查记录工作表	PL-B02
9	鸟类红外相机调查工作表	PL-B03
10	鸟类生境样方调查工作表	PL-B04

3. 动态观测数据的辅助信息

辅助信息主要包括监测场地的环境要素、观测与采样过程记录、观测和分析方法信息、数据联系人信息、数据质量控制报告等，在实际野外调查和监测中可以采用相机进行监测过程中的图像资料采集，并按照一定规则进行编码，形成图片资料集。

二、数据填报规范

数据集不同数据表的排列与指标体系的项目排序基本对应。

不同数据集及数据表之间的相同数据项，尽可能使用统一计量单位，计量单位的选择原则上尽可能采用国际标准。

数据经度要求是根据数据项的实际数值范围或仪器经度确定。

数据表中的数据尽量体现原始调查数据，为了避免数据换算过程中的数据扩大或数据信息丢失，各数据项的单位尽可能使用观测时的原始单位，如保留样方统计值，不换算成单位面积值。

三、数据质量控制规范

1. 质量控制概述

质量控制是为了达到某种特定质量要求而采取的控制措施。数据质量的控制贯穿于鄱阳湖湿地生态系统长期监测的各个环节，包括场地设置与指标选择、野外观测与采样、室内分析、数据记录和存档等。在严格按照各项规范进行野外监测、采样和分析的前提下，还需要采取各种措施对数据的质量进行检验和有效控制。

2. 场地设置与指标选择质量控制及编码

严格按照生态系统监测空间布局原则和要求进行监测区域的选择，对于永久性监测样地应该采取必要的管理和保护措施，以保证长期监测任务的顺利进行；对于典型监测断面和样带，应该对本底环境进行详细、如实的记录，并采集图像信息，按照要求进行整理和归档。监测指标的选择应该严格参照指标选择标准，能够真实、全面反映监测对象的生态学属性。

为了便于数据和样品的统一管理及增强数据质量的溯源性，需要对鄱阳湖主要监测区域和样品进行编码，按照"一区一码、一样一码"的方针进行质量控制。后期结合监测分析数据集，可以运用二维码或者条形码编码技术进行监测样地和监测样品的多指标数据管理，数据使用者可以通过扫码获取到监测样地的背景信息、监测指标、监测方法及其他有用信息。

按照唯一性和直观性的原则，对鄱阳湖湿地不同监测区、监测样带、监测样方及生态要素和指标进行数值编码（表 2-11）。

表 2-11　鄱阳湖湿地生态系统监测区与生态要素指标编码示例

监测区	监测区编码	生态要素与指标编码					
		背景信息（B）	水文（H）		水质（Q）		土壤（S）
白沙湖	BSH	水域面积-1	水位-1	水温-1	亚硝氮-11	酸碱度-1	总磷-11
常湖池	CHC	植被面积-2	降水量-2	浊度-2	总磷-12	质地-2	水解氮-12
梅西湖	MXH	气温-3	水量-3	电导率-3	磷酸盐-13	含水量-3	有效磷-13
黄金咀	HJZ	湿度-4	流速-4	溶解氧-4	高锰酸钾指数-14	孔隙度-4	微生物生物量碳-14
四独洲	SDZ	太阳辐射-5		矿化度-5	总有机碳-15	持水量-5	微生物生物量氮-15
赣中支三角洲	GZD	风速-6		透明度-6	钙-16	电导率-6	潜水地下水位-16
康山湖	KSH	景观格局-7		氧化还原电位-7	镁-17	氧化还原电位-7	酶活性-17
撮箕湖	CJH			总氮-8	氯化物-18	铁离子-8	
大湖池	DHC			氨氮-9	硫酸盐-19	总碳-9	
战备湖	ZBH			硝氮-10	总碱度-20	总氮-10	

注：①监测数据的编码规则：监测区编码-样带、样方（采样点）编码-生态要素指标编码；②采集样品的编码规则：监测区编码-样带、样方（采样点）编码-生态要素编码-采样时间。例如，白沙湖某样带上采样点土壤潜水地下水位数据的编码为 BSH-Ia-S16；该土壤样品的编码为 BSH-S-Ia-20170215

3. 野外观测与采样的质量控制

观测人员要掌握野外监测技术规范和有关的生态学理论技术知识，熟练掌握承担监测项目的操作规程，并进行周密的采样设计及按照严格的步骤采样；按时、保质、保量、按要求完成各项监测和采样任务。对植物、土壤样品的采集必须在适当的采样时间选择代表性样株，完成规定的采样点数和样方重复数。

采样过程中必须对采样人、采样方法、采样过程、采样天气、样地环境进行翔实的记录。

（本章作者：于秀波　张广帅）

第三章 鄱阳湖湿地生态系统监测方案

在鄱阳湖水生态综合模型研究及开发项目实施过程中，为了服务于模型的研发和验证工作，同时为鄱阳湖水利枢纽工程建设背景下社会各界关注的焦点问题的回应提供数据支持，我们在鄱阳湖湿地开展了基于 3 个典型碟形子湖和 1 个通江水道的生态系统综合监测。这是该技术规程在鄱阳湖实际监测任务中的应用成果。

第一节 鄱阳湖湿地生态系统监测方向与空间布局

一、监测方向

1. 鄱阳湖水文过程与水环境动态监测

以主湖区和典型碟形子湖泊为监测对象，重点监测湖泊水位、流量、流速的变化，研究主湖区与子湖的相互作用及其水动力效应；监测湖泊 pH、电导率、溶解氧、总氮、氨氮、硝氮、总磷等水质指标，研究湖泊氮磷等污染物的迁移、转化和时空分布特征及其与湖泊水动力条件变化的关系；监测湖泊浮游与底栖生物及沉水植被的时空分布、种群结构及优势类群，研究湖泊营养水平和水动力条件对水生生物的影响机理。

2. 鄱阳湖生态系统结构与过程监测

以典型碟形子湖泊洲滩湿地为监测对象，重点监测湿地植物的分布格局和群落结构、湿地植物的生长过程与生产力水平、湿地土壤生物物理化学特征、湿地土壤碳氮稳定同位素与有机质分解过程，研究鄱阳湖水文过程变化驱动下湿地生态系统结构和过程的耦合关系，揭示湿地演变过程动力学机制，预测湿地演变趋势和方向。

3. 鄱阳湖水鸟及其栖息地质量监测

通过水鸟数量、分布、行为调查和食源植物定位监测实验，提取食源植物可利用性的关键参数，揭示水鸟食物资源选择机制，为不同阶段水鸟适宜栖息地时空动态的刻画和模拟提供数据支持。

二、空间布局方案

在鄱阳湖水生态综合模型研究及开发项目中重点在白沙湖、常湖池、梅西湖 3 个典型子湖和黄金咀 1 个入江水道断面设置了定位监测场（站）。在典型子湖内布设了监测样线，每条样线由多个监测采样地组成，每个样地包括若干样方，开展植被、土壤等要素的定期监测。监测样线及其样地的设置数目视生态要素的空间异质性、观测目的、观测指标或观测方法而异。对水鸟、鱼类及沉水植物等水生生物和水质等水环境指标的监测，子湖尺度以格网化调查为主，主湖则以断面调查为主。

1. 整体布局

根据二级尺度监测区布局原则，鄱阳湖湿地生态系统监测空间布局优先选择南矶湿地国家级自然保护区内的白沙湖，鄱阳湖国家级自然保护区内的常湖池、梅西湖3个典型碟形湖泊和都昌候鸟省级自然保护区内的黄金咀通江断面为生态敏感监测区域。其中白沙湖和常湖池均为白鹤、鸿雁等水鸟的重要栖息地，且通过水闸与主湖连通，水位管理模式为人工控湖，为水文过程的观测提供了便利条件，同时由于面积适中，是子湖尺度上进行湖泊湿地生态系统完整性系统监测的理想场所；梅西湖是鄱阳湖国家级自然保护区9个碟形洼地湖泊中高程相对较高的一个子湖，湖内地势平缓，是鄱阳湖内极具代表性的湖泊湿地。

鄱阳湖湿地生态敏感区还有四独洲、康山湖、撮箕湖、赣中支三角洲等区域。其中，四独洲断面较窄，高差明显，形成了鲜明的植物梯度带，是植物分布的敏感区域；康山湖在枯水期有大面积的湖滩、草洲、湖汊和泥滩地出露，形成大量的季节性浅水湖泊，水鸟种类众多，是白鹤、灰鹤和雁类的重要栖息地。鄱阳湖水利枢纽工程投入使用后，由于水位抬升，部分草洲被淹没，而康山湖最有可能转变为越冬水鸟的替代栖息地，所以选择康山湖作为反映水鸟栖息地变化的敏感区域；撮箕湖面积较大，人工养殖等活动密集，由于肥料的过度使用湖区出现富营养化，水华蓝藻聚集并逐年加重，是能够反映水体富营养状态变化和水质变化的敏感区域。

除此之外，还将在鄱阳湖水利枢纽工程选址断面前500～1000 m的位置设置样线进行水文、水质和水生生物的常规监测。

由于鄱阳湖受赣江、抚河、信江、饶河、修水"五河"来水和长江水流倒灌顶托影响较大，入湖河口的主要湖泊区域由于受河湖及江湖关系影响显著所以可以在这些区域选择监测点。除了上述优先区监测站点外，军山湖大堤北部的金西湖区域可以作为抚河入湖的典型监测点；瑞洪镇以西湖区及康山大堤以西的湖区可以作为信江入湖的典型监测区域或抚河、信江与赣江南支汇合后河湖相的典型区域；汉池湖区段可以作为饶河入湖的典型河口；南矶山周边的西湖、南湖可以作为赣江南支的典型监测点；鞋山湖由于具有开放性，可以作为通江水道出入水量的监测站点；都昌老爷庙可以作为入江水道的监测点。

2. 典型子湖固定监测样地布局

（1）白沙湖固定监测样地布局

白沙湖位于南矶湿地国家级自然保护区，是典型的季节性碟形湖泊，距离矶山岛1 km，距离南山岛3 km。该湖控制高程为14.00 m，控制高程以下水面面积为4.622 km²，相应容积为0.0694亿 m³。白沙湖受鄱阳湖季节性涨退水影响，涨水时，与鄱阳湖连成一片，水深达6～8 m；退水后，由于当地截湖围垦工程，鄱阳湖形成独立的湖泊，与鄱阳湖相隔。枯水期由于人工放水捕捞，白沙湖内湖水会逐渐放干，露出草滩，同时也是候鸟的重要栖息地。根据白沙湖的地形梯度、植被分布格局、交通可达性及抗干扰性等特点，在白沙湖与东湖连接闸口附近设置 200 m×300 m 大试验样地（图 3-1）。由于白沙湖洲滩地势相对起伏不大，高差范围在 1 m 以内，高程梯度不明显，所以按照地下水位梯度把试验样地划分为 4 个地下水位梯度，每个地下水位梯度设置样点 3～6 个，样点个数根据梯度内的微地形差异而定。试验样地内植物类型主要为灰化薹草、南荻和芦苇，局部洼地周围分布有藕草。其中，薹草成片分布最为广泛，南荻和芦苇离散分布在地形相对起伏的区域。在每个样点处埋入 40 cm 宽口径的 PVC 管约 70 cm 深，用于监测枯水洲滩出露期植物组织和枯落物分解过程；宽口径 PVC 管附近用埋管法测定地下水位；此外每个样点附近采用样方法定期观测植物的生长过程和进行土壤样品采集，植物监测频度为 15 天，监测指标为高度、盖度、叶长、叶面积及植物营养特征等，土壤样品采集时间为 10 月、12 月和 2 月，测定指标为含水量、容重、黏粒含量、粉粒含量、沙粒含量、有机碳、全氮、全磷等。

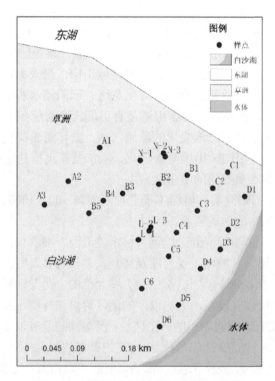

图 3-1 白沙湖固定监测样地布局示意图

（2）常湖池固定监测样地布局

常湖池位于鄱阳湖国家级湿地自然保护区内，面积为 449.53 hm²，为典型人工控制水位的季节性碟形湖泊。该湖控制高程 13.50 m，控制高程以下水面面积为 2.884 km²，相应容积为 0.0237 亿 m³。由于其面积适中，通达性好，且植被分布梯度地带性明显，是进行子湖尺度湿地生态系统监测的理想场地。环常湖池从岸边到湖心设置样带（图 3-2），每条样带上设置 3 条样线，样带上按水位梯度线布设监测样地 5～6 个，每个样地设置 3 个 1 m×1 m 的样方，用网罩罩住，作为雁类未取食的对照区。植物形态观测指标 3～

5 天测量一次，平均每个样方随机测量 10 株；地上生物量 15 天取样一次。使用水分测定仪多点分层（土壤分层：0～5 cm、5～10 cm、10～20 cm、20～30 cm、30～40 cm、40～50 cm、＞50 cm）测定每个样方的土壤温、湿度。同时每 3 个月采集土壤样品一次（取食区和未取食区），测定土壤含水量、机械组成、SOC、TN、TP 等理化参数。此外辅以缩时相机记录涨/退水过程。在靠近湖心位置树立标杆，布设定点标尺与缩时相机，设定拍摄角度，以 30 min 的时间频率，对栖息地环境特别是涨/退水过程、水鸟利用状况进行拍摄，监测选定样点的涨/退水时间、水深、水鸟对植被的取食情况等。图像以 JPEG 格式自动存储。

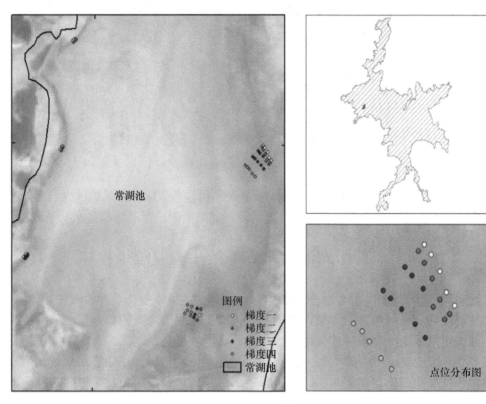

图 3-2　常湖池固定监测样地布局

（3）梅西湖固定监测样地布局

梅西湖是鄱阳湖国家级自然保护区 9 个核心子湖之一。同时梅西湖位于松门山山麓，为鄱阳湖高程较高、土壤为砂质土的碟形湖泊的典型代表。根据梅西湖湖泊形状、土壤类型、植被分布格局及交通可达性，选择梅西湖西北湖岸布设 3 条固定监测样带，3 条样带土壤类型分布为砂质土、砂壤土和壤土，地表植被类型沿高程从高到低相应分布狗牙根-萎蒿-灰化薹草、芦苇-萎蒿-灰化薹草及萎蒿-灰化薹草-藕草（图 3-3）。在每条样带沿高程梯度与植被覆盖情况设置 6～9 个样地，每个样地设立 3 个复样方，样方大小为 1 m×1 m。定期观测植物群落优势种生长特征、群落盖度、群落生物量及群落结构与生物多样性；同时开展立地条件监测，分析土壤基本理化指标与生物学指标。此外，于砂壤土样地中蒌蒿群落带和灰化薹草群落带设立 2 台定位在线高频观测系统,可实时监测与传输气象与不同土层土壤理化指标。

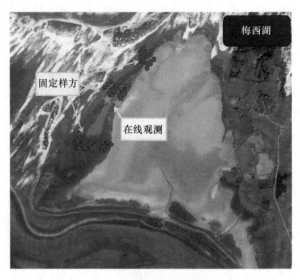

图 3-3　梅西湖固定监测样地布局示意图

黄金咀位于江西省九江市都昌县和合乡,是都昌候鸟省级自然保护区内候鸟的重要栖息地。该断面为鄱阳湖主航道,上游为棠荫水文站断面,下游为都昌水文站断面。

第二节　鄱阳湖湿地生态系统生态监测指标体系

鄱阳湖水体、土壤、植物(沉水植物、浮游藻类、挺水植物、洲滩湿生植物)、动物(浮游动物、底栖动物、鱼类、水鸟)等关键生态要素之间的相互耦合共同维持着鄱阳湖供水调蓄、生物多样性支持、生产供给、水质净化、水文调节、土壤保持及碳源/汇等重要的生态服务功能。鄱阳湖湿地生态系统监测指标必须能够揭示湿地生态系统结构和功能的长期变化规律,同时结合遥感、地理信息系统和数学模型等能全面、深入地研究鄱阳湖生态系统甚至长江中下游主要湿地生态系统的结构、过程和功能的变化动态,结合鄱阳湖水生态综合模型各模块所对应的生态要素与生态过程数据需求及生态系统概念模型和鄱阳湖湿地主要的生态服务功能。监测指标与监测技术框架如图 3-4 所示。监测指标及选择依据如下所述。

一、鄱阳湖全湖尺度景观变化遥感监测

监测指标:主要包括水域面积、景观斑块分布、植被面积、湿地景观破碎化程度、湿地景观连通度等指标的监测。

选择依据:通过该指标的监测,能够从整个鄱阳湖区域尺度上了解鄱阳湖湿地生态系统关键要素(水域、草洲)的时空分布变化,并借以了解湿地环境、野生动物栖息地和土地利用的变化。

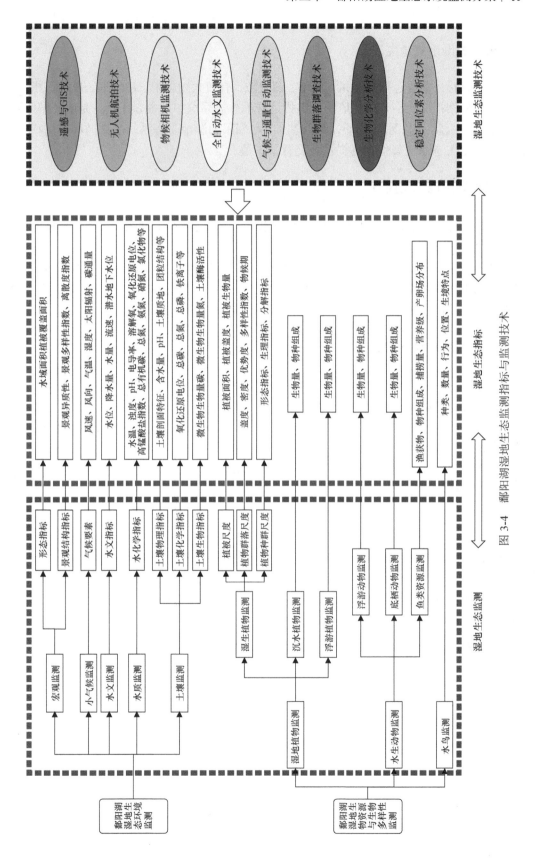

图 3-4　鄱阳湖湿地生态监测指标与监测技术

二、鄱阳湖湿地气象监测

监测指标：主要包括降水量、湿度、蒸发散、有效太阳辐射、净辐射、风速等指标。

选择依据：局域小气候的监测能够描述湿地生态系统中的能量平衡，是解释鄱阳湖湿地生态系统碳、氮、水等物质循环的基础，与鄱阳湖湿地生态系统水文循环密切相关，能够为湿地生态系统其他指标提供环境背景参数。

三、鄱阳湖湿地水文监测

监测指标：降水、湖泊水位、潜水地下水位、土壤含水量、地表蒸发散、水域面积、积水深度。

选择依据：降水、湖泊水位、潜水地下水位、土壤含水量、地表蒸发散等监测指标能够用来准确描述鄱阳湖湿地生态系统内水文循环和水量平衡过程；水域面积、积水深度能够直接反映鄱阳湖湿地生态系统水环境的长期演变特征。

四、鄱阳湖湿地水质监测

监测指标：pH、总氮、总磷、总有机碳、氨氮浓度、硝态氮浓度、化学需氧量、叶绿素 a 浓度、溶解氧、矿化度、金属离子浓度、氯化物、透明度等指标。

选择依据：能够反映不同水文情势下（"五河"来水、长江顶托、子湖脱离）水体的营养状况和变化趋势。

五、湿地植物监测

1. 植被尺度监测

监测指标：植被生物量、植被覆盖度。

选择依据：对该指标的观测可以了解鄱阳湖全湖尺度上植物分布的时空变化态势及其与鄱阳湖水文节律之间的关系，为预测不同水位变化情境下鄱阳湖生产力水平提供基础数据。

2. 群落尺度监测

监测指标：群落盖度、密度、优势度、多样性指数、物候期等。

选择依据：从群落尺度上反映植物对湿地环境的适应性特征及植物群落结构随水文情势的演变特征。

3. 种群尺度监测

（1）监测指标

形态指标：叶长、叶宽、植株高度、叶面积指数；

生理指标：地上地下生物量、植物碳氮磷元素含量、叶片营养物质含量（糖类、蛋白质、脂肪、纤维素）；

分解指标：叶片分解速率、叶片营养元素（碳、氮、磷）释放速率、叶片营养物质（纤维素、木质素）分解速率。

（2）选择依据

形态指标能够反映物种种群水平上植物对环境的适应水平及其对水文情势的响应特征；

生理指标能够反映湿地生态系统提供初级生产力及为湿地动物提供食源、维持生物多样性的能力；

分解指标能够反映湿地生物地球化学循环的动力过程及其对水文变化的响应。

六、湿地土壤监测

监测指标：土壤的机械组成（黏粒、粉粒、砂粒）、pH、电导率、氧化还原电位、地下水埋深、渗透系数、含水量、容重、有机碳、全氮、全磷、阳离子交换量、氧化还原电位、土壤微生物生物量碳、土壤微生物生物量氮、土壤微生物群落结构等。

选择依据：通过该类指标可以反映湿地生态系统碳、氮、磷和水的生物地球化学过程，能够揭示鄱阳湖湿地土壤演化过程对水位变化的响应机制，也能够了解湿地植物生长环境的必要信息。

七、鄱阳湖湿地动物监测

监测对象：越冬水鸟、鱼类、底栖动物、浮游动物。

监测指标：水鸟类群、水鸟数量、水鸟分布、水鸟行为、渔获物种类、渔获物数量、鱼类捕捞量、鱼类营养级、鱼类产卵场面积、底栖动物种类、底栖动物生物量、浮游动物生物量。

选择依据：动物作为生态系统的消费者，其种类组成和数量特征（种群数量、生物量等）是反映整个湿地生态系统的种类组成、结构与功能特征的关键指标，对于鄱阳湖湿地，迁徙鸟类和珍稀鱼类常常作为其生态系统保护状况的参照和指示物种，因此迁徙水鸟和鱼类资源的监测在鄱阳湖湿地生态监测体系中尤为重要，而底栖动物和浮游动物对水文变化和水体环境响应敏感。

第三节 鄱阳湖湿地景观变化遥感解译

一、遥感数据源选择

鉴于 Sentinel-2A 数据成本低、时空分辨率高的特征，本次解译采用的影像数据为哨兵 2A 数据（Sentinel-2A），数据下载自欧洲航天局（ESA）网站（https://scihub.copernicus.eu/dhus/#/home），本次解译采用研究区内无云或少云量的数据，时序上覆盖整个越冬期并且接近实际采样时间，空间上完全覆盖整个鄱阳湖国家级自然保护区，由于 2016 年 10 月和 2017 年 1 月影像云量较大，因此不采用，现搜集有 2016 年 11 月 3 日、2016 年 12 月 16 日、2017 年 2 月 11 日、2017 年 3 月 26 日、2017 年 4 月 2 日、2017 年 4 月 15 日和 2017 年 4 月 22 日共 7 景影像，为鄱阳湖国家级自然保护区越冬期湿地分类提供数据支撑。

本次遥感解译采用面向对象的分类方法，应用 Sentinel-2A 数据对鄱阳湖湿地类型进行遥感解译。首先，依据技术规程第四章第一节的分类系统对鄱阳湖湿地的各地物类型进行分割尝试，对多尺度分割中的图层权重、分割尺度、颜色、形状、紧密度和光滑度等参数的设置进行大量实验，并结合目视判断，以获取各地物类型的最优分割尺度和参数组合。最后选择 25 为最优分割尺度，将形状因子设置为 0.1（颜色因子为 0.9），紧致度因子为 0.5（光滑度因子为 0.5）。

为了辅助解译，将 2010 年鄱阳湖湖底地形作为参考，数据来源于鄱阳湖水利枢纽建设办公室。

二、数据预处理

本研究采用的数据为 Sentinel-2A 数据（表 3-1），所有数据均为已经经过几何校正处理的 L1C 大气顶反射率数据。因此，只需再对其进行大气校正，得到地表反射率即可，该数据的大气校正需要在欧洲航天局提供的 SNAP 软件中完成。

表 3-1　Sentinel-2A 光谱参数特征

Sentinel-2 Bands	中心波长（μm）	空间分辨率（m）	扫描宽度（km）	重复周期
Band 1-Coastal aerosol	0.443	60		
Band 2-Blue	0.490	10		
Band 3-Green	0.560	10		
Band 4-Red	0.665	10		
Band 5-Vegetation Red Edge	0.705	20		
Band 6-Vegetation Red Edge	0.740	20		
Band 7-Vegetation Red Edge	0.783	20	299	10
Band 8-NIR	0.842	10		
Band 8A-Vegetation Red Edge	0.865	20		
Band 9-Water vapour	0.945	60		
Band 10-SWIR-Cirrus	1.375	60		
Band 11-SWIR	1.610	20		
Band 12-SWIR	2.190	20		

以鄱阳湖国家级自然保护区为研究对象拼接生成一个完整越冬季遥感影像，如图 3-5 所示。

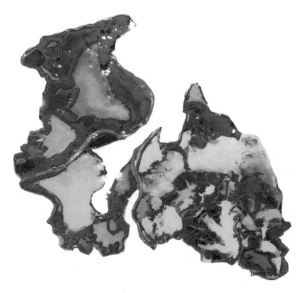

图 3-5　研究区 Sentinel-2A 影像图

三、遥感解译

本研究中解译标志的建立主要是结合野外实地调查与影像分析确定的。2016 年 12 月至 2017 年 5 月开展了 12 次野外实地调查，调查时进行 GPS 定点、定位点景观现状拍摄，对湿地类型及面积等参数总结记录。研究区内各典型地物的遥感解译标志如表 3-2 所示，基于典型地物的遥感解译标志，可以为后续基于面向对象方法提取各种地物信息提供一定的参考。

表 3-2　鄱阳湖湿地解译标志

湿地类型	形状	色调	纹理
河流	线状	深蓝色	均匀
湖泊深水水域	线状和大面积面状	深蓝色	均匀
湖泊浅水水域	线状和大面积面状	深蓝色向浅蓝色递变	总体均匀,局部无规则
湖泊浅水滩地	面状	褐色略带蓝色	均匀
泥滩	环状或面状	黄色略带白色	均匀
沙滩	长条形或面状	白色	均匀
稀疏草洲	大面积面状	浅绿色向深绿色递变	不均匀,异质程度高
低草草洲	大面积面状	深绿色	均匀
高草草洲	环状或面状	褐色带黄色	均匀

第四节　鄱阳湖湿地水文、水质监测

一、监测点位

白沙湖、常湖池、梅西湖、黄金咀。

二、监测指标与时间频度

1. 水文监测指标

水位、降水量。

2. 水文监测时间频度

在洪水期，子湖与主湖连通，水位受主湖控制，水位的高低受大尺度气候影响。

在枯水期，子湖与主湖水力联系脱离，子湖水位变动受局地小气候影响，故需实时监测子湖水位和周边降水情况。梅西湖、常湖池、白沙湖 3 个子湖水位数据按间隔 1 h进行采集、整理，黄金咀断面水位按蛇山站和都昌站进行插补。降水量数据均采用邻近水文测站（吴城、棠荫、松门山、都昌）数据。

3. 水质监测指标

水质现场监测指标为水温、浊度、pH、电导率、溶解氧、矿化度、透明度共 7 项。

实验室内检测指标为总氮、氨氮、硝氮、亚硝氮、总磷、磷酸盐、高锰酸盐指数、总有机碳、钙、镁、氯化物、硫酸盐、碱度共 13 项。

4. 水质监测时间频度

现场监测指标，3 个子湖监测期为水位与主湖脱离至重新连接这一段时间，监测频率为半月一次；都昌黄金咀断面为全年逐月监测。

实验室内检测指标，3 个子湖、黄金咀断面的监测频次均为一月一次。

三、监测技术方法

水位：在梅西湖、白沙湖、常湖池修建自动水位监测站，采用压力式或气泡式水位计监测水位，设备采用蓄电池供电。在洪水期，水位采用主湖水文站（星子、吴城）数据；在枯水期，子湖与主湖水力联系脱离后，启动子湖水位监测，同步收集子湖附近雨量站降水数据。

流速及降水量监测技术方法见表 3-3。

表 3-3　鄱阳湖湿地水文监测技术方法

监测指标	监测方法和技术	计量单位
水位	压力式水位计全自动监测、水位观测标准（GB/T 50138—2010）	m
流速	流速仪法、《河流流量测验规范》（GB 50179—2015）	m/s
降水量	20 cm JDZ05-1 翻斗式雨量器、《降水量观测规范》（SL 21—2015）	mm

水质监测：水质现场监测使用的仪器有便携式水质多参数测定仪、塞氏透明度盘。实验室检测使用的仪器有总有机碳分析仪、离子色谱仪、紫外可见分光光度计等。

四、水文、水质数据质量控制

1. 水文监测质量控制

江西省鄱阳湖水文局承担鄱阳湖水文测验、资料整编的职能，本次工作中水位、降水量、流速监测严格执行《水位观测标准》（GB/T 50138-2010）、《河流流量测验规范》（GB 50179—2015）和《降水量观测规范》（SL 21—2015）等国家或行业标准，所取得的水文数据符合国家或行业标准要求，质量可靠。

水文资料整编技术成熟，手段先进，整编过程全部按照水利部颁布的现行水文规范进行，通过水文站资料整编、互审、复审及合理性分析等环节，质量控制手段严密，日、月、年水文整编数据符合规范要求，成果可靠。

（1）水位监测质量控制

MPM4700 压力式水位计是基于所测液体静压与该液体高度成正比的原理，采用进口扩散硅或陶瓷电容敏感元件的压阻效应，将静压转成电信号，再经过温度补偿和线性校正。该仪器测量精度可达到 0.01 m，可完成水位实时传输，同时进行每月不少于 3 次人工校核水位，测验成果符合《水位观测标准》（GB/T 50138—2010）的要求。

利用南方片整编软件，按照水文资料整编规范要求进行水位资料整编。首先对压力式水位计监测的实时数据进行精简，当水位过程呈锯齿状时，采用中心线平滑方法进行处理，当水位过程平缓时，采用摘录方式进行处理，并要求处理后水位变化过程完整无缺、计算的日平均水位与采用所有数据计算的日平均水位相差小于 2 cm；其次当出现短时间水位缺测时，需根据实际情况分别采用直线插补法、过程线插补法和相关插补法进行水位插补；最后需对原始数据和整编好的数据进行合理性检查，确保数据正确无误。

（2）降水量监测质量控制

JDZ05-1 型翻斗式雨量计是由感应器及信号记录器组成的遥测雨量仪器，该仪器承雨口采用国际标准口径 Φ200 mm；计量组件是一个翻斗式机械双稳态称重机构，其功能是将以 mm 计的降雨深度转换为开头信号输出，仪器测量范围为 0.01～4 mm/min，可完成实时雨量累计计算和传输。测验成果符合《降水量观测规范》（SL 21—2015）要求。

利用南方片整编软件，按照水文资料整编规范要求进行水位资料整编。首先进行原始资料的审查，确保原始数据准确可靠；其次针对缺测降水量进行插补，缺测之日可根据地形、气候条件相近的临近站降水时程分布情况，采用邻站平均值法、比例法或等值线法进行插补。

2. 水质监测质量控制

江西省鄱阳湖水资源监测中心（江西省鄱阳湖水文局）长期承担鄱阳湖水环境监测任务，配有水化学、环境化学、微生物学、水环境监测与管理等专业的技术人员共 10 人，实验室面积 640 m²。鄱阳湖水资源监测中心自 1998 年 3 月通过国家计量认证考核获得国家计量认证合格证书，并于 2004 年 7 月、2009 年 10 月、2012 年 11 月、2015 年 9 月通过国家计量认证复查换证评审。目前通过国家计量认证的检测范围为水（含地表水、地下水、生活饮用水、污水及再生利用水、大气降水）和水生生物两大类58 个项目参数。2013 年，在水利部水文局组织的全国水利系统水质实验室评比中，鄱阳湖水资源监测中心实验室荣获"全国水利系统水质监测质量与安全管理优秀实验室"称号。

江西省鄱阳湖水资源监测中心按照《检验检测机构资质认定评审准则》《水利质量检测机构计量认证评审准则》（SL 309—2013）、实验室质量管理体系等规范，落实 11 个方面管理要求（组织、管理体系、文件控制、分包、服务和供应品采购、合同评审、申诉和投诉、纠正措施/预防措施和改进、记录、内审、管理评审）和 8 个方面技术要求（人员、设施和环境条件、检测和校准方法、设备和标准物质、量值溯源、抽样和样品处置、结果质量控制、结果报告），切实加强质量管理，确保水质监测数据科学、准确。例如，分析人员 100%持证上岗；仪器设备定期检定或校验；采集全程序空白样、5%~10%的现场平行样，安排 5%~10%的标准物质和 5%~10%的加标回收样品；数据结果需通过校核、复核三道审核手续等。

第五节 鄱阳湖湿地土壤监测

一、样地布局

同白沙湖固定监测样地布局。

二、监测指标与时间频度

1. 监测指标

土壤物理指标：含水量、机械组成、容重。
土壤化学指标：有机碳、全氮、全磷、pH。
土壤生物指标：微生物生物量碳、微生物生物量氮。

2. 时间频度

枯水前期：2016 年 10 月 15 日。
枯水中期：2016 年 12 月 15 日。
涨水后期：2017 年 2 月 25 日。

三、监测技术方法

分别在退水后（10 月中旬）、草洲出露期间（12 月中旬）和涨水前（2 月下旬）开展研究区实验样地土壤指标监测。先用手持 GPS 记录监测点位的地理位置和高程，用土壤温湿度计（Aquaterr T-350）测定土壤温度和湿度。用埋管法测定地下水位，地下水位测定频度为逐月测定。利用土钻（内径 5 cm）采集 0～20 cm 土壤样品约 500 g 装入聚乙烯自封袋内，编号后置于保鲜盒运回实验室进行后续分析。土壤样品运回实验室后，挑拣出石块等杂物后，每份样品分为两份，一份置于–4℃冷藏箱中用于测定土壤微生物生物量碳、氮，另一份自然风干后磨碎，分别过 20 目和 100 目筛，用于土壤理化性质的分析。

土壤理化性质分析具体方法如下：土壤含水量采用烘干法测定，土壤颗粒组成采用马尔文激光粒度仪测定；土壤容重（BD）采用环刀法测定；土壤 pH 采用水土比 2.5∶1 pH 计测定；土壤有机碳（TOC）采用重铬酸钾外加热法测定；土壤总氮（TN）采用半微量凯氏定氮法测定；土壤总磷（TP）采用钼锑抗比色法测定。

土壤微生物生物量碳采用氯仿熏蒸-硫酸钾提取-碳自动分析法测定；土壤微生物生物量氮采用氯仿熏蒸-硫酸钾提取-凯氏定氮法测定。

第六节　鄱阳湖湿地洲滩植物群落监测

一、样地布局

植物群落监测采用样带调查，对白沙湖、常湖池、东湖和落星墩，根据子湖的大小，布设多条代表性样带（所布设的样带应涵盖监测区主要的植被类型，反映整体植被分布格局、土壤状况与水文过程），样带上有足够的空间开展取样观测，既要保证样带上能布设足够多的样地，又要保证每个样地上能布设足够数量的监测样方。每条样带从湖岸向湖心方向，沿高程梯度布设，样带上按一定间隔布设若干个监测样地，每个样地设置 3 个以上的 1 m×1 m 样方。记录样方的群落数量特征，包括群落植物种类组成、高度、盖度、多度，刈割法测定地上生物量等；同时记录群落环境因子，包括水深、地表积水、水饱和度、土壤温度和湿度、生境干扰情况等；拍摄群落外貌及结构照片并记录 GPS 坐标。

二、监测指标与技术方法

调查内容：植物种类、多度、频度、高度、生境特点等，调查方法主要采用样线法，野外调查记录植物名称，对难鉴定植物采集标本，并拍照记录，利用植物分类学工具书进行物种鉴定。

沉水植被：采用样线调查法，用水生植物采样夹取样，采样夹面积 0.1 m²。

洲滩植被：采用样带调查法，样带沿高程梯度设置，在样带上针对不同群落类型布置样方。

第七节　鄱阳湖湿地洲滩植物生长监测

一、样地布局

同白沙湖固定监测样地布局。

二、监测指标与时间频度

1. 监测指标

形态指标：株高、株重、叶长、叶宽；
生理指标：生物量及蛋白质、脂肪、粗纤维、碳水化合物含量。

2. 时间频度

监测时间为 2016 年 10 月至 2017 年 3 月每隔 10 天左右采一次样。具体见表 3-4。

表 3-4　白沙湖薹草生长过程监测时间表

采样次数	采样时间（年.月.日）	生物量	形态指标	营养指标
1	2016.10.18	√	√	√
2	2016.10.26	√	√	
3	2016.11.12	√	√	
4	2016.11.19	√	√	√
5	2016.11.28	√		
6	2016.12.13	√	√	√
7	2016.12.22	√	√	
8	2017.1.05	√	√	
9	2017.1.17	√	√	√
10	2017.1.26	√	√	
11	2017.2.07	√	√	
12	2017.2.18	√	√	√
13	2017.2.28	√	√	
14	2017.3.8	√	√	
15	2017.3.16	√	√	√

三、监测技术方法

1. 形态指标监测技术

在每个采样点，选取长势均匀的薹草植株连根挖取 20～30 株并带回实验室内，选取 10 株长势一致的薹草测定其形态性状。株高、叶长及叶宽测量方法见第一章第二节。叶面积测量方法：选取植株上完整无损、长势良好、有光合作用能力的叶片用剪刀沿叶片基部剪掉，放到扫描仪上平铺开来，保证叶片之间有间隙且并不互相叠压，用扫描仪扫描叶片后再用软件 Image J 计算可得到叶面积等指标。比叶面积测定方法：将扫描过的叶片称量鲜重后放在烘箱中在 60℃条件下烘 48 h 至恒重，再称量叶片干重，从而得到叶片干物质量，用叶面积/叶片干物质量即得到比叶面积。叶面积指数测定方法：用比叶面积×单位面积生物量，即可得到叶面积指数。

2. 生理指标监测技术

（1）生物量监测

用 PVC 管做一个规格为 25 cm×25 cm 的小样方框，在每个采样点选取长势均匀的薹草随机放置样方框，将样方框内的所有植株沿地面剪掉放入大信封袋中，带回实验室挑出其他物种植株并称量鲜重，然后放在烘箱中在 60℃条件下烘 48 h 至恒重再称量干重和信封袋重，称量得到的干重进行换算从而得到单位面积薹草的生物量。

（2）营养指标监测

方法同第一章第二节。

第八节　鄱阳湖湿地洲滩植物分解监测

一、样地布局

同白沙湖固定监测样地布局。

二、监测指标与时间频度

1. 监测指标

分解模拟实验直接监测指标：剩余干物质含量、剩余总碳含量、剩余总氮含量、剩余总磷含量、剩余纤维素含量、剩余木质素含量；

分解模拟实验间接指标：分解平均衰减速率。

2. 时间频度

分解实验开始时间：2016 年 10 月 15 日。

分解袋取样时间：2016 年 10 月 30 日、11 月 15 日、12 月 15 日；2017 年 1 月 15 日、2 月 15 日、3 月 15 日。

三、监测技术方法

植物分解实验采用尼龙网袋法。为避免分解袋中植物残体的非分解损失，同时保证不限制分解作用，选择了 100 目（0.15 mm）、规格为 15 cm×15 cm 的网孔分解袋。在远离水体的高地草洲上采集薹草衰老叶片进行实验，采集时间为 2016 年 10 月 20 日。叶片用去离子水冲洗后，剪成 10 cm 长的小段，置于 60℃烘箱中烘干至恒重，每种植物类型单独装袋，分别称取 5.00 g 分解样品装入尼龙网袋中。将分解袋用竹竿固定在大样地的样点中（图 3-6）。分解袋回收时间为实验开始后的第 15 天、30 天、60 天、90 天、120 天和 180 天。

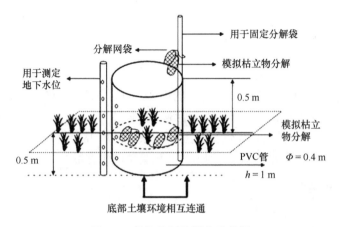

图 3-6　植物分解监测实验装置

因为水位上涨，实验样地开始被水体淹没，分解实验终止时间为 2017 年 4 月。分解袋带回实验室后，清除表面杂物并用去离子水冲洗干净后置于 60℃烘箱中烘干至恒重，测量其干物质质量及总碳（TOC）、总氮（TN）、总磷（TP）、δ^{13}C、δ^{15}N、纤维素和木质素含量。其中，干物质质量采用烘干法测定，TOC 和 TN 采用元素分析仪测定，TP 采用钼锑抗比色法测定，δ^{13}C 和 δ^{15}N 采用美国 Thermo 公司的元素分析仪与 Delta Plus Finnigan MAT 253 同位素质谱仪测定，纤维素和木质素含量采用酸性洗涤-碘量法测定。技术路线图如图 3-7 所示。

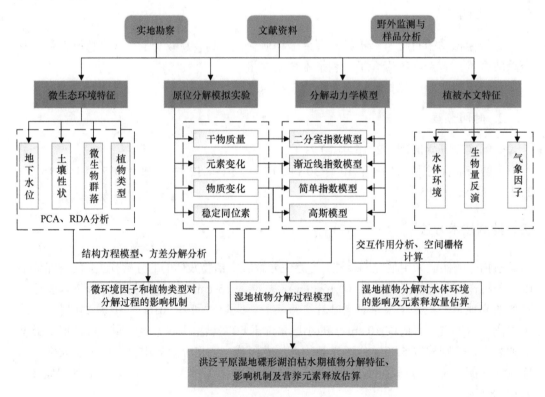

图 3-7　鄱阳湖湿地分解环境与过程监测技术路线

第九节　鄱阳湖湿地水生生物监测

一、底栖动物监测

1. 监测区域分布

白沙湖、常湖池、梅西湖、黄金咀,子湖沿水深梯度布设 5 个样点,在入江水道沿横断面布设 5 个样点。

2. 监测技术方法

底栖动物样品采集用面积为 1/20 m² 的改良的彼得森采泥器,每个样点采集 3 下,底栖动物与底泥、碎屑等混为一体,必须冲洗后才能进行挑拣。通常采用网孔径为 0.45 mm 的尼龙筛网进行洗涤,剩余物带回实验室分样。将洗净的样品置入白色盘中,加入清水,利用尖嘴镊、吸管、毛笔、放大镜等工具进行分检,挑拣出的各类动物分别放入已装好固定液的 50 ml 塑料瓶中,直到采样点采集到的标本全部检完为止。标本的固定可直接投入 7% 的福尔马林中固定。

软体动物和水栖寡毛类的优势种鉴定到种,摇蚊科幼虫至少鉴定到属,水生昆虫等鉴定到科。对于疑难种类应有固定标本,以便进一步分析鉴定。把每个采样点所采到的底栖动物按不同种类准确地统计个体数,根据采样器的开口面积推算出 1 m² 内的数量,包括每种的数量和总数量,样品称重获得的结果换算为 1 m² 面积上的生物量(g/m²)。底栖动物参照《中国经济动物志　淡水软体动物》《中国小蚓类研究》等书籍进行鉴定。

二、浮游植物监测

同第二章第三节。

三、鱼类监测

1. 调查点布局

在鄱阳湖典型子湖(梅西湖、常湖池、白沙湖)和断面(黄金咀)等开展鱼类资源调查与监测。鄱阳湖鲤、鲫产卵场如图 3-8 所示。

2. 调查时间频度

鱼类种类监测为丰水期(7~8 月)和枯水期(11~12 月)各监测 1 次,子湖渔获物组成调查为放水捕捞之前。

3. 调查技术方法

同第二章第三节鱼类监测方法。

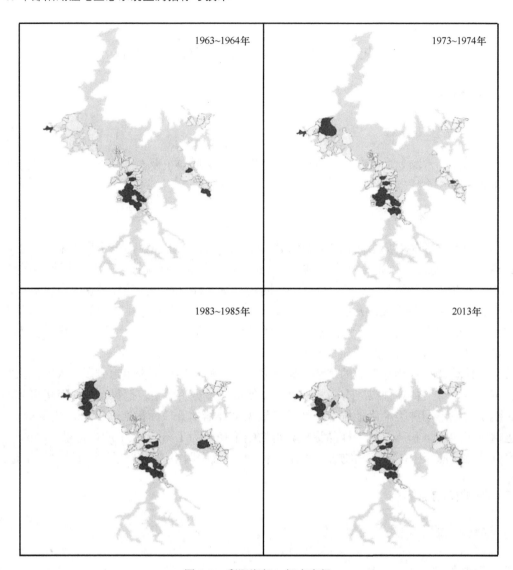

图 3-8   鄱阳湖鲤、鲫产卵场

第十节   鄱阳湖湿地生态水文过程监测

一、监测断面布局

在典型湿地研究区布设监测断面和观测点,监测断面应具备鄱阳湖洲滩湿地的典型水文过程与生态特征。

鄱阳湖湿地生态水文过程的监测断面位于鄱阳湖典型湖泊湿地梅西湖及赣江主支口复合三角洲洲滩湿地。梅西湖为鄱阳湖的一个子湖,湖内地势平缓,是鄱阳湖内极具代表性的湖泊湿地,同时也是鄱阳湖国家级自然保护区下属 9 个重点保护湖泊之一。梅西湖丰水期与鄱阳湖汇成一体,枯水期赣江入湖三角洲前缘的天然堤将其与鄱阳湖主体隔离成为一相对封闭的浅水洼地。梅西湖内及其滩地植被资源极其丰富，由湖内积水洼地至边岸依次分布有沉水植被带（马来眼子菜与苦草为主）、薹草带（主要有薹草、水田碎米荠、藜蒿、刚毛荸荠及水蓼等）、芦苇带（主要有芦苇、荻、紫云英及委陵菜等）及旱生植被带（毛茛、蛇含委陵菜及看麦娘等）。

　　赣江主支口复合三角洲洲滩湿地南北长约 1.6 km，最大宽度约 1.1 km，枯水期湿地面积约 1.5 km^2（中心点 GPS 坐标：29.2666°N，115.9847°E），最高海拔 16 m 左右，坡度 6°～10°。枯水期湿地洲滩完全出露，植被生长茂盛，群落垂向发育演化极为明显，最高处为芦苇群落带，伴生藜蒿，间见斑状分布白茅群落；其下带状分布水蓼与藜蒿群落，长势极其茂盛；再其下为薹草带，伴生藜蒿；临水植被带为蒻草群落，结构单一，其下为间歇性淹没泥滩与沉水植被带；洪水期最高水位时期湿地植被全部淹没，仅芦苇出露（地表淹水 20～50 cm），具备鄱阳湖洲滩湿地的典型水文过程与生态特征。

二、监测指标与技术方法

　　采用地下水-土壤-植物-大气连续体（GSPAC）思路，开展水文过程野外定位动态监测（图 3-9 和图 3-10），系统监测 GSPAC 中的水分运动和植物-大气、土壤-大气、土壤-根系、土壤水-地下水等之间的水分迁移的界面过程，开展长期气象综合要素、土壤要素、地表地下水要素及植被要素的定位观测，通过软件进行数据存储与传输；同时进行鄱阳湖湿地大气水-地表水-地下水水样采集，揭示水位显著变化条件下典型湿地中地表水和地下水的交互作用。

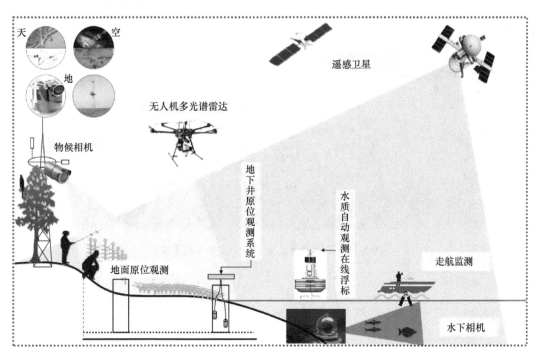

图 3-9　湿地生态水文过程监测断面示意图

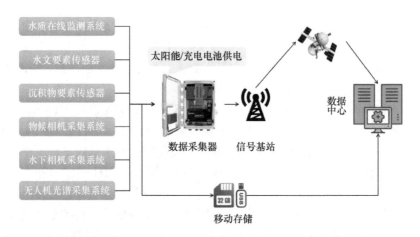

图 3-10   湿地生态水文过程、生态要素信息采集系统监测方案

具体生态水文过程监测技术如下。

1. 气象综合要素观测

在典型洲滩湿地上，采用便携式小气候站系统传感器（图 3-11）对研究区的综合气象要素进行流动监测，监测指标包括：空气温度、湿度、降水量、蒸发量、风速、风向、总辐射、光合有效辐射、净辐射、反射辐射。

图 3-11   鄱阳湖湿地生态水文自动观测系统

2. 蒸散观测

分别在芦苇、藜蒿、薹草 3 种湿地植被样区安装 TDC510 小型蒸渗仪，并在各自附近选择一无植被覆盖区域安装土壤蒸发观测仪，逐小时采集水分变化情况；对于淹水时期，采用经改造的特殊蒸发皿，观测不同淹水节律下的水面蒸发。同时，在芦苇样区安装涡度相关仪，对其潜热和感热通量进行连续观测。

3. 土壤要素监测

在典型湿地研究区内分别布置 MP406 土壤水分传感器测定土壤含水量，STS 土壤温度传感器测定土壤温度，FJA-4 型氧化还原测定仪监测土壤氧化还原电位，美国 SEC Soilmoisture 土壤标准盐分探头测定土壤电导率，以及 HFT3 土壤热通量传感器（深入地下部分 150 cm、伸出地上部分 50 cm）测定土壤热通量。土壤要素的监测层次分别为 20 cm、40 cm、60 cm、80 cm、100 cm、150 cm。监测时间为适时监测（监测频率可自行设置，根据实验需要，监测时间可以延长、监测频度可以加密）。

4. 地表水、地下水要素监测

在丰水期，连续观测各监测断面的淹水深度，并采用 LS20B 型旋桨式流速仪做流速观测；在枯水期布置径流小区，安装 HJG 型水位计对降水径流过程进行观测，同时收集分析地表径流样。在典型湿地研究区内用人工打钻的方法设置地下水位长期观测井，对研究区的地下水位进行长期动态观测，结合上海泽泉科技股份有限公司的地下水-土壤-植物-大气连续体（GSPAC）系统解决方案，配置相应传感器，监测地下水水位、水温、pH、电导率和浊度共 5 项指标。同时在观测井的顶部设置保护装置，以免受到破坏。

5. 土壤物理参数的测定

基于各站点的定位试验观测数据，测定土壤水分运动参数包括水分特征曲线、土壤田间持水量、土壤饱和导水率、水动力弥散系数。

6. 植被生长要素的监测

在典型湿地研究区内监测断面上同时布设传感器，开展植被叶绿素荧光参数、根水势指标的适时观测和数据自动采集；利用人工观测手段，采用样方法和样线法相结合的方式，结合手持高精度 GPS 与便携式高程仪，每月中旬定点抽样调查鄱阳湖典型湿地研究区内植被状况，现场测量各植物种的数量、高度、盖度及生物量等植物生态指标，并采集植被样品，分析叶片含水量、叶绿素含量、游离脯氨酸含量等植被生理指标。

第十一节 鄱阳湖湿地水鸟生境与栖息地适应性动态监测

一、监测样地布局

1. 水鸟种类数量及生境监测

水鸟监测采取样线调查法和定点观察法。样线设在湖边外围小路和湖泊堤岸，样点设在视野开阔能覆盖全湖且较易到达的鸟类聚集地附近，利用单筒望远镜和双筒望远镜监测水鸟种群。鄱阳湖水鸟监测点空间分布在梅西湖、常湖池和白沙湖，这 3 个碟形湖泊在枯水期形成环状分布的草洲、泥滩、浅水和深水 4 种鸟类生境。黄金咀在枯水期主要为草洲和浅水生境（图 3-12）。

图 3-12　鄱阳湖水鸟监测点空间分布

2. 水鸟栖息地适应性动态监测

样地设置同常湖池固定监测样地布局。

为监测薹草春季生长过程，于 2017 年 1 月 18 日进行监测样地的布设，从湖心到湖岸设置监测样带（图 3-13）。此时常湖池已开始退水，临近水体样地布设区薹草尚未出露。同时，为避免外部干扰对样方的影响，样方外围设置了尼龙网罩。

二、监测指标与技术方法

1. 水鸟种类数量及生境监测

（1）水鸟种类数量调查

冬候鸟调查对象主要以湖区涉禽和游禽为主。调查规定调查人员必须在规定的时间进行候鸟的种类和数量统计，对当天不能到达的地方，必须在前一天赶到调查地点附近，以保证调查的同步性。采用分组分队的组织形式，用望远镜或肉眼以子湖为单位对候鸟进行种数、个体数调查及地点记录。根据鄱阳湖的冬季水鸟分布特点，主要采用环湖步行直接计数法和样线法调查主要各子湖的鸟类资源，而对于深水区游禽鸟类则单独划船采用同心圆样方法调查单位面积的游禽密度。近岸活动鸟类（主要包括鹤形目、鹳形目和部分雁形目鸟类）数量调查时，主要采用乘船或步行以 1.5～2.0 km/h 的行进速度

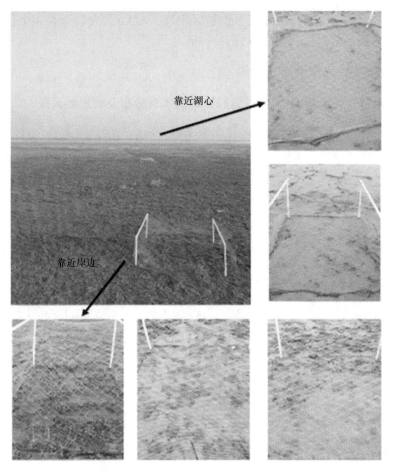

靠近湖心

靠近岸边

图 3-13　采用尼龙网进行样方布设

采用双筒望远镜结合裸眼观察并记录前方、前方飞来的和两侧所能观察到的所有鸟类。同时，考虑到涉禽分布的不均匀性特点，在进行数量统计时，结合采用样方统计法、路线统计法和直接计数法。在计数时，将精确计数与估算相结合，对数量较小的群体（包括鹤类和鹳形目鸟类）采取直接计数法，而对数量较多的种类（包括鸿雁、豆雁、灰雁、白额雁和鸻行目鸟类等）则采取样线法并结合集团统计法。

（2）水鸟生境监测

主要冬候鸟栖息地采用样线法结合样方法对 10 种具有代表性的鄱阳湖冬候鸟（包括白鹤、白头鹤、白枕鹤、鸿雁、豆雁、小天鹅、东方白鹳、白琵鹭、苍鹭和反嘴鹬），进行了共 87 个野外样方（25 m×25 m）的调查分析。调查方法采取 2.5～3 km/h 的步行速度，采用裸眼结合单筒望远镜观察样线两侧鸟类活动状况，当发现某种鸟类个体在某一地点有觅食行为发生后，马上进行以鸟类活动区域为中心，布设 25 m×25 m 样方调查各种生态因子。在约 1 个月时间内共完成约 300 km 的样线路程调查，并详细记录了 10 种鸟类的主要生态环境因子，包括调查时间、样方地点、植被盖度、水盖度（样方中水覆盖的比例）、平均植被高度、平均水深、水体 pH、距最近道路距离（RD）、距最近居民区距离（HD）、距最近农作物区距离（AD）及食物种类和个体数量分布，并对各种生态因子数据进行了相应统计分析。

2. 水鸟栖息地适应性动态监测

（1）基于野外调查和 GPS 卫星追踪技术的水鸟分布及栖息地调查

在越冬期（10 月至翌年 4 月），在典型子湖开展水鸟栖息地调查，时间频度为每月 1 次。将同时间段高分辨率遥感影像划分为精细网格，作为调查底图（图 3-14）。用单筒望远镜观察并确定水鸟聚集地的具体位置，在影像图上画出相对应的区域，并采用直接计数法进行水鸟数量计数。

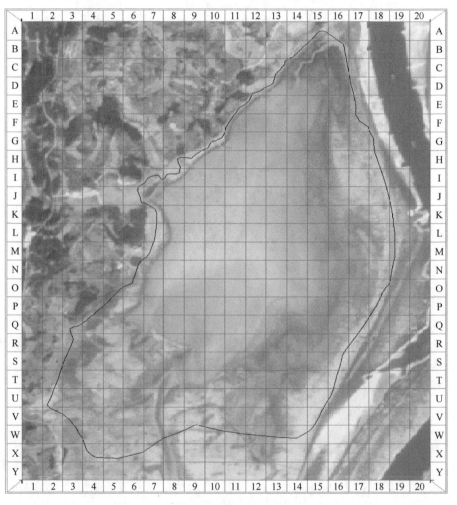

图 3-14　水鸟栖息地典型区域格网化调查

此外还可以与保护区合作，为关键水鸟（如雁类）佩戴背负式 GPS 跟踪器，以记录水鸟的主要活动区域，根据停留点位和停留时间，确定其主要分布区，基于 GPS 追踪观测范围覆盖整个鄱阳湖湿地，对确定的水鸟分布区，特别是觅食地进行信息采集（表 3-5）。

表 3-5　水鸟栖息地薹草生长过程监测指标与频度

采样次数	采样时间（年.月.日）	生物量	形态指标	营养指标
1	2017.3.5	√	√	√
2	2017.3.11	√	√	
3	2017.3.21	√	√	√
4	2017.3.26	√	√	
5	2017.3.30	√		√
6	2017.4.3	√	√	
7	2017.4.6	√	√	√
8	2017.4.13	√	√	√
9	2017.4.16	√	√	
10	2017.4.20	√	√	√
11	2017.4.24	√	√	
12	2017.5.1	√	√	√
13	2017.2.28	√	√	
14	2017.3.8	√	√	
15	2017.10.9	√	√	
16	2017.10.13	√	√	
17	2017.10.18	√	√	
18	2017.11.8	√	√	
19	2017.11.20	√	√	
20	2018.1.11	√	√	
21	2018.1.15	√	√	
22	2018.1.19	√	√	
23	2018.1.23	√	√	
24	2018.2.3	√	√	
25	2018.2.7	√	√	

采集信息主要包括：雁类的种类、数量、行为分配及栖息地环境，包括高程、湿地类型、植被覆盖、距道路距离、距居民点距离、距水面距离、土壤温湿度等环境和威胁因子等。对已确定的觅食地，选取新鲜啃食痕迹的区域或周围同样生长阶段未被取食的区域，设置样方，样方规格为 25 cm×25 cm，测定植被的关键功能性状（株高、盖度、植冠、多度、叶片长度、叶片宽度、叶片厚度）。将地上部分收割，样方编号装入自封袋，带回实验室分析。测定鲜重，杀青后于 60～85℃烘箱烘干至恒重，测量干重及主要营养物质和元素含量（如糖类、脂肪、纤维、木质素、蛋白质、微量元素等）。

（2）栖息地水位和涨/退水过程监测

栖息地水位监测数据采用常湖池水文监测数据。

本研究用多源遥感数据（Landsat-8/OLI、资源卫星三号、高分 1 号、Sentine-2）等影像数据，辅以缩时相机记录观测确定退水时间。在靠近湖心位置树立标杆，布设定点标尺与缩时相机，设定拍摄角度，以 30 min 的时间频率，对栖息地环境特别是涨/退水过程、水鸟利用状况进行拍摄，监测选定样点的涨/退水时间、水深、水鸟对植被的取食情况等。图像以 JPEG 格式自动存储（图 3-15 和图 3-16）。

图 3-15　水鸟栖息地监测物候相机

图 3-16　水鸟栖息地相机监测实景

（3）食源植物生长过程原位控制实验

在越冬季，特别是春季（3～4 月）和秋季（10～12 月）两个生长期，高频度监测主要食源植被的生长过程。环常湖池从岸边到湖心设置 4 条样带，样带上按水位梯度线布设监测样地 5 个，每个样地设置 3 个 1 m×1 m 的平行样方，用网罩罩住，以免雁类取食和人为干扰的影响，对样方进行编号（图 3-13）。

调查内容包括：植被的关键功能性状和营养状况（主要指标同上），使用水分测定仪多点测定每个样方的土壤温度和湿度，用埋管法测定地下水位。3～5 天测量一次植被关键功能性状指标；每隔 15 天对生物量及营养指标取样一次。样方大小 25 cm×25 cm，带回实验室测定生物量和营养含量（主要指标和测定方法同上）。

结合雁类取食植被调查和生长过程原位监测实验，建立雁类适宜取食的适口性指数（edibility index，EI），即与植被食物营养含量及关键功能性状关联的区间函数。确定雁类适宜取食植被的时间窗口，运用近红外光谱测定其光谱信息，结合适宜植被分布的高程、土壤湿度信息等，对雁类适宜取食的植被进行遥感反演。

$$EI=f(N, B)$$

式中，N 为营养含量；B 为生物量；EI 为 0～1 的值，越接近 1，意味着适口性越高。

$$N=n_1×n_2×n_3×n_4×n_5$$

式中，n_1～n_5 分别代表雁类对糖类、脂肪、纤维、木质素、蛋白质的偏好性值。

$$N=f(n)=(n-nm)/nm×100\%$$

式中，n 为 t 时刻的糖类、脂肪、纤维、木质素、蛋白质的含量；nm 为雁类最佳取食植被中该营养含量的值。

$$B=f(b)=(b-bm)/bm×100\%$$

式中，b 为 t 时刻的生物量；bm 为雁类最佳取食植被中生物量的值。

（4）遥感影像的获取与解译

本研究所采用的遥感影像为 Sentinel-2 系列，影像来自欧洲航天局（ESA），下载地址：https://scihub.copernicus.eu/dhus/#/home，Sentinel-2 属于光学遥感影像，共 13 个波段，幅宽达 290 km。从可见光和近红外到短波红外，具有不同的空间分辨率，最高空间分辨率 10 m、Sentinel-2A 和 Sentinel-2B 相结合后重访周期可达到 5 天。光学遥感影像被广泛应用于植被监测和生物量模拟，本研究选取覆盖整个常湖池的 Sentinel-2 长时间序列数据，对常湖池薹草生长过程的空间分布进行监测，基于植被划分的需求，提取常用的红、绿、蓝、近红 4 个波段作为常湖池薹草分类光谱影像数据源。

辅助数据为常湖池 1∶10 000 湖底高程数据。

参考国际《湿地公约》的分类系统和《全国湿地调查技术规程》的分类系统，结合鄱阳湖流域的湿地特点，采用湿地光谱颜色、高程、植被类型等作为分类依据，构建栖息地分类系统。

（5）植被指数的提取

在 ArcMap10.3 中对每个采样点进行矢量化处理，并将生物量干重结果对应采样点编号，输入采样点属性表中，构建常湖池 2017 年 10 月 9 日、2018 年 1 月 12 日和 2018 年 2 月 4 日生物量实测数据库；然后，借助多值提取至点工具，对所有采样点的 11 个植被指数进行提取，生成 2017 年 12 月常湖池薹草生物量同期植被指数数据库，为后续构建植被指数与生物量预测模型提供数据支撑。

由于 Sentinel-2 系列影像是以单波段格式存储，所以基于本研究需要，在 SNAP6.0 软件中对影像进行单波段提取，共提取蓝（B2）、绿（B3）、红（B4）、近红（B8）4 个波段，以 DIM 格式输出，并在 ArcMap10.3 中进行波段合成，实现影像 843 波段假彩色合成，为后期植被采样点出露时间和植被划分及雁类栖息地划分提供数据支持。

在 SNAP6.0 平台中，用 SEN2COR 插件对影像进行大气校正，得到地表反射率数据，进而用 BANDMATH 工具对影像进行波段运算，生成 11 个植被指数，具体计算公式参照表 3-6。

表 3-6 植被指数计算公式

植被指数	计算公式
SAVI	$SAVI = \dfrac{\rho_{NIR} - \rho_{Red}}{\rho_{NIR} + \rho_{Red} + L} \times (1 + L)$
MSAVI	$MSAVI = \dfrac{2\rho_{NIR} + \sqrt{(2\rho_{NIR} + 1)^2 - 8(\rho_{NIR} - \rho_{Red})}}{2}$
EVI	$EVI = 2.5 \times \dfrac{\rho_{NIR} - \rho_{Red}}{\rho_{NIR} + 6 \times \rho_{Red} - 7.5 \times \rho_{Blue} + 1}$
SR	$SR = \rho_{NIR} / \rho_{Red}$
SR_{re}	$SR_{re} = \rho_{NIR} / \rho_{Red-edge}$
DVI	$DVI = \rho_{NIR} - \rho_{Red}$
NDVI	$NDVI = \dfrac{\rho_{NIR} - \rho_{Red}}{\rho_{NIR} + \rho_{Red}}$
CI_{green}	$CI_{green} = \rho_{NIR} / \rho_{green} - 1$
CI_{re}	$CI_{re} = \rho_{NIR} / \rho_{Red-edge} - 1$
MSR	$MSR = \dfrac{(\rho_{NIR} / \rho_{Red} - 1)}{\sqrt{\rho_{NIR} / \rho_{Red} + 1}}$
MSR_{re}	$MSR_{re} = \dfrac{(\rho_{NIR} / \rho_{Red-edge} - 1)}{\sqrt{\rho_{NIR} / \rho_{Red-edge} + 1}}$

注：SAVI 计算公式中的 L 为 0.5。表中 ρ_{NIR}、ρ_{Red}、ρ_{green}、ρ_{Blue}、$\rho_{Red-edge}$ 分别为近红外波段、红光波段、绿光波段、蓝光波段和红边波段的地表反射率

（6）拟合模型的验证

利用 Matlab R2015b 中的 Curve Fitting tool，对所提取的不同植被指数与生物量进行最优拟合。首先，使用一些较为常用的拟合方法，包含线性和非线性等拟合函数，分别构建不同植被指数与生物量间的相互关系，从中选择每个指数与生物量相关性最好的拟合方法，作为二者间的拟合模型。然后，使用对照组的实测生物量对所构建的模型进行精度验证，选用均方根误差（RMSE）最小和吻合度（G）最高的模型作为备用模型。其计算公式如下：

$$RMSE = \sqrt{\frac{1}{n} \sum_{i=1}^{n} (y_i - y_i')^2}$$

$$G = \left(1 - \left\{ \sum_{i=1}^{n} \left[(y_i - y_i')\right]^2 \Big/ \sum_{i=1}^{n} \left[(y_i - \bar{y})\right]^2 \right\}\right) \times 100\%$$

式中，G 为预测吻合度；$RMSE$ 为均方根误差；y_i 为地上生物量的实测值；y_i' 为地上生物量估算值；i 为站点号；$\bar{y}$ 为实测生物量平均值；n 为样本数量。

（7）雁类栖息地环境容纳量的确定

本研究选取营养容纳量估算栖息地环境容纳量。利用栖息地适宜雁类取食范围的总生物量、单只雁类每日消耗能量（daily energy expenditure，DEE）和每克薹草产生的能量确定雁类栖息地的环境容纳量。公式如下：

$$y = (a \times x) / b$$

式中，y 为当日栖息地所能承载的最大雁类数量；a 为每克薹草所产生的能量（kJ/g）；x 为当日栖息地的总生物量（g）；b 为单只雁类每日能量消耗量（kJ/d）。薹草所产生的能量采用未发表数据（样品营养），采集样品 48 个，能量为（15.4±0.48）kJ/g。单只白额雁日消耗能量为 1009.06～1267.73 kJ，单只豆雁日消耗能量为 892.23～1275.2 kJ，本研究取 1275.2 kJ 为单只雁类的每日消耗的能量。

（本章作者：于秀波　李海辉　张广帅　张全军）

第四章 鄱阳湖湿地生态系统监测结果

第一节 鄱阳湖湿地生态系统水文、水质监测结果

一、水文监测结果

1. 水位监测结果

利用 MPM4700 压力式水位计实时监测各子湖水位，经整编、审查、复审后得各子湖逐日平均水位，利用 2016 年 5 月 1 日至 2017 年 10 月 31 日水位数据绘制梅西湖、常湖池、白沙湖、黄金咀水位过程线，见图 4-1。

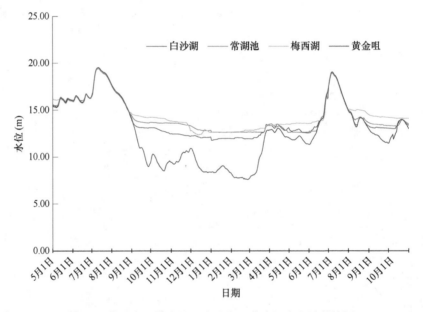

图 4-1 梅西湖、常湖池、白沙湖、黄金咀水位过程线图

从图 4-1 和表 4-1 可以看出：高水位时，各子湖与大湖体相连，水位变化受大湖体控制，整体变幅较为一致；低水位时，梅西湖、常湖池、白沙湖与大湖体逐渐脱离，水位变化平稳，主要受降水、蒸发等影响，黄金咀断面因位于主航道上，故水位变化与主湖体水位变化较为一致。

2. 降水量监测结果

利用 JDZ05-1 型翻斗式雨量计监测典型代表子湖邻近水文站点（松门山、都昌、棠荫、吴城）的降水量，并对雨量进行整编，结果见表 4-2。

表 4-1　各子湖水位变化特征统计表

	梅西湖	常湖池	白沙湖	黄金咀
最高水位（m）	19.42	19.52	19.58	19.54
出现时间	7 月 11 日	7 月 11 日	7 月 11 日	7 月 11 日
最低水位（m）	12.35	12.6	11.76	7.60
出现时间	12 月 12 日	4 月 30 日	1 月 1 日	2 月 26 日
16 m 以下天数	430	421	433	432
15 m 以下天数	384	394	394	395
14 m 以下天数	241	356	369	371
13 m 以下天数	107	158	211	322
12 m 以下天数	0	0	52	242

表 4-2　典型代表站降水量统计表　　　　　　（单位：mm）

年份	月份	松门山	都昌	棠荫	吴城
2016	1 月	57.0	86.0	117.5	62.5
	2 月	22.5	27.5	38.0	41.5
	3 月	65.0	86.0	96.0	58.0
	4 月	311.0	328.5	258.0	284.0
	5 月	202.0	267.5	184.5	184.5
	6 月	292.0	411.5	280.0	337.0
	7 月	224.0	268.5	161.0	226.5
	8 月	17.5	101.5	19.0	41.0
	9 月	42.0	89.0	66.5	61.5
	10 月	25.0	37.0	68.5	51.5
	11 月	46.5	56.5	56.0	39.0
	12 月	50.0	72.0	58.0	56.0
	年总量	1354.5	1831.5	1403.0	1443.0
2017	1 月	33.0	37.5	41.5	34.5
	2 月	47.5	41.0	34.0	30.5
	3 月	205.0	257.0	244.5	85.5
	4 月	139.0	167.0	144.0	165.0
	5 月	146.5	159.5	165.5	130.0
	6 月	432.0	470.5	558.0	466.5
	7 月	142.5	216.0	100.0	197.5
	8 月	223.5	209.0	178.0	286.0
	9 月	64.0	88.5	89.5	74.5
	10 月	7.0	31.5	47.0	6.5

从表 4-2 可以看出：①降水量时空分布不均；②距离相近、气候条件相似的站点降水量较为一致。

二、水质监测结果

1. 水温

监测期间，同一监测时期，常湖池、梅西湖、白沙湖、黄金咀各监测区域的水温相近，为 4.6~33.2℃，详见图 4-2。

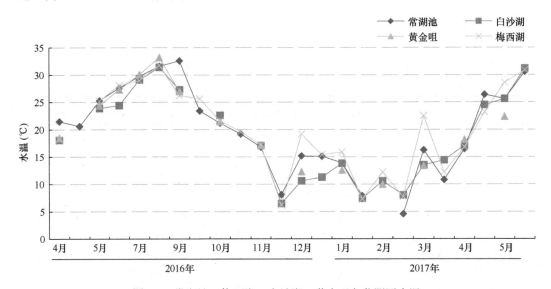

图 4-2　常湖池、梅西湖、白沙湖、黄金咀各监测区水温

2. pH

监测期间，常湖池、梅西湖、白沙湖、黄金咀的 pH 均在 6~9，符合《地表水环境质量标准》（GB 3838—2002）的Ⅲ类水标准，详见图 4-3。

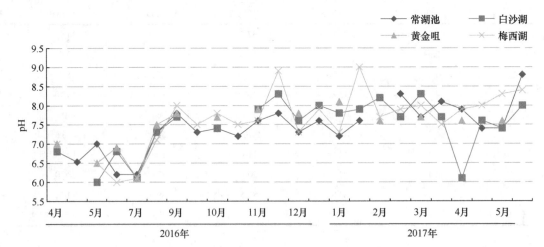

图 4-3　常湖池、梅西湖、白沙湖、黄金咀各监测区 pH

3. 电导率

监测期间，常湖池、梅西湖、白沙湖、黄金咀的电导率在 30～212 μS/cm，同一站点在不同监测时期、同一时期的不同站点的电导率均有不同，详见图 4-4。

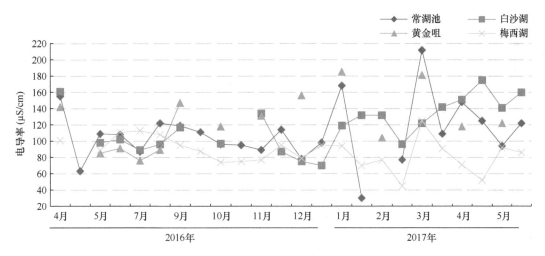

图 4-4 常湖池、梅西湖、白沙湖、黄金咀各监测区电导率

4. 浊度

监测期间，黄金咀的浊度变幅较小，为 4.2～82.0 NTU。而常湖池、梅西湖、白沙湖等子湖在枯水季节，由于蓄水量较少，加上捕鱼等人类活动干扰，水体浑浊，浊度峰值均超过 500 NTU，详见图 4-5。

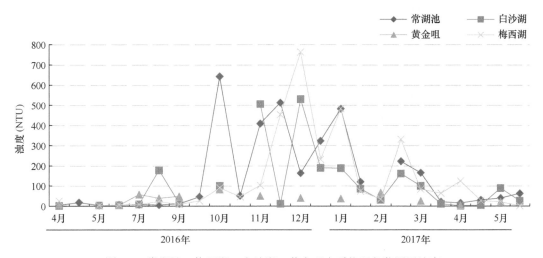

图 4-5 常湖池、梅西湖、白沙湖、黄金咀水质状况各监测区浊度

5. 透明度

监测期间，黄金咀的透明度变幅较小，为 0.25～1.30 m。而常湖池、梅西湖、白沙湖等子湖在枯水季节，水体透明度常低于 0.20 m，详见图 4-6。

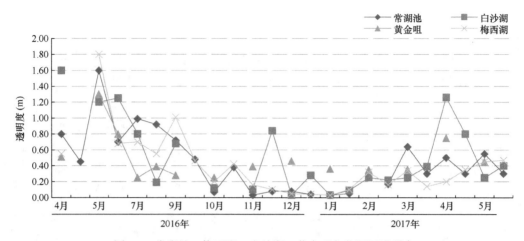

图 4-6　常湖池、梅西湖、白沙湖、黄金咀各监测区透明度

6. 氧化还原电位

2017 年监测了氧化还原电位数据，为 67.3～302.9 mV，详见图 4-7。

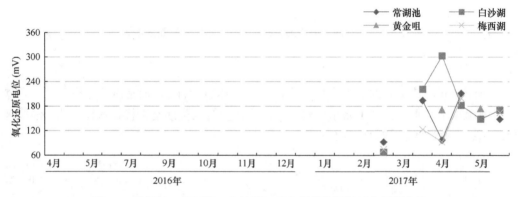

图 4-7　常湖池、梅西湖、白沙湖、黄金咀各监测区氧化还原电位

7. 矿化度

监测期间，常湖池、梅西湖、白沙湖、黄金咀的矿化度为 20～141 mg/L，详见图 4-8。

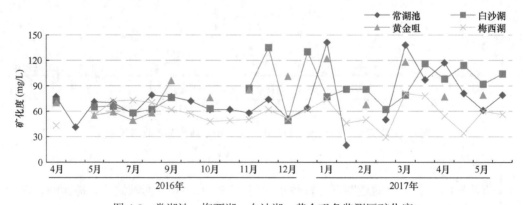

图 4-8　常湖池、梅西湖、白沙湖、黄金咀各监测区矿化度

8. 溶解氧

监测期间，常湖池、梅西湖、白沙湖、黄金咀的溶解氧为 4.1～13.5 mg/L，详见图 4-9。

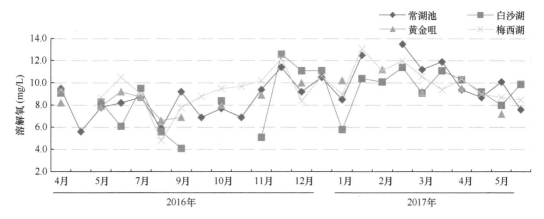

图 4-9　常湖池、梅西湖、白沙湖、黄金咀各监测区溶解氧含量

9. 总氮

监测期间，常湖池、梅西湖、白沙湖、黄金咀的总氮为 0.29～3.53 mg/L，详见图 4-10。

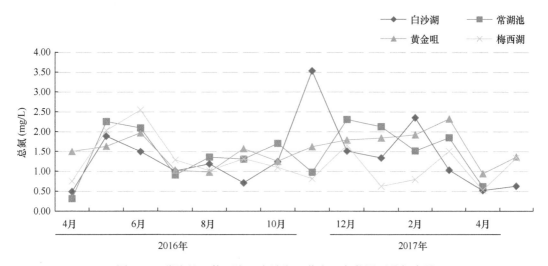

图 4-10　常湖池、梅西湖、白沙湖、黄金咀各监测区总氮含量

10. 氨氮

监测期间，常湖池、梅西湖、白沙湖、黄金咀的氨氮为 0.025～3.105 mg/L，白沙湖 2016 年 11 月氨氮达 3.105 mg/L，详见图 4-11。

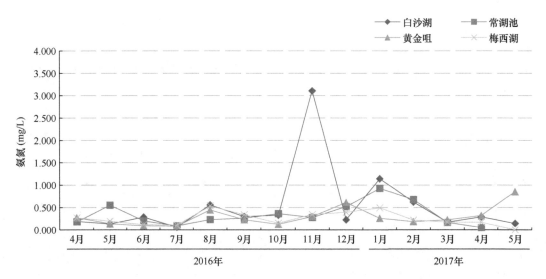

图 4-11 常湖池、梅西湖、白沙湖、黄金咀各监测区氨氮含量

11. 硝酸盐氮

监测期间，常湖池、梅西湖、白沙湖、黄金咀的硝酸盐氮为 0.002～1.606 mg/L，详见图 4-12。

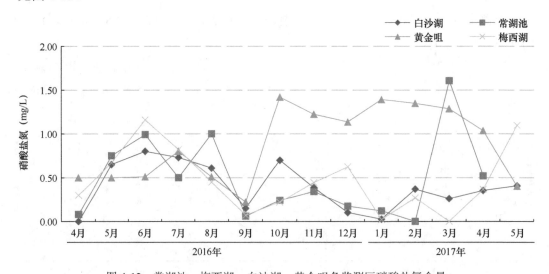

图 4-12 常湖池、梅西湖、白沙湖、黄金咀各监测区硝酸盐氮含量

12. 亚硝酸盐氮

监测期间，常湖池、梅西湖、白沙湖、黄金咀的亚硝酸盐氮为 0.003～0.162 mg/L，详见图 4-13。

13. 高锰酸盐指数

监测期间，常湖池、梅西湖、白沙湖、黄金咀的高锰酸盐指数为 1.7～6.5 mg/L，详见图 4-14。

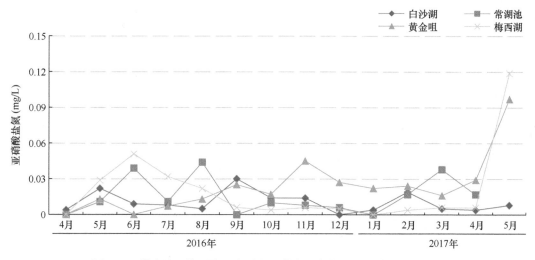

图 4-13　常湖池、梅西湖、白沙湖、黄金咀各监测区亚硝酸盐氮含量

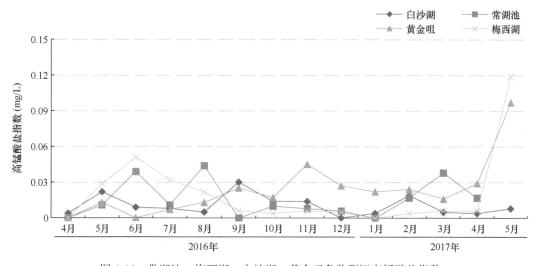

图 4-14　常湖池、梅西湖、白沙湖、黄金咀各监测区高锰酸盐指数

14. 钙

监测期间，常湖池、梅西湖、白沙湖、黄金咀的钙含量为 5.7～25.5 mg/L，详见图 4-15。

15. 镁

监测期间，常湖池、梅西湖、白沙湖、黄金咀的镁含量为 0.89～9.56 mg/L，详见图 4-16。

16. 氯化物

监测期间，常湖池、梅西湖、白沙湖、黄金咀的氯化物含量为 0.68～28.00 mg/L，详见图 4-17。

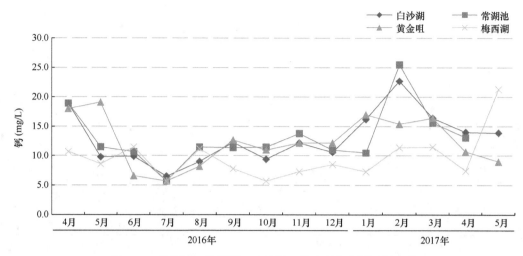

图 4-15　常湖池、梅西湖、白沙湖、黄金咀各监测区钙含量

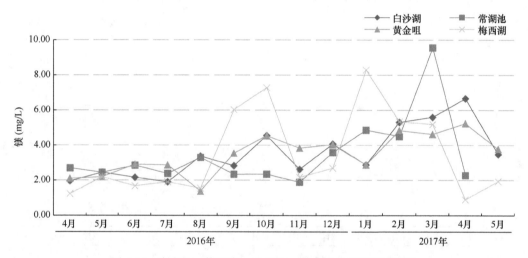

图 4-16　常湖池、梅西湖、白沙湖、黄金咀各监测区镁含量

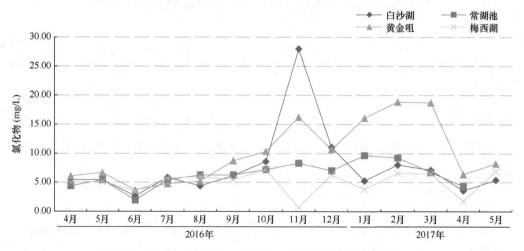

图 4-17　常湖池、梅西湖、白沙湖、黄金咀各监测区氯化物含量

17. 硫酸盐

监测期间，常湖池、梅西湖、白沙湖、黄金咀的硫酸盐含量为 5.0～56.61 mg/L，详见图 4-18。

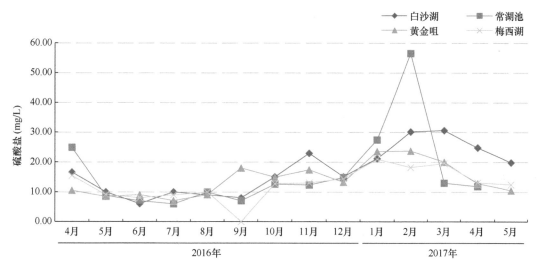

图 4-18　常湖池、梅西湖、白沙湖、黄金咀各监测区硫酸盐含量

18. 总碱度

监测期间，常湖池、梅西湖、白沙湖、黄金咀的总碱度为 15.46～66.64 mg/L，详见图 4-19。

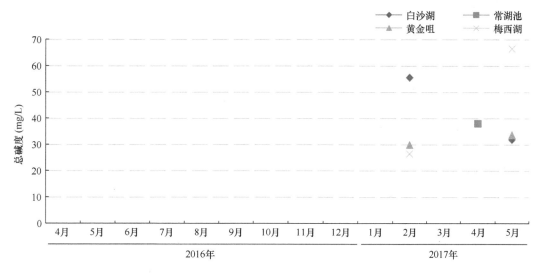

图 4-19　常湖池、梅西湖、白沙湖、黄金咀各监测区总碱度

19. 总有机碳

监测期间，常湖池、梅西湖、白沙湖、黄金咀的总有机碳含量为 0.81～18.66 mg/L，详见图 4-20。

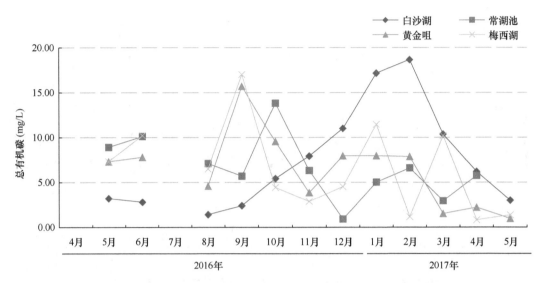

图 4-20　常湖池、梅西湖、白沙湖、黄金咀各监测区总有机碳含量

20. 总磷

监测期间，常湖池、梅西湖、白沙湖、黄金咀的总磷含量为 0.010～0.487 mg/L，常超过Ⅲ类水标准（≤0.05 mg/L），详见图 4-21。

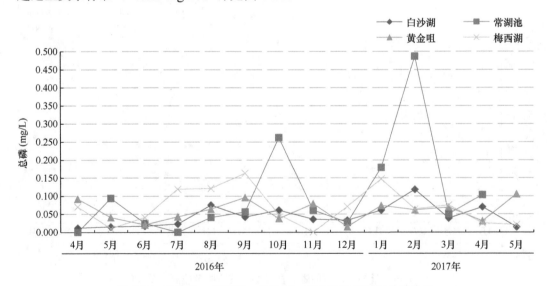

图 4-21　常湖池、梅西湖、白沙湖、黄金咀各监测区总磷含量

21. 磷酸盐

监测期间,常湖池、梅西湖、白沙湖、黄金咀的磷酸盐含量均<0.010 mg/L。

（本节作者：司武卫）

第二节 鄱阳湖湿地生态系统土壤监测结果

一、白沙湖土壤监测结果

1. 不同地下水位梯度土壤出露时间

本研究中用地下水位环境梯度指代在洲滩湿地地形、高程所造成的地下水位及土壤含水量等各因素影响下的环境梯度。不同地下水位梯度由于高程和地形的差异,出露时间不同（图 4-22）。2016~2017 年枯水期内,随着地下水位由低到高,退水时间逐渐延后。GT-L（低地下水位）和 GT-LM（中低地下水位）洲滩开始出露时间为 9 月中旬,而 GT-MH（中高地下水位）和 GT-H（高地下水位）洲滩开始出露时间则延迟至 10 月中旬,前后相差 30 天左右。由于 2017 年 3 月中下旬湖区降水量骤增,白沙湖整体水位短期内迅速升高,不同地下水位梯度洲滩淹没时间未表现出明显的时间前后差异。总体上,GT-L 和 GT-LM 洲滩出露时间为 9 月中旬至翌年 3 月下旬,GT-MH 和 GT-H 洲滩出露时间为 10 月中旬至翌年 3 月下旬,洲滩出露时间表现为 GT-L>GT-LM>GT-MH>GT-H。

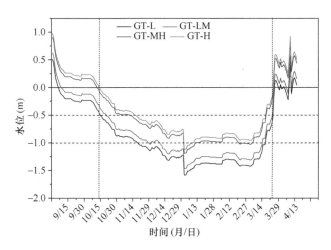

图 4-22 碟形子湖洲滩水位变化

GT-L：低地下水位梯度；GT-LM：中低地下水位梯度；GT-MH：中高地下水位梯度；GT-H：高地下水位梯度

洲滩出露时间与高程和湖泊水位密切相关,从 2016 年 9~11 月,随着水位逐渐降低,洲滩出露面积增大。由图 4-23 可知,洲滩高程越高,出露时间越长。

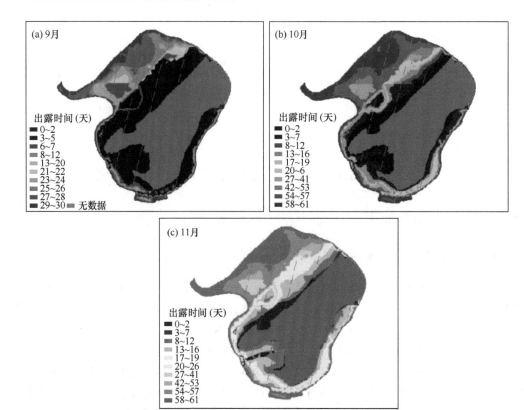

图 4-23　2017 年 9～11 月洲滩出露时间空间分布

2. 不同地下水位梯度土壤物理特征

湿地洲滩出露期，不同时间土壤的含水量和容重在不同地下水位梯度间的差异如图 4-24 所示。土壤容重在洲滩出露前期和中期随着地下水位的升高而显著降低（$p<0.05$）。

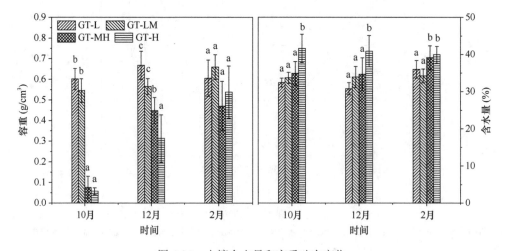

图 4-24　土壤含水量和容重动态变化

GT-L：低地下水位梯度；GT-LM：中低地下水位梯度；GT-MH：中高地下水位梯度；GT-H：高地下水位梯度；不同小写字母表示同一时期不同地下水位梯度间具有显著性差异（$p<0.05$）

洲滩出露初期土壤容重最大值为 GT-L（0.60 g/cm³±0.05 g/cm³），最小值为 GT-H（0.05 g/cm³±0.01 g/cm³）；洲滩出露中期土壤容重最大值为 GT-L（0.67 g/cm³±0.07 g/cm³），最小值为 GT-H（0.31 g/cm³±0.11 g/cm³）。洲滩出露后期，不同梯度间土壤容重差异不显著（$p>0.05$）。随着洲滩出露期延长，土壤容重逐渐变大，且地下水位越高，土壤容重随时间的变幅越大，洲滩出露中期和后期 GT-H 土壤容重分别比前期增大了 5.42 倍和 1.72 倍。在整个湿地洲滩出露期内土壤含水量均随着地下水位的升高而增大（$p<0.05$），洲滩出露期不同阶段，土壤含水量差异不显著（$p>0.05$）。地下水位和洲滩出露期不同时间对土壤容重和含水量的方差分析表明（表 4-3），地下水位梯度、出露期长短及其两者的交互作用显著影响土壤容重（$p<0.001$），而土壤含水量仅受地下水位梯度的影响（$p<0.001$）。

表 4-3　不同地下水位梯度和时间土壤含水量与容重的方差分析结果

分析指标		平方和（SS）	均方（MS）	F 值	p 值
含水量	地下水位梯度	545.5	136.36	13.742	<0.001***
	时间	38.9	19.46	1.961	0.153
	梯度：时间	97.6	12.2	1.23	0.304
容重	地下水位梯度	1.193	0.298	43.497	<0.001***
	时间	0.893	0.446	65.078	<0.001***
	梯度：时间	0.439	0.055	7.992	<0.001***

***表示在 $p<0.001$ 水平差异显著；"梯度：时间"表示水位梯度和时间的交互作用

不同地下水位梯度土壤机械组成见图 4-25。根据美国制土壤质地分类系统，研究区洲滩湿地土壤质地类型为粉砂壤土（黏粒 15.73%±2.54%，粉粒 76.00%±2.17%，砂粒 8.09%±4.29%）。土壤颗粒平均粒径由大到小分别为 GT-H(19.43±4.29)μm>GT-MH(18.43±5.07)μm>GT-LM(15.03±2.67)μm>GT-L(13.96±0.84)μm。GT-H 黏粒含量最低（11.99%±1.84%；$p<0.05$）而砂粒含量最高（13.24%±3.83%；$p<0.05$）。GT-L 粉粒含量最高（78.74%±0.88%）而砂粒含量最低（3.44%±1.36%）。

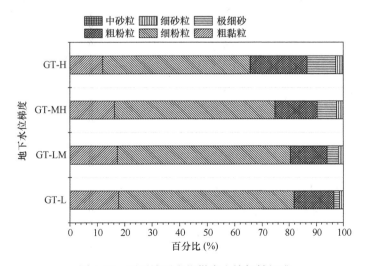

图 4-25　不同地下水位梯度土壤机械组成

3. 不同地下水位梯度土壤化学特征及其动态变化

湿地洲滩出露期不同时间，土壤 TOC 和 TN 在不同地下水位梯度间的差异不同（图 4-26）。洲滩出露初期，随着地下水位升高，TOC 和 TN 先增大后减小，最大值出现在 GT-MH，分别为（7.68±1.05）g/kg 和（1.37±0.24）g/kg（$p<0.05$）；洲滩出露中期，随着地下水位升高，TOC 和 TN 逐渐降低，GT-L 含量最高，分别为（13.03±0.24）g/kg 和（1.37±0.03）g/kg（$p<0.05$）；GT-H 含量最低，分别为（4.03±0.52）g/kg 和（0.41±0.11）g/kg（$p<0.05$）。洲滩出露后期，随着地下水位升高，TOC 和 TN 又呈先增大后减小的趋势，但不同地下水位梯度间差异不显著（$p>0.05$）。土壤 TP 在洲滩出露初期和后期不同地下水位梯度间差异均不显著（$p>0.05$），在洲滩出露中期则随着地下水位升高逐渐降低，最低值为 GT-H[（242.81±20.64）mg/kg；$p<0.05$]。在洲滩出露前、中、后期土壤 pH 均为 GT-H>GT-MH>GT-LM>GT-L。在洲滩出露初期 GT-L、GT-LM 和 GT-MH 土壤为极强酸性（pH<4.5）而 GT-H 为强酸性（4.5<pH<5.5），洲滩出露中期和后期各梯度土壤均为强酸性。

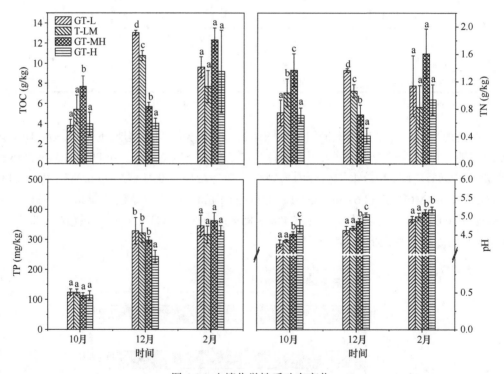

图 4-26 土壤化学性质动态变化

GT-L：低地下水位梯度，GT-LM：中低地下水位梯度，GT-MH：中高地下水位梯度，GT-H：高地下水位梯度；不同小写字母表示同一时期不同地下水位梯度间具有显著性差异（$p<0.05$）

不同地下水位梯度间土壤 C∶N 差异在洲滩出露不同时期均不显著（图 4-27），洲滩出露初期土壤 C∶N 最小为 5.36±0.23，洲滩出露中期和后期 C∶N 则分别为 9.48±0.92 和 9.23±0.54。不同地下水位梯度，土壤 N∶P 在洲滩出露初期为先升高后降低，洲滩出露中期则随地下水位升高逐渐降低（$p<0.05$），而在洲滩出露后期不同梯度间差异不显著（$p>0.05$）。

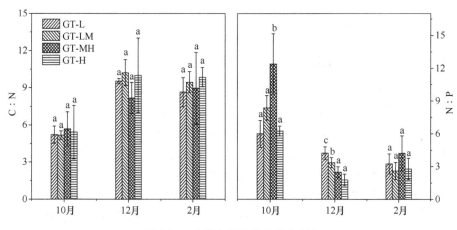

图 4-27　土壤化学计量比动态变化

GT-L：低地下水位梯度；GT-LM：中低地下水位梯度；GT-MH：中高地下水位梯度；GT-H：高地下水位梯度；不同小写
字母表示同一时期不同地下水位梯度间具有显著性差异（p<0.05）

　　土壤化学性质的方差分析表明（表 4-4），地下水位梯度对 TOC、TN、pH 和 N∶P 影响极显著（p<0.01）；洲滩出露时间阶段则对 TOC、TP、pH 和 C∶N 影响极显著（p<0.01），对 TN 影响显著（p<0.05）；地下水位梯度和时间对 TOC 和 N∶P 具有极显著交互作用（p<0.01），对 TN 有显著交互作用（p<0.05）。

表 4-4　不同地下水位梯度和时间土壤化学性质的方差分析结果

	分析指标	平方和（SS）	均方（MS）	F 值	p 值
TOC	地下水位梯度	1	0.25	4.81	0.003**
	时间	1.95	0.97	18.71	<0.001***
	梯度∶时间	2.73	0.34	6.55	<0.001***
TN	地下水位梯度	0.03	0.01	4.85	0.002**
	时间	0.01	0.01	3.74	0.032*
	梯度∶时间	0.03	0.004	2.83	0.012*
TP	地下水位梯度	13253	3313	1.70	0.167
	时间	543658	271829	139.36	<0.001***
	梯度∶时间	18956	2370	1.22	0.31
pH	地下水位梯度	1.32	0.33	38.39	<0.001***
	时间	3.31	1.66	192.39	<0.001***
	梯度∶时间	0.09	0.012	1.36	0.24
C∶N	地下水位梯度	8.09	2.02	0.64	0.64
	时间	210.84	105.42	33.38	<0.001***
	梯度∶时间	12.36	1.53	0.49	0.86
N∶P	地下水位梯度	70.50	17.62	11.42	<0.001***
	时间	420.60	210.28	136.37	<0.001***
	梯度∶时间	97.10	12.14	7.87	<0.001***

　*　在 p<0.05 水平差异显著；

　**　在 p<0.01 水平差异显著；

　***　在 p<0.001 水平差异显著

4. 不同地下水位梯度土壤生物学特征及其动态变化

（1）不同地下水位梯度土壤微生物生物量碳氮及其动态变化

洲滩出露期不同时间阶段，土壤微生物生物量碳（MBC）和微生物生物量氮（MBN）在不同梯度间差异不同（图 4-28）。洲滩出露中期随着地下水位升高，MBC 和 MBN 逐渐增大，最大值均出现在 GT-H，分别比 GT-L 增长了 2.80 倍和 4.30 倍（$p<0.05$）；洲滩出露后期，MBC 和 MBN 仍表现为随地下水位升高递增，但差异性不显著（$p>0.05$）。微生物生物量碳氮比 MBC：MBN 在不同地下水位梯度间无明显规律性特征，但在洲滩出露后期显著升高为 18.15±3.58，分别为洲滩出露前期和中期的 3.62 倍和 3.54 倍。方差分析表明（表 4-5），地下水位梯度、洲滩出露时间阶段及两者间交互作用对 MBC 和 MBN 均有极显著影响（$p<0.01$），而对 MBC：MBN 仅洲滩出露时间阶段具有极显著影响（$p<0.01$）。

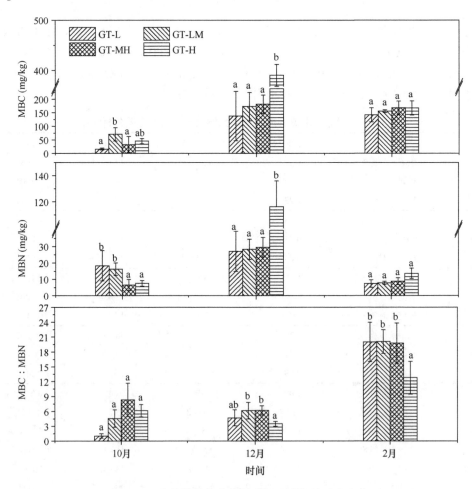

图 4-28 土壤微生物生物量碳氮及碳氮比动态变化

GT-L：低地下水位梯度；GT-LM：中低地下水位梯度；GT-MH：中高地下水位梯度；GT-H：高地下水位梯度；不同小写
字母表示同一时期不同地下水位梯度间具有显著性差异（$p<0.05$）

表 4-5　不同地下水位梯度和时间土壤微生物生物量碳氮的方差分析结果

分析指标		平方和（SS）	均方（MS）	F 值	p 值
MBC	地下水位梯度	83563	20891	13.16	<0.001***
	时间	376242	188121	118.55	<0.001***
	梯度：时间	136233	17029	10.73	<0.001***
MBN	地下水位梯度	11010	2752	14.10	<0.001***
	时间	26484	13242	67.83	<0.001***
	梯度：时间	22067	2758	14.13	<0.001***
MBC：MBN	地下水位梯度	160.70	40.20	2.46	0.05*
	时间	2049.30	1024.70	62.69	<0.001***
	梯度：时间	230.40	28.80	1.76	0.11

* 在 $p<0.05$ 水平差异显著
*** 在 $p<0.001$ 水平差异显著

（2）不同地下水位梯度土壤微生物商与有机氮分配比例及其动态变化

微生物商是指土壤微生物生物量碳与土壤有机碳含量的百分比（MBC/TOC），能够反映土壤有机碳向微生物生物量碳的转化效率、土壤中碳的损失和土壤矿物对有机碳的固定，是衡量土壤有机碳积累或损失的一个重要指标。在洲滩出露期不同时间阶段，地下水位梯度最高的 GT-H 均具有最大的微生物商（$p<0.05$；图 4-29），与 GT-L 相比，3个时期 GT-H 微生物商升高了 3.81 倍、5.77 倍和 1.37 倍。除了洲滩出露早期，土壤微生物生物量氮的分配比例最大值也出现在 GT-L（$p<0.05$）。方差分析表明（表 4-6），地下水位梯度、洲滩出露时间阶段及其交互作用对微生物商和微生物氮的分配比例均具有极显著影响（$p<0.01$）。

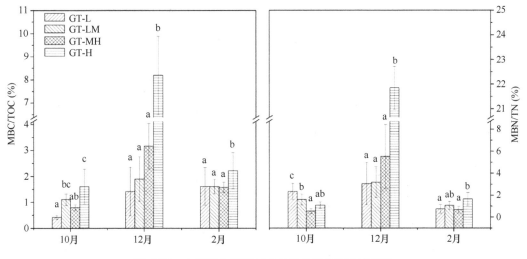

图 4-29　土壤微生物商与有机氮分配比例动态变化

GT-L：低地下水位梯度；GT-LM：中低地下水位梯度；GT-MH：中高地下水位梯度；GT-H：高地下水位梯度；不同小写字母表示同一时期不同地下水位梯度间具有显著性差异（$p<0.05$）

表4-6 不同地下水位梯度和时间土壤微生物商和有机氮分配比例的方差分析结果

分析指标		平方和（SS）	均方（MS）	F值	p值
MBC/TOC	地下水位梯度	63.09	63.09	53.66	<0.001***
	时间	99.00	49.50	42.10	<0.001***
	梯度：时间	63.20	31.60	26.88	<0.001***
MBN/TN	地下水位梯度	301.40	301.40	19.71	<0.001***
	时间	931.50	460.70	30.13	<0.001***
	梯度：时间	659.80	329.90	21.57	<0.001***

*** 在p<0.001水平差异显著

　　土壤MBC和MBN及MBC/TOC和MBN/TN之间均具有极显著的线性正相关关系（图4-30）。在湿地洲滩土壤中，有机碳和有机氮向土壤微生物生物量的转化存在协同性。

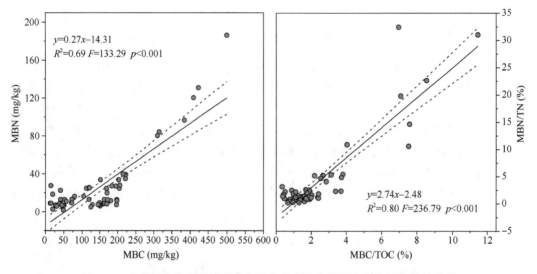

图4-30 土壤微生物生物量碳氮与微生物商及有机氮分配比例之间的关系

（3）不同地下水位梯度土壤微生物群落结构及其与微生物商的关系

　　由不同地下水位梯度土壤微生物特征脂肪酸百分比图谱（图4-31）可知，洲滩出露期土壤微生物群落中革兰氏阳性细菌占有显著优势，两次调查丰度百分比分别为51.16%和58.37%；细菌丰度百分比分别为77.30%和81.32%；真菌丰度百分比分别为15.00%和13.17%；放线菌丰度百分比最低，分别为7.70%和5.50%。随着地下水位的升高，细菌群落丰度百分比逐渐升高，最大值均出现在GT-H分别为85.31%和82.97%。在GT-L相对于其他梯度具有明显优势的特征标记物有16:1 2OH；在GT-LM中相对于其他梯度具有明显优势的特征标记物有18:1ω9c和10 Me18:0；在GT-MH中相对于其他梯度具有明显优势的特征标记物有16:1ω9c；在GT-H中相对于其他梯度具有明显优势的标记物有14:0、cy17:0及表征丛枝菌根真菌的16:1ω5c。

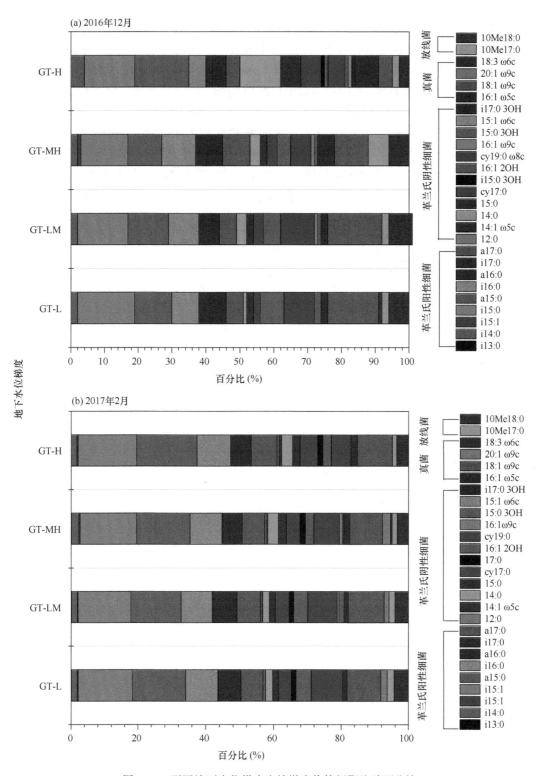

图 4-31　不同地下水位梯度土壤微生物特征脂肪酸百分比

GT-L：低地下水位梯度；GT-LM：中低地下水位梯度；GT-MH：中高地下水位梯度；GT-H：高地下水位梯度

湿地洲滩出露不同时间阶段,土壤微生物不同群落类型表现出不同的磷脂脂肪酸(PLFA)丰度值(图 4-32 和图 4-33)。在洲滩出露中期微生物总 PLFAs、细菌 PLFA 和放线菌 PLFA 的含量最大值均出现在 GT-H($p<0.05$),与 GT-L 相比,增长幅度分别为 115.29%、117.24%、74.89%,其中革兰氏阳性细菌和革兰氏阴性细菌分别增长了 107.85% 和 207.18%;而在洲滩出露后期,微生物总 PLFAs、细菌 PLFA 和真菌 PLFA 的含量最大值则均出现在 GT-MH,与 GT-L 相比,增长幅度分别为 15.34%、16.36%和 21.44%,而 GT-H 各类微生物群落丰度值则均降低至最小值。从洲滩出露中期到后期微生物总 PLFAs、细菌 PLFA、真菌 PLFA 和放线菌 PLFA 的丰度在 GT-L 分别增加了 87.33%、42.54%、44.83%和 53.44%,在 GT-LM 分别增加了 52.38%、12.83%、16.11%和 7.62%,在 GT-MH 分别增加了 78.35%、41.85%、69.42%和–13.64%,而在 GT-H 则降低了 49.09%、60.27%、39.19%和 62.36%。

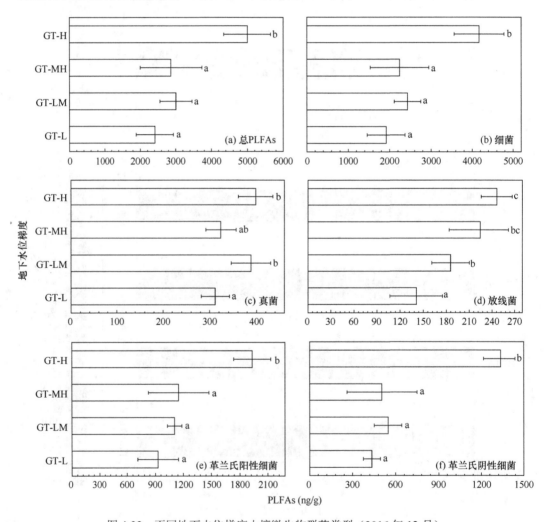

图 4-32　不同地下水位梯度土壤微生物群落类型(2016 年 12 月)

GT-L:低地下水位梯度;GT-LM:中低地下水位梯度;GT-MH:中高地下水位梯度;GT-H:高地下水位梯度;不同小写字母表示不同地下水位梯度间具有显著性差异($p<0.05$)

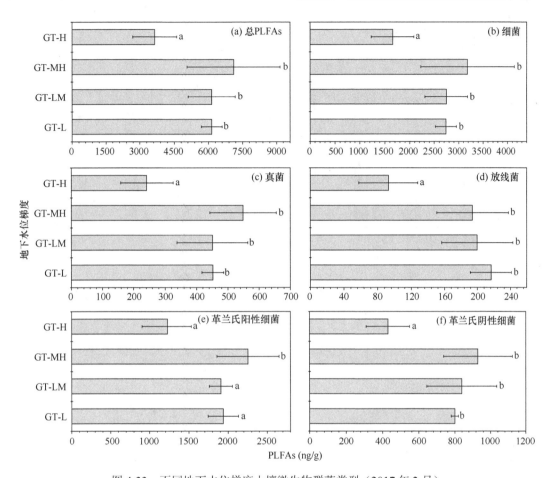

图4-33　不同地下水位梯度土壤微生物群落类型（2017年2月）

GT-L：低地下水位梯度；GT-LM：中低地下水位梯度；GT-MH：中高地下水位梯度；GT-H：高地下水位梯度；不同小写字母表示不同地下水位梯度间具有显著性差异（$p<0.05$）

湿地洲滩出露中期土壤微生物群落结构多样性指数随着地下水位升高逐渐降低，而在洲滩出露后期则随着地下水位的升高逐渐升高，优势度指数则表现出相反的变化趋势（图4-34）。说明在洲滩出露后，湿地土壤微生物群落结构随着出露时间的变化而发生了明显改变。

湿地土壤微生物商及土壤微生物氮的分配比例与微生物群落结构关系密切（图4-35）。土壤微生物群落中真菌/细菌（F/B）及革兰氏阳性细菌/革兰氏阴性细菌（GPB/GNB）值的变化会影响到土壤有机碳氮的周转和积累。一元线性回归分析表明，ln（MBC/TOC）和ln（MBN/TN）随着ln（F/B）的增大呈极显著线性递减关系；而随着ln（GPB/GNB）的增大虽然也表现为显著线性递减但相关性弱于前者。一元线性回归方程$y=ax+b$中系数a的大小表征着因变量y对自变量x的响应程度，a越大，y对x的响应越强烈。由ln（MBC/TOC）和ln（MBN/TN）与ln（F/B）和ln（GPB/GNB）的回归方程可知，MBN/TN对F/B和GPB/GNB值变化的响应程度高于MBC/TOC，说明微生物群落结构的改变对微生物有机氮的分配比例影响更大。

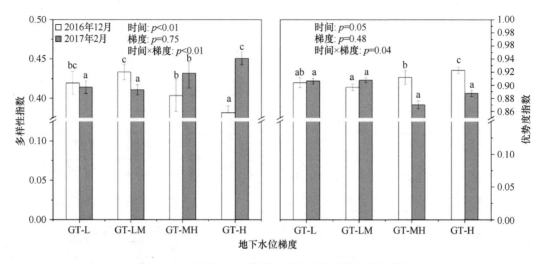

图 4-34 不同地下水位梯度土壤微生物群落多样性变化

GT-L：低地下水位梯度；GT-LM：中低地下水位梯度；GT-MH：中高地下水位梯度；GT-H：高地下水位梯度；不同小写字母表示不同地下水位梯度间具有显著性差异（$p<0.05$）

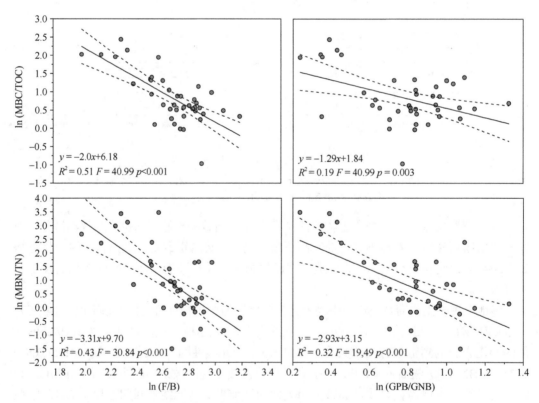

图 4-35 土壤微生物商及有机氮分配比例与微生物群落结构的关系

（4）不同地下水位梯度纤维素酶与木质素酶含量及其动态变化

不同地下水位梯度土壤木质素酶和纤维素酶活性在不同洲滩出露时间阶段的变化趋势一致，但不同地下水位梯度间土壤木质素酶活性差异不显著（$p>0.05$；图 4-36）。

洲滩出露中期和后期，土壤纤维素酶活性随着地下水位升高而升高，纤维素酶活性在GT-H 显著高于 GT-L 和 GT-LM（$p<0.05$）。方差分析表明（表 4-7），洲滩出露时间对木质素酶活性有极显著影响（$p<0.01$），洲滩出露时间和地下水位梯度的交互作用对木质素酶有显著影响（$p<0.05$）；而地下水位梯度、洲滩出露时间及其交互作用均会极显著影响纤维素酶活性（$p<0.01$）。

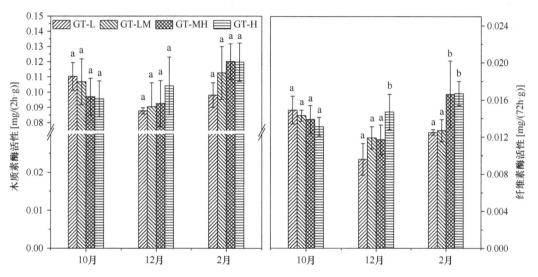

图 4-36　不同地下水位梯度土壤木质素酶及纤维素酶活性动态变化

GT-L：低地下水位梯度；GT-LM：中低地下水位梯度；GT-MH：中高地下水位梯度；GT-H：高地下水位梯度；不同小写字母表示不同地下水位梯度间具有显著性差异（$p<0.05$）

表 4-7　不同地下水位梯度和时间土壤微生物酶活性方差分析结果

分析指标		平方和（SS）	均方（MS）	F 值	p 值
木质素酶活性	地下水位梯度	3.22×10^{-4}	3.22×10^{-4}	1.54	0.22
	时间	4.20×10^{-3}	2.10×10^{-3}	10.03	<0.001***
	梯度：时间	1.88×10^{-3}	9.38×10^{-4}	4.48	0.02*
纤维素酶活性	地下水位梯度	4.92×10^{-5}	4.92×10^{-5}	15.69	<0.001***
	时间	7.34×10^{-5}	3.67×10^{-5}	11.70	<0.001***
	梯度：时间	6.94×10^{-5}	3.47×10^{-5}	11.07	<0.001***

* 在 $p<0.05$ 水平差异显著；

*** 在 $p<0.001$ 水平差异显著

5. 白沙湖湿地土壤微生物沿水位环境梯度的分异

（1）湿地土壤环境因子主成分分析

对洲滩出露前、中、后期 3 个阶段，不同地下水位梯度土壤环境因子进行主成分分析（图 4-37），结果表明，PC1 解释了采样点空间分异的 41.79%，PC2 解释了采样点空间分异的 28.94%，PC1 和 PC2 累积贡献率为 70.73%。在所有土壤环境因子中，对 PC1 起主要作用的有 C：N、pH、MBC、N：P 和 TP，对 PC2 起主要作用的有 MBN、土壤含水量、地下水位、TOC 和 TN。采样点沿 PC1 按照洲滩出露时间段从左到右依次分成了 3 个集团，说明随着湿地洲滩出露时间的延长，湿地土壤 C∶N、TP、pH 及 MBC 呈升高的趋势。相同时间阶段，不同地下水位梯度采样点沿 PC2 轴分离，GT-H 和其他 3 个梯度样点分异显著，位于 PC2 轴的最上方，说明高地下水位梯度带土壤含水量高，土壤有机氮向微生物生物量氮转化速度快，土壤碳氮积累量低于其他梯度。在枯水季，中期不同样点沿地下水位的分异最明显，而枯水季早期和末期样点在沿地下水位的分异相对收敛。

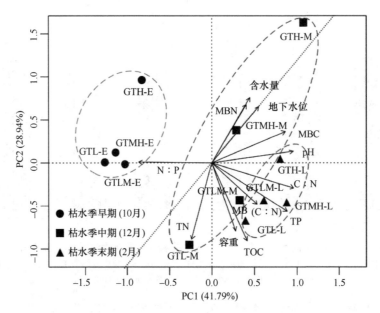

图 4-37　土壤环境因子主成分分析

E. 枯水期早期; M. 中期; L. 末期; GTL. 低地下水位; GTH. 高地下水位; GTM. 中地下水位

（2）湿地土壤微生物商与环境因子的关系

土壤环境因子的改变影响土壤微生物有机碳氮的分配比例（图 4-38）。ln（MBC/TOC）随着 lnTN 的增大线性递减，而随着 lnpH 和 lnMoisture 的增大线性递增，说明土壤 pH 和含水量的增大在一定程度上促进了土壤有机碳向微生物生物量碳的转化。ln（MBN/TN）与 lnpH 和 lnMoisture 无明显线性关系，说明微生物生物量氮的分配对土壤环境因子的响应程度较弱。

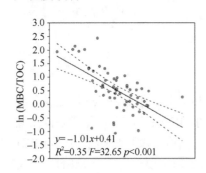
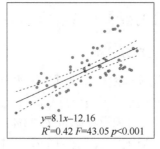
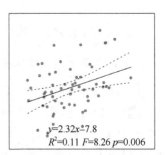

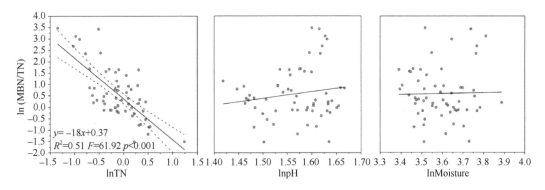

图 4-38　土壤微生物商及有机氮分配比例与环境因子的关系

（3）湿地土壤微生物群落结构与环境因子的关系

在湿地洲滩出露中期，土壤含水量、pH 及土壤容重是影响土壤微生物群落结构的主要因素，对 RD1 起主要作用（图 4-39 上图）。前 2 个排序轴，RD1 主要解释了88.50%的变异，RD2 解释了7.41%的变异，累积贡献率为95.91%。沿 RD1 从左向右，随着地下水位升高，革兰氏阳性细菌、革兰氏阴性细菌、细菌总量的丰度逐渐增大，微生物生物量碳氮的分配比例也逐渐增多，F/B 和 GPB/GNB 值逐渐减小；在洲滩出露后期，土壤 TN 及其在微生物生物量氮中的分配比例成为影响土壤微生物群落结构的主要因素（图 4-39 下图）。前 2 个排序轴，RD1 主要解释了92.42%的变异，RD2解释了4.75%的变异，累积贡献率为97.17%。微生物群落并未随地下水位梯度呈单调递增或递减的关系，沿 PC1 从左向右，革兰氏阳性细菌、革兰氏阴性细菌、细菌总量、真菌、放线菌丰度值逐渐增大。在洲滩出露中期和后期 F/B 均与土壤 pH 和含水量呈显著负相关性。

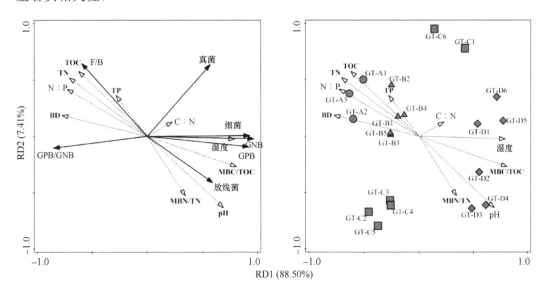

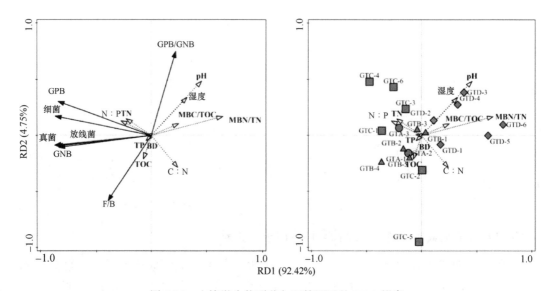

图 4-39　土壤微生物群落与环境因子的 RDA 排序

上图：2016 年 12 月；下图：2017 年 2 月

GT-L：GT-A1～GT-A3；GT-LM：GT-B1～GT-B5；GT-LH：GT-C1～GT-C6；GT-H：GT-D1～GT-D6

二、梅西湖土壤监测结果

梅西湖是鄱阳湖国家级自然保护区 9 个核心子湖之一，同时梅西湖位于松门山山麓，为鄱阳湖高程较高、土壤为砂质土的碟形湖泊的典型代表。根据梅西湖湖泊形状、土壤类型、植被分布格局及交通可达性，选择梅西湖西北湖岸布设 3 条固定监测样带，3 条样带土壤类型分布为砂质土、砂壤土和壤土。

1. 典型植被样带表层土壤理化性质

表 4-8 中梅西湖洲滩土壤 pH 在 4.37～5.41，差异不显著，其中样带三土壤 pH 最高为 4.80，最低为 4.59，差异较小，显示壤土性土壤对酸碱度具有较大的调节作用。样带一显示了较高的土壤容重，其中最高为高滩地，容重达到 1.35 g/m³，这与其砂质土壤、土壤有机物质含量少、孔隙度少有关。样带三土壤容重相对较低，在 0.84～1.05，这与壤土性土壤具有较高的土壤孔隙度有关。从高程梯度看土壤容重在样带一呈高—低—高趋势，在样带三则呈低—高趋势。此外，样带一土壤含水量也相对其他样带低，其中高滩地仅在 10% 左右，几乎是旱地土壤，这与其砂性有关。

就土壤养分含量而言，样带一有效氮与有效磷含量分别在 21.30～91.55 mg/kg 与 3.16～11.91 mg/kg，低于样带二的 45.16～154.29 mg/kg 与 7.70～29.31 mg/kg，以及样带三的 53.10～276.31 mg/kg 与 5.61～26.55 mg/kg。从空间趋势看，样带一高滩地速效养分低，至中滩地呈增加趋势，低滩地又下降；样带二和样带三高滩地则较高，中滩地次之，低滩地相对较低。土壤有机碳含量及总氮与总磷含量呈现了类似的趋势。

表 4-8 梅西湖典型植物群落样带土壤理化性状

样带	样方	pH	容重 （g/m³）	含水率 （%）	总钾 （g/kg）	有效磷 （mg/kg）	有效氮 （mg/kg）	有机碳 （g/kg）	总氮 （g/kg）	总磷 （g/kg）
样带一	A1	4.37	1.35	9.12	2.16	3.38	21.30	7.86	0.12	0.61
	A2	4.63	1.28	12.63	3.35	3.16	28.51	9.33	0.44	1.08
	A3	4.41	1.34	11.02	3.59	9.55	56.98	14.44	0.35	1.24
	A4	4.46	1.18	15.57	8.24	11.61	59.44	12.65	0.52	1.30
	A5	5.02	0.94	17.30	8.37	9.94	91.55	13.91	0.67	2.66
	A6	5.25	0.92	23.91	8.07	11.91	54.68	21.65	0.78	2.14
	A7	4.97	1.03	26.10	5.97	8.39	49.77	20.45	0.69	1.82
	A8	4.69	1.15	22.37	5.88	6.31	43.41	16.01	0.38	1.37
样带二	B1	4.64	0.86	41.38	9.63	29.31	154.29	32.07	3.20	2.32
	B2	5.07	1.14	17.17	8.69	7.70	76.55	17.30	0.87	1.29
	B3	5.22	1.06	23.83	9.50	13.14	45.16	18.30	0.95	1.67
	B4	5.41	0.96	26.19	4.77	11.01	73.41	19.65	1.12	1.54
	B5	5.17	1.01	23.72	5.91	8.03	97.69	21.65	1.37	2.28
	B6	4.76	0.95	28.10	4.20	8.04	79.12	14.30	1.28	2.58
	B7	4.79	1.03	26.68	5.15	6.45	52.98	11.23	0.58	1.48
样带三	C1	4.77	0.87	28.87	11.11	26.55	250.57	45.22	3.13	3.91
	C2	4.72	0.84	32.95	12.86	25.13	271.74	37.35	4.20	3.23
	C3	4.73	0.90	36.29	9.32	17.06	210.89	32.26	3.46	2.86
	C4	4.68	0.90	38.85	5.56	15.25	276.31	33.19	3.31	2.70
	C5	4.80	0.87	36.99	9.70	8.28	150.46	25.90	2.45	2.21
	C6	4.64	0.97	32.67	5.21	6.50	128.68	18.76	2.18	1.78
	C7	4.59	1.05	30.22	8.63	5.61	53.10	12.77	1.12	1.51

2. 典型植被样带分层土壤含水量的时空相关性

不同季节各层土壤的体积含水量的波动幅度因气象等因素的不同而不同，根据不同深度土壤体积含水量序列空间分布和时间上连续变化的特点，可以对梅西湖湿地各土层土壤体积含水量序列进行时间相关性分析和空间相关性分析。梅西湖湿地不同深度土壤体积含水量的自相关分析如图 4-40 所示。

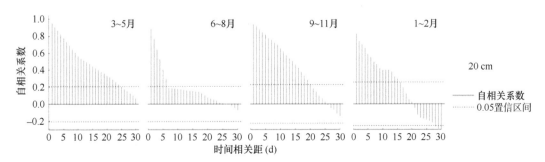

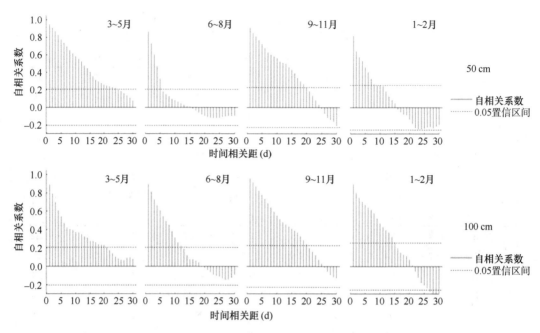

图 4-40　不同深度土壤体积含水量时间序列自相关分析

同一深度的土壤体积含水量都具有时间自相关性。春季，20 cm 和 50 cm 深度的土壤体积含水量的自相关距相同，为 24 天，100 cm 深度的土壤体积含水量的自相关性相对上层土壤弱，自相关距为 19 天；夏季进入淹水期，各层土壤体积含水量基本保持不变的状态，各层土壤体积含水量的自相关性较差，20 cm 和 50 cm 深度的土壤体积含水量的自相关性最差，时间相关距降低为 6 天，100 cm 深度的土壤体积含水量的自相关性相对上层土壤较强，时间相关距为 11 天；秋季各土层土壤体积含水量的自相关距相同，均为 20 天；冬季，20 cm 和 100 cm 深度的土壤体积含水量的自相关距相同，为 15 天。50 cm 深度的土壤体积含水量的自相关性相对其他两层土壤弱，自相关距为 10 天。由此可以看出梅西湖湿地在春季时各个土层的土壤体积含水量的自相关性最强，夏季最弱；相同季节各个土层的土壤体积含水量的自相关性也存在一定差异。

梅西湖湿地不同季节不同深度土壤体积含水量的空间相关性分析见表 4-9。春季各层土壤体积含水量均呈显著性相关，相关系数相对其他季节最大，都在 0.772 以上；夏季各层土壤体积含水量相关系数降低最大，且 20 cm 与 100 cm 土层土壤体积含水量之间没有相关性；秋冬季各层土壤体积含水量都呈显著性相关，但比春季稍弱，各层

表 4-9　不同季节不同深度土壤体积含水量的空间相关性

季节	不同土层深度（cm）	相关系数		
		20	50	100
春季（3～5 月）	20	1	0.918**	0.772**
	50		1	0.826**
	100			1

续表

季节	不同土层深度（cm）	相关系数		
		20	50	100
夏季（6～8月）	20	1	0.725**	0.404**
	50		1	0.150
	100			1
秋季（9～11月）	20	1	0.876**	0.707**
	50		1	0772**
	100			1
冬季（1～2月）	20	1	0.892**	0.438**
	50		1	0.533**
	100			1

** 显著性水平 $p<0.01$

土壤体积含水量相关系数范围分别为0.707～0.876、0.438～0.892。从表中还可以看出，各土层含水量序列之间相隔越远，相关系数越小，相关性越差。

3. 梅西湖植被与土壤要素间的耦合关系

图4-41是梅西湖典型植物群落和环境因子的PCA排序。从中可以看出蒌蒿分布比较分散，而灰化薹草和藜草群落分布则相对集中；同时灰化薹草群落和芦苇群落与表层土壤养分指标显示了高度的相关性，表明这两种植物对土壤养分的积累效率最高。

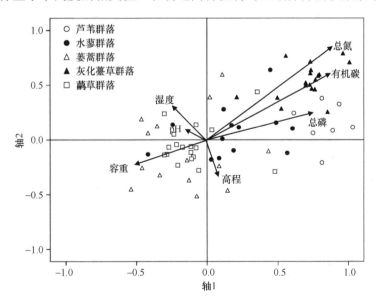

图4-41　梅西湖典型植物群落与环境因子的PCA排序图

已有相关研究也表明鄱阳湖土壤营养状况与高程及植被群落结构密切相关。梅西湖洲滩典型群落中土壤性质有明显的不一致性，一方面是由于土壤质地本身差异有关，如砂性土壤与壤土对营养的积累率差异；此外植物本身对土壤理化状况也有显著影响。此外，灰化薹草群落呈明显的聚合性，表明样方间表层土壤质量差异性相对小，这与芦苇和藜蒿群落相似。相反，藜蒿和水蓼群落样方离散的分布模式表明其内部较大的差异性。这也是与植物群落的优势度和多样性相一致的，群落优势度越高，多样性越低，土壤性质的异质性越小。

三、四独洲土壤监测结果

1. 四独洲洲滩土壤容重与含水量

（1）土壤容重

藜蒿带 2016 年表层土壤容重春季和秋季分别为 1.03 g/cm³ 和 1.14 g/cm³，高于上年的 0.96 g/cm³ 和 0.94 g/cm³，也高于 2014 年同期。灰化薹草带与藜蒿带类似，2016 年土壤容重春季和秋季分别为 1.12 g/cm³ 和 1.04 g/cm³，也高于上年的 0.91 g/cm³（春草期）和 0.90 g/cm³（秋草期），以及 2014 年的 0.89 g/cm³（春草期）与 0.90 g/cm³（秋草期）。藜草带 2016 年春季和秋季表层土壤容重分别为 1.05 g/cm³ 和 0.98 g/cm³，高于上年春季和秋季的 0.92 g/cm³ 和 0.91 g/cm³。泥滩带 2016 年土壤容重春季与秋季分别为 1.17 g/cm³ 与 1.13 g/cm³，与上年测定值（1.14 g/cm³ 与 1.16 g/cm³）接近，与 2014 年观测值 1.11 g/cm³（春草期）与 1.15 g/cm³（秋草期）也无显著差异。泥滩带表层土壤根系较少，土壤板实，空隙度较小，容重年际变化差异不明显（表 4-10）。

表 4-10　鄱阳湖典型洲滩植被带土壤容重与含水量

洲滩群落带	土壤容重（g/cm³）		含水量（%）	
	春季	秋季	春季	秋季
藜蒿带	1.03	1.14	26.4	25.4
灰化薹草带	1.12	1.04	36.5	34.5
藜草带	1.05	0.98	38.7	37.8
泥滩带	1.17	1.13	32.3	29.3

（2）土壤含水量

2016 年春草期土壤含水量以藜草带最高，为 38.7%，其次为灰化薹草带和泥滩带，分别为 36.5% 和 32.3%，以藜蒿带最低，为 26.4%。与上年同期相比，2016 年灰化薹草带土壤含水量略低，藜草带和泥滩带与上年相接近，但藜蒿带明显低于上年。2016 年秋草期含水量与 2015 年和 2014 年类似，以藜草带最高，为 37.8%，低于上年（42.8%），与 2014 年的 39% 相近。灰化薹草带与泥滩带 2016 年秋草期土壤含水量分别为 34.5% 和 29.3%，低于上年同期的 41.5% 和 34.3%。2016 年藜蒿带显示了最低的表层土壤含水量（25.4%），显著低于上年同期的 36.7%（表 4-10）。

2. 四独洲洲滩土壤有机碳、总氮与总磷

（1）有机碳

与 2015 年一致，2016 年春草期鄱阳湖典型洲滩表层土壤有机碳含量以灰化薹草带最高，达到 20.75 g/kg，其次为萎蒿带（18.43 g/kg）和藜草带（14.36 g/kg），泥滩带最低，为 10.54 g/kg。2016 年灰化薹草带、萎蒿带、藜草带及泥滩带土壤有机碳含量均高于上年同期。秋草期萎蒿带的土壤有机碳含量最高，为 21.03 g/kg，其次为灰化薹草带和藜草带，分别为 19.85 g/kg 和 15.47 g/kg，泥滩带与春草期相近，为 10.29 g/kg（表 4-11）。

表 4-11　鄱阳湖典型洲滩植被带土壤有机碳、总氮与总磷含量

洲滩群落带	有机碳（g/kg）		总氮（g/kg）		总磷（g/kg）	
	春季	秋季	春季	秋季	春季	秋季
萎蒿带	18.43	21.03	2.14	1.93	0.84	0.89
灰化薹草带	20.75	19.85	2.35	2.16	0.91	0.88
藜草带	14.36	15.47	1.07	1.54	0.62	0.71
泥滩带	10.54	10.29	0.93	1.12	0.63	0.65

（2）总氮

与 2015 年类似，2016 年鄱阳湖典型洲滩不同植被带土壤总氮含量也是灰化薹草带最高，春季与秋季分别为 2.35 g/kg 与 2.16 g/kg，春季略高于秋季，也高于上年测定值 1.803 g/kg（春草期）与 1.893 g/kg（秋草期），以及 2014 年测定值 1.527 g/kg（春草期）与 1.453 g/kg（秋草期）。萎蒿带土壤总氮含量仅次于灰化薹草带，春季与秋季分别为 2.14 g/kg 与 1.93 g/kg。与灰化薹草带类似，春季略高于秋季；从年际变化看，也高于上年测定值 1.334 g/kg（春草期）和 1.241 g/kg（秋草期）。与往年一致，泥滩带总氮含量显著最低，春季与秋季分别为 0.93 g/kg 与 1.12 g/kg，但显著高于上年同期的 0.455 g/kg 与 0.527 g/kg，以及 2014 年的 0.359 g/kg 与 0.426 g/kg。

（3）总磷

2016 年总磷显示了与有机碳相一致的趋势，春草期以灰化薹草带最高，为 0.91 g/kg，秋季则以萎蒿带最高，为 0.89 g/kg；两个群落带间差异不明显。藜草带 2016 年总磷含量春季和秋季分别为 0.62 g/kg 和 0.71 g/kg，秋季略高，与上年同期测定值 0.572 g/kg（春草期）与 0.783 g/kg（秋草期）相近。与其他土壤养分指标类似，藜草带春季与泥滩带秋季表层土壤总磷含量显著最低，分别为 0.62 g/kg 与 0.65 g/kg，高于上年测定值 0.513 g/kg（春草期）与 0.445 g/kg（秋草期）。

各群落季节性差异也较小，与有机碳与总氮含量趋势一致，这也表明土壤养分含量年际与季节变化较小，可能更多地与植被的长期生长有关。另外，不同群落带对土壤养分的积累也不尽相同，低滩植被带如藜草带和泥滩带对土壤养分的蓄积明显低于萎蒿带与灰化

薹草带。植被不仅促进土壤有机碳的积累，也显著提高土壤中氮、磷等营养元素的富集，从而改良土壤，提高湿地生产力与生态服务功能。

（本节作者：张广帅　王晓龙　张全军　陈　江）

第三节　鄱阳湖湿地生态系统植物群落监测结果

一、鄱阳湖植物群落的面积统计

鄱阳湖湿地面积统计（表 4-12）表明在全湖尺度上薹草是面积最大的植被类型，以薹草属植物为建群种的群落面积占到总面积的 25.07%，其次是藜草群落，占 14.25%，蓼子草群落也占据重要地位，面积占到 10.41%。泥滩、沙滩等稀疏植丛地段在枯水季节的鄱阳湖也是一类最为重要的生境类型，泥滩面积占到 7.32%。

表 4-12　鄱阳湖秋季湿地植被类型面积统计

湿地类型	斑块数量（个）	面积（hm²）	面积比（%）	最大斑块面积（hm²）	平均斑块面积（hm²）
芦苇群落	265	10 385.49	3.29	661.46	39.19
芦苇-南荻群落	63	2 868.06	0.91	356.99	45.52
芦苇-薹草群落	118	3 125.93	0.99	369.81	26.49
芦苇-蒌蒿群落	6	57.62	0.02	46.53	9.60
宽叶假鼠妇草群落	1	2.3	0.00	2.32	2.30
南荻群落	116	2 865.46	0.91	327.28	24.70
南荻-薹草群落	98	4 435.01	1.40	900.46	45.26
南荻-蒌蒿群落	3	5.47	0.00	3.66	1.82
南荻-芦苇群落	19	237.71	0.08	37.01	12.51
菰群落	18	205.56	0.07	71.88	11.42
藜草群落	354	22 153.39	7.02	6 299.24	62.58
藜草-薹草群落	145	8 073.41	2.56	1 404.77	55.68
藜草-蓼子草群落	61	3 048.38	0.97	435.32	49.97
野古草-狗牙根群落	36	245.66	0.08	72.74	6.82
野古草-薹草群落	31	373.62	0.12	59.66	12.05
白茅群落	5	4.54	0.00	2.45	0.91
稗草群落	2	6.11	0.00	4.01	3.06
狗尾草群落	1	1.48	0.00	1.47	1.48
狗牙根群落	391	4 983.4	1.58	149.11	12.75
假俭草群落	18	307.33	0.10	127.26	17.07
牛鞭草群落	14	168.15	0.05	78.36	12.01
薹草群落	1072	42 741.68	13.54	1 814.03	39.87
薹草-藜草群落	200	10 999.36	3.48	1 042.74	55.00

续表

湿地类型	斑块数量（个）	面积（hm²）	面积比（%）	最大斑块面积（hm²）	平均斑块面积（hm²）
薹草-蓼子草群落	139	9 779.1	3.10	709.49	70.35
薹草-下江委陵菜群落	51	1 742.45	0.55	374.14	34.17
薹草-蒌蒿群落	51	699.81	0.22	295.49	13.72
薹草-南荻群落	95	6 324.21	2.00	800.48	66.57
针蔺群落	1	19.19	0.01	19.19	19.19
野荸荠群落	7	118.85	0.04	62.22	16.98
牛毛毡群落	2	18.76	0.01	15.96	9.38
香附莎草群落	9	90.97	0.03	21.84	10.11
聚穗莎草+碎米莎草群落	3	59.24	0.02	56	19.75
两歧飘拂草群落	2	13.99	0.00	11.95	7.00
香蒲群落	3	0	0.00	2.95	0.00
水烛群落	1	0.18	0.00	0.17	0.18
下江委陵菜群落	4	68.75	0.02	61.71	17.19
水田碎米荠群落	18	481.05	0.15	274.36	26.73
蓼子草群落	182	20 036.95	6.35	4240.5	110.09
蚕茧蓼群落	18	686.18	0.22	233.94	38.12
酸模叶蓼群落	44	2 735.48	0.87	687.46	62.17
竹叶小蓼群落	1	0.71	0.00	0.71	0.71
丛枝蓼群落	3	30.32	0.01	23.26	10.11
水蓼群落	13	174.4	0.06	88.72	13.42
齿果酸模群落	3	7.57	0.00	6.88	2.52
蒌蒿群落	55	415.01	0.13	194.3	7.55
细叶艾群落	3	4.65	0.00	2.52	1.55
芫荽菊群落	1	0.6	0.00	0.59	0.60
菖蒲群落	2	2.15	0.00	2.09	1.08
裸柱菊群落	1	1.21	0.00	1.22	1.21
菱群落	43	0	0.00	89.74	0.00
荇菜群落	3	0.08	0.00	0.31	0.03
芡实群落	1	10.32	0.00	10.31	10.32
莲群落	87	0	0.00	93.44	0.00
空心莲子草群落	3	2.32	0.00	1.27	0.77
水龙群落	2	64.53	0.02	56.47	32.27
苦草群落	1	0.22	0.00	0.22	0.22
菹草群落	1	0.44	0.00	0.44	0.44
柳叶白前群落	3	34.88	0.01	33.5	11.63
芫花叶白前群落	6	31.38	0.01	11.63	5.23
加拿大杨林	67	3078.4	0.98	249.96	45.95
乌桕林	3	28.62	0.01	18.9	9.54

续表

湿地类型	斑块数量（个）	面积（hm²）	面积比（%）	最大斑块面积（hm²）	平均斑块面积（hm²）
旱柳林	2	15.22	0.00	8.21	7.61
水稻	40	796.16	0.25	134.59	19.90
园地	20	845.19	0.27	141.36	42.26
南荻，薹草复合体	17	1282.41	0.41	368.95	75.44
狗牙根，牛鞭草，假俭草复合体	18	593.67	0.19	186.97	32.98
野古草，薹草复合体	2	31.4	0.01	27.36	15.70
藕草，薹草复合体	12	699	0.22	430.75	58.25
芦苇，薹草复合体	21	1 299.59	0.41	396.01	61.89
泥滩	565	23 106.33	7.32	2 781.75	40.90
沙滩	238	3 420.03	1.08	486.62	14.37
水塘	1119	9 290.34	2.94	505.21	8.30
河道	42	66 584.98	21.09	64 799.47	1585.36
碟形湖（洼地）水体	233	36 297.17	11.50	15 301.85	155.78
总面积（含岛屿、公路面积）	6410	315 712.73			

注：以上面积不包括军山湖、康山大湖、内外珠湖

二、鄱阳湖优势植物群落

1. 蓼子草群系（Form. *Polygonum criopolitanum*）

鄱阳湖有大面积的蓼子草群系，主要分布于鄱阳湖东边的沙滩及含沙量较高的泥滩地。该群系仅见蓼子草一个群丛类型。

（1）蓼子草群丛（Ass. *Polygonum criopolitanum*）

该群丛主要分布于康山河两边的河滩，及其两边湖泊洲滩沙地上，此外，在多宝乡、新苗湖、马鞍岛等湖边沙滩也有分布。分布位置与水田碎米荠相似，但宽度要比水田碎米荠宽。群丛呈斑块状，地表潮湿，土壤湿润，面积大小不一，总面积达 16 800 hm²。

每年秋季鄱阳湖退水，湖边沙滩露出，蓼子草迅速发芽、生长、开花、结果、死亡，寒冬来临之前完成生活史，是短生长季植物。群丛物种组成较少，常形成单优群丛和纯蓼子草群丛。现以马鞍岛边的蓼子草群丛为例说明，组成群丛的植物有 4 种，分别隶属于蓼科、柳叶菜科、菊科、禾本科。

群丛外貌较整齐，高度较矮，高 2～3 cm；盖度较大，达 80%。群丛结构单一，蓼子草为单优势种，伴生有水龙、细叶艾蒿（*Artemisia feddei*）、藕草等。有一定的美学价值和景观作用。

其余地段分布的蓼子草群丛还常见伴生有南荻、灰化薹草、水田碎米荠（*Cardamine lyrata*）、萎蒿、马兰等。

2. 虉草群系（Form. *Phalaris arundinacea*）

虉草群系主要分布于高程 13.0～14.0 m 的滩地上，以河相沉积和河湖相沉积为主，土壤含沙量一般较高，在九江、星子蓼花、吴城、南矶山的东湖、白沙湖、三泥湾、泥湖、康山河两边滩地、赣中支三角洲前缘等各处邻近通江水体的滩地上有大面积分布。4～5 月群系发育完整，草绿色，群落生物量大，可达 6000 g/m² 以上。在湖区常见有 3 个群丛类型。

（1）虉草群丛（Ass. *Phalaris arundinacea*）

该群丛在湖区分布广，面积大，有 354 个群丛斑块，总面积达到 22 256 hm²。群丛盖度不一，从 15%到 70%不等，主要由洲滩出露时间决定，出露越晚盖度越小。虉草丛退水开始生长，至第二年 4～5 月生长最盛，高可达 80 cm。群丛内伴生种有蓼子草（*Polygonum criopolitanum*）、薹草（*Carex* spp.）、沼生水马齿（*Callitriche palustris*）、看麦娘、齿果酸模（*Rumex dentatus*）、肉根毛茛（*Ranunculus polii*）等。

（2）虉草-薹草群丛（Ass. *Phalaris arundinacea- Carex* spp.）

该群丛出现于虉草群系与薹草群系之间，为过渡性类型，分布高程高于虉草群丛，湖区总面积达到 8130 hm²。群丛分为两层，第一层是虉草，高约 80 cm，投影盖度达 80%。虉草地下根茎稍粗壮发达，其上还长出数个短小的红紫色幼芽。第二层主要由多种薹草（*Carex* spp.）、萎蒿和下江委陵菜、肉根毛茛、稻槎菜（*Lapsana apogonoides*）、紫云英（*Astragalus sinicus*）、看麦娘组成，高度仅 10～20 cm。卵穗薹草（*Carex ovatispiculata*）分布均匀，出现频度大，其投影盖度为 45%～50%，幼果多，垂入草丛中。在 5 月，菊叶委陵菜（*Potentilla tanacetifolia*）和紫云英正进入幼果期。虉草长势旺盛，地下横走根茎发达，是该地段的建群种。

（3）虉草-蓼子草群丛（Ass. *Phalaris arundinacea- Polygonum criopolitanum*）

该群丛分布于以河相沉积为主的河道两侧，居于蓼子草群系与虉草群系之间，呈条带状，分布高程低于虉草，也是过渡类型，在星子蓼花、北部湖心洲滩地、都昌附近都有大面积分布，群丛下层主要是蓼子草占优势，红穗薹草也有一定的优势度，其他还见有水田碎米荠、泽珍珠菜（*Lysimachia candida*）、水蓼、菊叶委陵菜等伴生。

3. 薹草群系（Form. *Carex* spp.）

薹草群系是鄱阳湖分布最广、面积最大的植被类型。薹草属植物在湖区分布有十余种，皆以克隆繁殖为主，密丛性生长，群落盖度大，结构简单，由 5～7 种湿生植物组成，常见多种薹草混生。湖区主要群丛类型有以下几种。

（1）灰化薹草群丛（Ass. *Carex cinerascens*）

该群丛在南矶湿地国家级自然保护区内集中连片大面积分布，几乎遍布整个湿地洲滩。群丛高度一般为 60～80 cm，盖度为 95%～100%。群丛外貌整齐，组成物种较少。主要伴生种有下江委陵菜、水田碎米荠、水蓼及多种薹草（*Carex* spp.），如红穗薹草、卵穗薹草、单性薹草（*Carex unisexualis*）等。而在余干大塘和永修、都昌矶山、官司洲、王家洲等地，只见呈斑块状分布的纯植丛，盖度几乎达 100%。在梅西湖还发现了灰化薹草+水蓼群落和灰化薹草+野艾-刚毛荸荠植被类型，在令公洲也发现了灰化薹草+水田碎米荠-下江委陵菜+肉根毛茛植被类型。

（2）红穗薹草群丛（Ass. *Carex argyi*）

该群丛主要分布在河湖相沉积的前缘地段，呈条带状，植株稍低矮，群丛高 30～40 cm，在星子蓼花有大面积成片分布。

（3）糙叶薹草群丛（Ass. *Carex scabrifolia*）

该群丛外貌与灰化薹草相似，主要分布于大汊湖北面和都昌矶山、中湖池、沙湖池、蚌湖等各湖洲草地。下限接近蓼子草群丛，上限可分布到堤脚低平地带。植株密集丛生，高 10～30 cm，5 月开花结幼果，整个外貌为深绿色，生长茂密，投影盖度为 85%，表土生根层达 5 cm 以上，相当发达。群丛中还杂生有开黄花的菊叶委陵菜、开白花的水田碎米荠，及开黄花的稻槎菜及天胡荽、马兰幼苗等。此环境是鸟类的栖息场地，嫩草、薹草果可为鸟类提供食物。

（4）芒尖薹草群丛（Ass. *Carex doniana*）

该群丛主要出现于洲滩上小面积的积水低洼地中，南北均可见，呈斑块状分布，水深 10～30 cm。群丛中芒尖薹草稍高而硬直，小片聚生，盖度约占 20%。红穗薹草沿水面边缘生长，植株稍低矮，呈条带状聚生，盖度约达 50%。在无草生长的水面，尚有荇菜（*Nymphoides peltatum*）浮在水面生长，盖度约占 60%。还有少量的水马齿、细果野菱（*Trapa maximowiczii*）幼苗聚生在水面。此环境在枯水期的极短时期内尚保留着极少量的水生植物，到涨水季节可能成为水生植物"发源地"，而扩大到全湖。

（5）卵穗薹草群丛（Ass. *Carex duriuscula*）

该群丛分布于碟形湖的低滩地，在蚌湖等处有分布，土壤含水量饱和，地下水埋深不超过 10 cm，卵穗薹草植株高 30～35 cm，密集生长，群落盖度为 90%，外貌深绿色。群丛内混生有肉根毛茛、四叶葎（*Galium bungei*）、稻槎菜、蒌蒿等。地表生根层富有弹性，厚达 5 cm 以上。此环境是鸟类的栖息、觅食的场地。

4. 芦苇群系（Form. *Phragmites australis*）

芦苇群系广泛分布于温带和亚热带的湖边和河流岸边，对水分的适应幅度较大，最适积水深度为 30 cm，最适 pH 范围在 6.0～7.0，耐碱不耐酸，这也是该群系分布未能遍及江西的原因之一。该群系在鄱阳湖面积较大，主要分布于湖区南部洲滩，以赣江和信江三角洲最为集中，其分布高程较高，一般在 14 m 以上，土壤 pH 5.0～7.5。

（1）芦苇群丛（Ass. *Phragmites australis*）

该群丛在鄱阳湖分布有 265 个群落斑块，总面积 10 419 hm²，群落盖度 85%～95%，以芦苇为优势种，群丛高度 1.5～2.5 m，植株生长受湿地水文条件影响，枯水年较丰水年生长更好，长势较好的洲滩有磨盘洲、大沙荒、鲤鱼洲、皇帝帽等地，枯水年群丛高可达4 m。河道两侧洲滩地长势要好于碟形湖洲滩。伴生种各处略有差异，主要有薹草（*Carex* spp.）、南荻（*Triarrhena lutarioriparia*）、小飞蓬（*Conyza canadensis*）、狼把草（*Bidens tripartita*）、马兰（*Kalimeris indica*）、野艾蒿（*Artemisia lavandulaefolia*）、鬼针草（*Bidens pilosa*）、通泉草（*Mazus japonicus*）、狗牙根（*Cynodon dactylon*）、酸模叶蓼（*Polygonum lapathifolium*）、蒌蒿（*Artemisia selengensis*）、看麦娘（*Alopecurus aequalis*）等。

（2）芦苇-南荻群丛（Ass. *Phragmites australis- Triarrhena lutarioriparia*）

该群丛在鄱阳湖分布有 63 个群落斑块，总面积 2880 hm^2，群丛盖度 90%～95%，主要分布于高滩地上，常出现于碟形湖四周。以芦苇为优势种、南荻为共建种，常见群丛高 1.5～2.0 m，伴生种主要有薹草（*Carex* spp.）、下江委陵菜（*Potentilla limprichtii*）、蒌蒿、水田碎米荠（*Cardamine lyrata*）等。

（3）芦苇-薹草群丛（Ass. *Phragmites australis- Carex* spp.）

该群丛在鄱阳湖分布有 118 个群落斑块，总面积 3129 hm^2，群丛明显分为两层，上层优势种为芦苇，盖度为 40%左右，高 1.5～2 m，下层优势种为薹草，盖度可达 80%，高 40～60 cm。常出现在碟形湖四周的芦苇群落与薹草群落的过渡地段，呈条形分布，常见的伴生种有丛枝蓼、下江委陵菜等。

（4）芦苇-蒌蒿群丛（Ass. *Phragmites australis- Artemisia selengensis*）

该群丛在鄱阳湖分布有 6 个群落斑块，总面积 58 hm^2，主要分布于南部河道两侧，在康山河东侧面积较大。群丛分两层，上层仅见芦苇，盖度 30%～40%，下层优势种为蒌蒿，盖度 85%～90%，局部达到 100%，高 60～70 cm。常见有薹草、水蓼伴生，偶见狼把草入侵。

5. 南荻群系（Form. *Triarrhena lutarioriparia*）

南荻群系在鄱阳湖主要分布在"五河"三角洲滩地上，面积较大，总面积达到 7500 hm^{2}以上，占湖区总面积的 2.13%，分布高程略高于薹草，在碟形湖中呈环带状分布，受微地形变化的影响，常与薹草相间交错，一般由 6～10 种湿生植物组成。在湖区主要有4 个群丛。

（1）南荻群丛（Ass. *Triarrhena lutarioriparia*）

该群丛面积较大，湖区共有 116 个斑块，总面积 2868.4 hm^2。外貌整齐，南荻为优势种，占据群落上层，高度为 140～160 cm，盖度 90%～98%。常见伴生种有丛枝蓼（*Polygonum posumbu*）、旱苗蓼、蒌蒿、下江委陵菜、灰化薹草（*Carex cinerascens*）、红穗薹草（*C. argyi*）等。

（2）南荻-薹草群丛（Ass. *Triarrhena lutarioriparia-Carex* spp.）

该群丛面积较大，为南荻群系与薹草群系的过渡类型，湖区调查到 98 个斑块，总面积达到 4435 hm²。群落分为两层，上层以南荻为优势种，下层以薹草（*Carex* spp.）为优势种，群落盖度为 80%～90%，伴生种为水田碎米荠、下江委陵菜、水蓼等。

（3）南荻-蒌蒿群丛（Ass. *Triarrhena lutarioriparia - Artemisia selengensis*）

该群丛在湖区面积较小，仅有 3 个斑块，面积为 5.48 hm²，主要分布于河道两侧的滩地上。群丛盖度达 90%，南荻居上层，生长稀疏，蒌蒿生长茂密，高达 70 cm，伴生种有薹草、蚕茧蓼（*Polygonum japonicum*）、泥花草等。

（4）南荻-芦苇群丛（Ass. *Triarrhena lutarioriparia- Phragmites australis*）

该群丛分布广泛，一般在河道两边较常见。盖度为 85%～98%，垂直结构较复杂，芦苇高 2.0 m 左右，处在最上层，较为稀疏，种群密度 4～5 株/m²；其下是南荻，平均高 1.5 m，成片聚生，斑块状分布；下层以薹草（*Carex* spp.）为主，高度 40 cm 左右，较为密集。该群丛也是物种最丰富的类型之一，一般由 9～12 种植物组成，常见的有红穗薹草、灰化薹草、丛枝蓼、水蓼、蒌蒿、水田碎米荠、下江委陵菜、矮牵牛（*Petunia×hybrida*）、球果蔊菜（*Rorippa globosa*）、藕草、牛毛毡（*Heleocharis yokoscensis*）等。

6. 狗牙根群系（Form. *Cynodon dactylon*）

狗牙根群系遍布湖区四周，主要在河道两侧的高滩地上，及水淹时间一般不超过 30 天的三角洲高滩地上。呈条带状，带宽 10～50 m，湿地退化常形成此类型群系。湖区共调查到 391 种斑块，总面积 4987.23 hm²，植株矮小，高 10～15 cm，盖度为 90%～100%，伴生种有假俭草、雀舌草（*Stellaria uliginosa*）、积雪草（*Centella asiatica*）、泥湖菜（*Hemistepta lyrata*）、马兰（*Kalimeris indica*）、鼠麴草（*Gnaphalium* sp.）、天胡荽、粟米草（*Mollugo stricta*）、荔枝草、画眉草（*Eragrostis pilosa*）、牛筋草、乱草、雀稗（*Paspalum thunbergii*）等。

三、鄱阳湖沉水植被种类及分布

对于鄱阳湖冬候鸟来说，从稀疏草洲到浅水水域是它们觅食越冬最集中的生境范围。因此，我们选取了具有这些生境典型代表性的 3 个碟形湖和 1 个主湖区样地进行调查分析，进一步阐明这些生境的植物群落特点和分布规律。

4 个样地植被调查结果表明，Pearson 相关性分析发现沉水植物湿重生物量与干重生物量之间极显著相关（$r=0.82$，$p=0.000$），因此，本研究针对沉水植物分析只采用湿重数据。分析结果表明，梅西湖、常湖池和白沙湖中沉水植物种类主要包括苦草、轮叶黑藻和下江委陵菜等，其中绝对优势种为苦草。2015 年和 2016 年苦草块茎生物量占总沉水植物生物量分别为 98.75% 和 98.43%。苦草主要分布在枯水期的泥滩和浅水区域，在湖心深水区域分布极少，几乎呈环状分布，且在薹草高度超过 10 cm 的区域均未发现苦草块茎（图 4-42）。黄金咀几乎未发现典型沉水植物（如苦草、轮叶黑藻等），其湿生植物优势种为蓼子草，蓼子草占全部湿生植物生物量的 99.93%，且呈随机分布（S2/m=0.98，图 4-42G、H）。

沉水植物生物量　薹草盖度
高: 2.7g　高: 100%
低: 0g　低: 0%

A. 梅西湖2015年

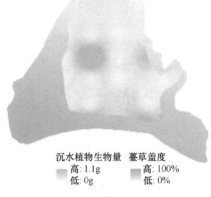

沉水植物生物量　薹草盖度
高: 1.1g　高: 100%
低: 0g　低: 0%

B. 梅西湖2016年

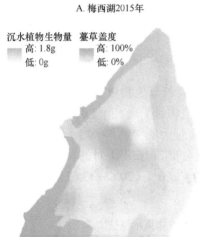

沉水植物生物量　薹草盖度
高: 1.8g　高: 100%
低: 0g　低: 0%

C. 常湖池2015年

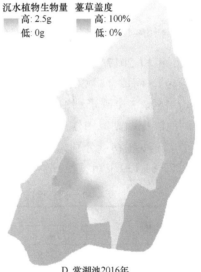

沉水植物生物量　薹草盖度
高: 2.5g　高: 100%
低: 0g　低: 0%

D. 常湖池2016年

沉水植物生物量　薹草盖度
高: 1.3g　高: 100%
低: 0g　低: 0%

E. 白沙湖2015年

沉水植物生物量　薹草盖度
高: 3.8g　高: 100%
低: 0g　低: 0%

F. 白沙湖2016年

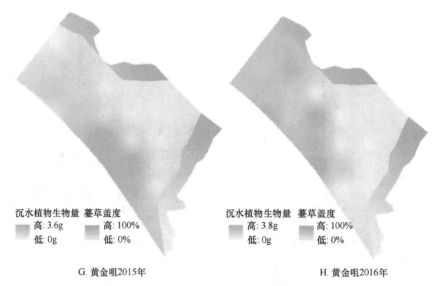

沉水植物生物量　薹草盖度
高: 3.6g　高: 100%
低: 0g　低: 0%

沉水植物生物量　薹草盖度
高: 3.8g　高: 100%
低: 0g　低: 0%

G. 黄金咀2015年　　　　　　　　　　H. 黄金咀2016年

图 4-42　2015 年（左）和 2016 年（右）冬季薹草及沉水植物分布

在 2016 年和 2017 年的三次调查中，碟形湖苦草生物量差异不显著（$t=-1.425$，$p=0.16$，d$f=49$），而黄金咀 2016 年 11 月蓼子草生物量显著高于 2016 年 1 月（$t=-2.459$，$p=0.271$，d$f=15$）。3 个碟形湖泊的苦草冬芽平均湿重生物量和平均干重生物量从高到低分别为常湖池＞梅西湖＞白沙湖（表 4-13）。黄金咀 2016 年 1 月的蓼子草根茎平均湿重生物量和平均干重生物量分别为（108.23±55.99）g/m^2、（20.68±13.62）g/m^2；2016 年分别为（150.22±81.13）g/m^2、（35.87±17.01）g/m^2。

表 4-13　调查区域 2015 年和 2016 年沉水植被密度

研究点	时间	湿密度		干密度	
		平均值（g/m^2）	标准差（g/m^2）	平均值（g/m^2）	标准差（g/m^2）
梅西湖	2016 年 1 月	28.97	25.89	8.77	7.41
	2016 年 11 月	40.11	52.88	12.46	15.19
	2017 年 3 月	17.20	11.63	6.65	4.88
常湖池	2016 年 1 月	29.90	17.66	9.52	6.49
	2016 年 11 月	45.61	40.44	11.74	11.18
	2017 年 3 月	5.52	3.38	1.19	1.10
白沙湖	2016 年 1 月	18.04	19.58	6.15	7.57
	2016 年 11 月	23.47	34.74	7.00	9.79
	2017 年 3 月	7.29	6.31	1.91	1.67
黄金咀	2016 年 1 月	108.23	55.99	20.68	13.62
	2016 年 11 月	150.22	81.13	35.87	17.01
	2017 年 3 月	111.49	67.09	31.35	21.07

调查结果还发现 2017 年 3 月的沉水植物生物量经过候鸟的越冬取食之后，碟形湖中苦草生物量极显著低于 11 月（$t=3.812$，$p=0.000$，d$f=49$），黄金咀蓼子草生物量也显著低于 11 月（$t=2.198$，$p=0.044$，d$f=15$）。2017 年 3 月中旬碟形湖泊的苦草冬芽平

均湿重生物量和平均干重生物量从高到低分别为，常湖池湿重（5.52±3.38）g/m²，干重（1.19±1.10）g/m²；梅西湖湿重（17.20±11.63）g/m²，干重（6.65±4.88）g/m²；白沙湖湿重（7.29±6.31）g/m²，干重（1.91±1.67）g/m²。黄金咀的蓼子草根茎平均湿重生物量和平均干重生物量分别为（111.49±67.09）g/m²和（31.35±21.07）g/m²。

四、鄱阳湖主要植物群落生物量

生物量监测工作开展过程中主要采用传统的生物量样方收获法（图 4-43），数码图像处理技术反演群落生物量及典型湖泊和断面的生物量监测。主要植物群落的生物量采集样点分布图如图 4-44 所示。

图 4-43　鄱阳湖野外取样

2016 年 11 月对主要子湖泊和过水断面的薹草、芦苇南荻和藕草群落进行植物群落生物量测定，结果表明，薹草平均生物量 1.15 kg/m²，藕草平均生物量 0.10 kg/m²，芦苇南荻平均生物量 1.75 kg/m²。薹草和藕草生物量明显低于芦苇南荻，区域上生物量的空间分布与植物群落类型有关（图 4-45）。2017 年对主要子湖泊和过水断面的薹草、芦苇南荻和藕草群落进行植物群落生物量第二次测定，结果表明，薹草平均生物量 1.70 kg/m²，藕草平均生物量 1.12 kg/m²，芦苇南荻平均生物量 3.88 kg/m²。三种植物的生物量较 2016 年都有所增长。

从时间上来看，根据文献收集的生物量数据，对薹草生物量年内月变化进行分析（图 4-46），结果显示薹草生物量表现出明显的季相变化规律。薹草从 1 月开始生长到 4 月达到最大值，随着 4 月开始淹水，生物量开始减少，淹水 100 天左右 7 月达到最低值，一直持续到 10 月退水，生物量又开始增加，到 11 月达到秋季最高值。由于水位涨落，每年有两个生长峰值。淹水开始时间和持续时间对薹草生物量影响较大。

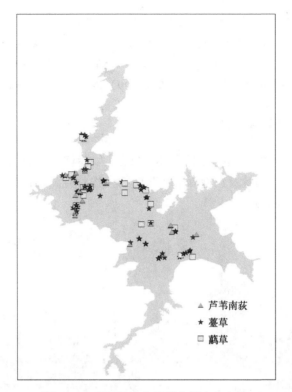

图 4-44　鄱阳湖生物量采集样点分布图

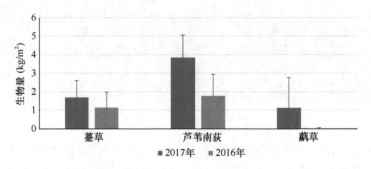

图 4-45　鄱阳湖主要植物群落生物量

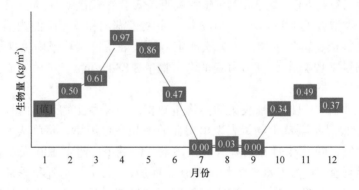

图 4-46　鄱阳湖区薹草生物量年内月变化

根据鄱阳湖 20 个样点薹草绿度、株高、生物量的监测数据及文献数据，建立了株高与生物量的线性关系。薹草生物量监测数据位于鄱阳湖南矶湿地国家级自然保护区白沙湖区域 19 个样点（116°20′7.9″～116°20′11.3″E，28°55′24.4″～28°55′10.7″N），监测时间为 2016 年 10 月至 2017 年 1 月及 2017 年 3 月。薹草株高、绿度指数监测数据位于鄱阳湖南矶湿地国家级自然保护区白沙湖区域 19 个样点（116°20′7.9″～116°20′11.3″E，28°55′24.4″～28°55′10.7″N），监测时间为 2017 年 3 月 16 日至 3 月 18 日，监测指标为株高、绿度指数。其中绿度指数根据数码相机的 *RGB* 值计算，计算公式如下：

$$GI=DN_{green}/DN_{red}$$

式中，GI 为绿度指数；DN_{green} 为绿波段亮度值；DN_{red} 为红波段亮度值。

根据监测的株高和绿度指数数据与生物量建立线性方程，发现株高、绿度指数与生物量的相关性高，方程模拟效果好（图 4-47 和图 4-48）。其中株高、绿度指数估算生物量的效果要优于单因子估算生物量的效果，估算方程如下：

$$y=24.12x_1+209.66x_2-641.76$$

式中，x_1 为株高（cm）；x_2 为绿度指数；y 为薹草生物量（g/m^2）。

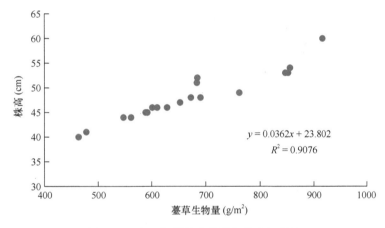

图 4-47 鄱阳湖薹草生物量与株高相关性

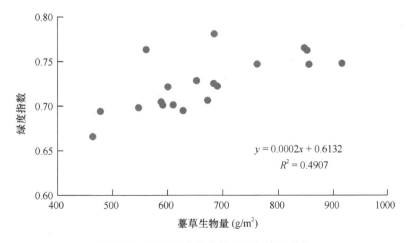

图 4-48 鄱阳湖薹草生物量与绿度相关性

从空间分布上来看，2016～2017 年对 3 种植物群落生物量调查结果表明（图 4-49），薹草生物量总体处于 0.003 6～4.78 kg/m²，藨草生物量总体处于 0.000 31～2.28 kg/m²，芦苇南荻 0.44～4.73 kg/m²，生物量密度低值区大多分布在子湖泊或洼地中心。距离中心越远，生物量密度逐步增加。整体来看，北部生物量高于南部，西部高于东部。此外，生物量的空间分布受到水位涨落和植物群落类型分布的影响。

图 4-49　鄱阳湖不同植物群落生物量（kg/m²）分布图

根据 2015～2016 年鄱阳湖 MODIS 归一化植被指数（NDVI）的时间变化来分析，鄱阳湖 NDVI 变化存在明显的季节变化，并存在两个峰值。在第 90 天左右（3 月，春季）开始逐渐达到第一个峰值，在第 300 天左右（10 月，秋季）逐渐达到第二个峰值，这基本上与生物量的季节变化一致。与 2015 年相比，2016 年的两处峰值存在明显的滞后性，这可能与汛期的变化及水位的涨落变化有关（图 4-50）。

以 2016 年野外实测生物量、文献生物量数据与 MODIS 归一化植被指数产品（NDVI）为基础，通过实测生物量与 MODIS 植被指数间的数值拟合关系建立其生物量估算模型（$R^2=0.88$）：

$$y=15\,573x-928.91$$

式中，x 为 NDVI 值；y 为生物量（kg/m²），图 4-51 分别显示了 2016 年第 50、第 100、第 150、第 200、第 250、第 300、第 350 天 NDVI 反演鄱阳湖生物量的分布图。从整体上看，2016 年 NDVI 反演生物量总体处于 0～1.45 kg/m²（图 4-51），与实测生物量相比，NDVI 反演生物量存在一定程度的低估，这可能与鄱阳湖研究区云及云影的遮挡有关，因此 NDVI 反演结果有待更多的地面实测生物量来验证。

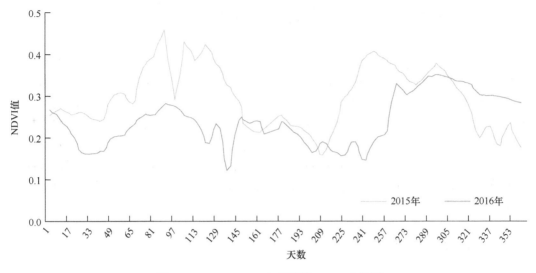

图 4-50　2015～2016 年鄱阳湖 NDVI 变化图

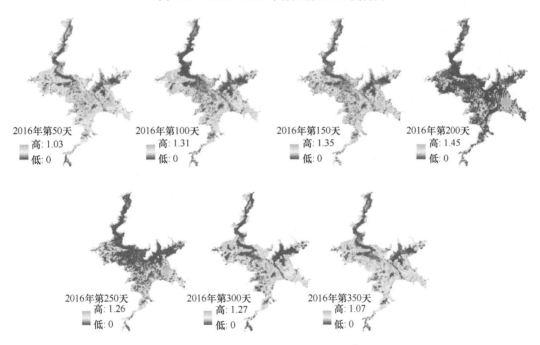

图 4-51　鄱阳湖 NDVI 反演生物量（kg/m²）分布图

　　从空间分布上来看，生物量大致与模型模拟结果及野外实测数据一致，呈现出"岛屿型"空间分布模式，除了蚌湖沿湖心往四周逐渐升高以外，总体上表现为西南高东北低的分布格局。从时间分布上来看，鄱阳湖生物量受到鄱阳湖水位周期性涨落和气候季节变化的影响，尤其是从春季（第 150 天）开始，随着鄱阳湖汛期的来临，低生物量区域显著扩大；从秋季开始（第 300 天），水位逐渐下降，各类水生植物开始死亡，低生物量区域逐渐萎缩，高生物量区域不断扩张（图 4-51）。

基于调查数据、文献收集数据及 NDVI 反演数据的分析，研究结果认为鄱阳湖地区植物群落生物量存在明显的时空分布格局。从时间上来看，枯水期生物量较大，丰水期植物受到水淹的影响，生物量减小，退水后植物再次生长，一年中存在两个生物量峰值。从空间上来看，北部生物量整体高于南部，子湖泊中心区为低生物量区，距离中心越远，生物量越大。鄱阳湖地区生物量的时空格局受到水位涨落时间和持续时间、植物群落类型分布的影响。在鄱阳湖生态系统的结构和演变过程中，增加水生植物和耐高水位植物的面积，能够增加湖区生产力供给，鄱阳湖水利枢纽工程建成后，枯水期的淹水面积将增加，淹水时间将增长，会影响到春秋季植物群落的生长，甚至会减少生物量，因此建议合理安排水利枢纽工程的供水时间，以及水淹的持续时间，最大限度降低水淹对生物量减少的影响。

五、梅西湖典型样带植被群落监测

1. 典型样带植物群落结构特征

梅西湖是鄱阳湖国家级自然保护区 9 个核心子湖之一。同时梅西湖位于松门山山麓，为鄱阳湖高程较高、土壤为砂质土的碟形湖泊的典型代表。根据梅西湖湖泊形状、土壤类型、植被分布格局及交通可达性，选择梅西湖西北湖岸布设 3 条固定监测样带，3 条样带土壤类型分别为砂质土、砂壤土和壤土。地表植被类型沿高程从高到低相应分布狗牙根-蒌蒿-灰化薹草-藕草、芦苇-蒌蒿-灰化薹草及南荻-蒌蒿-灰化薹草-藕草。虽然具有类似的高程与坡度，但由于土壤质地差异，3 个样带植被群落类型还是显示出一定的差异，并且这一差异主要集中在高程相对较高的洲滩。例如，砂质土的固定样带，可能是因为水分保持力较差，较高高程洲滩植被以旱生植物如狗牙根为建群种，伴生种也以白前等沙生植物为常见种。这也表明，除水文情势驱动外，在局部湖区土壤质地也是影响地表植被群落种群结构与空间分布的重要因素。

2. 典型样带植物生长动态与群落特征

植物群落高度和盖度与建群种密切相关。样带一位于松门山下沿，高滩地以耐贫瘠植物狗牙根为建群种，群落高度与盖度均明显小于样带二与样带三高滩地（图 4-52）。其中样带二高滩地以芦苇为建群种，也显示了较高的群落盖度。此外，即使在中滩地同为灰化薹草群落带，样带三灰化薹草高度 56～61 cm，明显高于样带一和样带二。这也说明土壤质地，如壤土比砂质土更有利于灰化薹草的生长。从垂向梯度看，建群种高度更多与植物物种相关，芦苇显示出最高的高度，其次为南荻（106 cm），再次为蒌蒿与藕草，灰化薹草相对较低。3 个样带群落盖度也显示出类似的分异，样地一在高滩地盖度多在 50%左右，显著低于样带二与样带三，直至中滩地灰化薹草群落，三个样带盖度接近，在 85%～100%。

样带一高滩地狗牙根群落生物量均值仅为 371 g/m², 远低于样带二的 3943 g/m² 和样带三的 4418 g/m²。此外，从中滩地灰化薹草群落看，地表生物量也是以样带三最高，其次为样带二，样带一生物量最低。这也表明土壤质地对植物生物量有显著影响。从

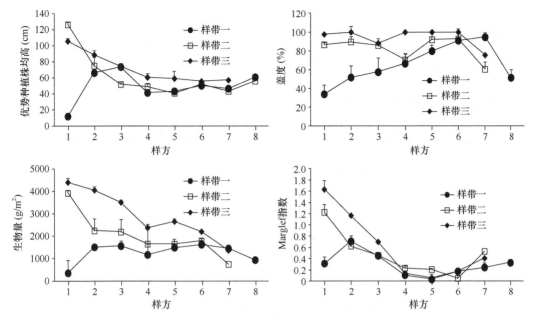

图 4-52 梅西湖典型样带植物建群种均高与群落特征

高程梯度看，除样带一由于受旱生植物影响外，样带二与样带三生物量沿高程从高往低均呈逐渐下降趋势。这与鄱阳湖已有相关研究报道一致。高滩地出露期长，植物生长周期也相对较长；此外高滩地植物以芦苇、南荻为优势种群，单位面积生物量也高于灰化薹草、蒌蒿等植物（图 4-52）。

三个样带样方物种丰富度指数分别在 0.035~0.713、0.054~1.231 及 0.057~1.631；相对而言，样带一<样带二<样带三。此外就植物群落而言，物种丰富度指数以灰化薹草群落最低，狗牙根群落、蒌蒿群落和蒌草群落稍高，芦苇群落与南荻群落最高。从空间分布看，沿高程由高至低物种丰富度呈多—少—多趋势，高滩地显示了最高的物种丰富度，中滩地物种群落结构单一，丰富度指数最低，低滩地又呈增高趋势。群落生物多样性指数（Shannon-Wiener index）变化趋势与物种丰富度指数一致。

六、四独洲典型植被群落监测

四独洲位于赣江主支口与修水交汇处下游，是鄱阳湖典型河口冲积三角洲湿地，四周赣江绕洲而过，人为干扰少，植被群落发育极为典型。

沿高程选择四独洲典型植物群落带，即蒌蒿带、灰化薹草带、蒌草带与泥滩带开展长期定位观测。调查时各典型湿地植物群落带利用 1 m×1 m 样方框随机抛取 3 个植被样方，现场调查各样方内植物种类及数量，样方内所有地表植被贴地面刈割后装入纸袋，带回实验室后（4 h）立即称取鲜重；现场测量优势种与伴生种高度与多度，目测估算群落盖度。同时每个样方利用不锈钢土钻（内径 5 cm）采集 0~20 cm 土层约 500 g 土样分别装入聚乙烯封口袋；土样及时运回实验室后，拣除石块等杂物，自然风干后磨碎，分别过 20 目与 100 目筛，用于土壤理化指标测定。

1. 四独洲植被带植物种类组成

长期定位观测代表性洲滩（四独洲）从上到下沿高程依次环状分布萎蒿带、灰化薹草带、藨草带与泥滩带（表4-14）。与往年相比，2016年长期监测样带各植物群落优势种无明显变化，优势种优势度明显，群落结构稳定。

表4-14　2016年四独洲典型植被带植物优势种与伴生种

洲滩群落带	优势种	伴生种
萎蒿带	萎蒿	灰化薹草、皱叶酸模、下江委陵菜、稗草、看麦娘等
灰化薹草带	灰化薹草	藨草、稻搓菜、萎蒿等
藨草带	藨草	灰化薹草、看麦娘、萎蒿、野胡萝卜、一年蓬等
泥滩带	藨草、羊蹄酸模	灰化薹草、半边莲、看麦娘、紫云英、通径鼠麴草、下江委陵菜、球果蔊菜、野胡萝卜等

萎蒿带以萎蒿为建群种，伴生灰化薹草、皱叶酸模、下江委陵菜等，偶见看麦娘和稗草散落于群落间。

灰化薹草带以灰化薹草为绝对优势种，伴生种相对较少，多见藨草、萎蒿及稻搓菜等。虽然临界观测点的蚌湖内侧洲滩灰化薹草带多见水田碎米荠，但2016年观测亦未发现冲积三角洲滩灰化薹草群落带有水田碎米荠。

藨草带临近水面环状分布，群落定位观测中以藨草为优势种，伴生种较多，常见灰化薹草、萎蒿，偶见少量野胡萝卜与一年蓬等杂生在种群稀疏地带。

泥滩带位于藨草带下沿，淹没期较长、植物分布与生长易受湖泊水位波动影响，植物分布差异性较大。与2015年类似，泥滩带春草期以藨草种群居优，但秋草期羊蹄酸模优势度和频度大幅上升。与其他群落带相比，2016年泥滩带伴生种较多，常见灰化薹草、看麦娘、萎蒿、半边莲等。此外，也多见球果蔊菜、野胡萝卜等洲滩常见植物。

2. 四独洲植被带植物优势种密度与平均株高季节变化特征

（1）优势种密度

萎蒿密度春草期为107～249株/m²，秋草期为84～119株/m²；春草期密度高于秋草期。春草期密度快速增加主要集中在2月中下旬。灰化薹草植株密度相对其他植物群落显著较高，2月萌发时平均密度仅为237株/m²，3月上旬快速增加到1700多株/m²，随后保持稳定态势。秋草期洪水消退后，灰化薹草不仅会萌发，有些植株也会快速复绿，因此植株密度相对较高，达到800多株/m²。藨草2月萌发时仅为56株/m²，3月上旬快速增加到270多株/m²，2～3月是藨草密度快速增加期。秋草期藨草密度最高为79株/m²，明显低于春草期（图4-53）。

（2）优势种株高

萎蒿株高2月初仅为5.3 cm，3月下旬增加到38 cm，4月上旬达到65 cm。与芦苇类似，3月下旬至4月中旬为萎蒿快速增长期。秋草期洪水消退后萎蒿多在原有植株上

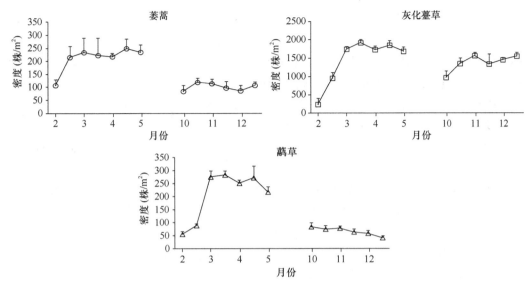

图 4-53　鄱阳湖典型群落优势种密度季节变化特征

吐新芽，较少重新从土壤萌发，因此 10 月植株平均高度相对较高。灰化薹草 2 月初仅为 5 cm 左右，3 月上旬即增加到 40 多 cm，2～3 月是灰化薹草植株高度生长的关键期。藜蒿平均高度春草期在 7～74 cm，秋草期为 38～52 cm；与灰化薹草类似，2～3 月是高度生长的关键期，4 月后基本保持稳定（图 4-54）。

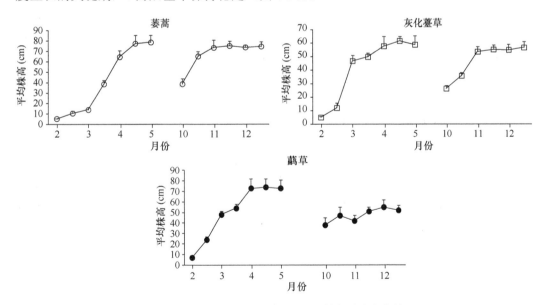

图 4-54　鄱阳湖典型群落优势种平均株高季节变化特征

3. 四独洲洲滩植被群落带优势种高度与群落盖度

（1）优势种高度

2016 年春草期藜蒿平均株高为 78.7 cm，低于上年春草期藜蒿平均株高（89.6 cm），与 2014 年相近。秋草期蒌蒿平均株高为 74.7 cm，略低于春草期，也低于上年秋草期的 79.6 cm。2016 年灰化薹草带优势种平均高度春草期与秋草期分别为 58.7 cm 和 56.5 cm，高于上年春秋草期的 48.3 cm 和 48.2 cm 及 2014 年的 45.7 cm 和 43.7 cm。此外，与往年类似，灰化薹草春草期与秋草期株高均值相近，无显著季节性差异。2016 年藜蒿春草期平均高度为 73 cm，高于上年的 68.2 cm 和 2014 年的 63.7 cm；秋草期藜草高度则下降为 52.2 cm，低于上年的 64.6 cm 和 2014 年的秋草期观测值（69.3 cm）。此外相比较而言，2016 年藜草显示了较高的季节性差异，春草期植株平均高度明显高于秋草期。

泥滩带 2016 年春草期优势种（藜草）高度为 58.7 cm，低于上年春草期的 63.5 cm，但高于 2014 年春草期观测值 51.7 cm，也高于 2013 年的 46.2 cm 和 2012 年的 45.9 cm。秋草期泥滩带优势种高度为 45.5 cm，低于上年的 53.3 cm，主要原因是 2016 年泥滩带秋草期优势种以羊蹄酸模为主。总体而言，典型洲滩植物群落平均株高的年际差异及季节变化，与各年度的春汛期及洪水过程不一致导致植物生长期变化有关。

（2）优势种重要性

2016 年蒌蒿带优势种重要值春草期和秋草期分别为 85 和 80，高于上年度的 76 与 70，与 2014 年相近。优势种重要值的变化表明水情年际变化对高滩植物种群演变具有较大的影响。

灰化薹草带优势种重要值分别为 98（春草期）和 96（秋草期），秋草期低于春草期，与上年的 97 和 98，以及 2014 年和 2013 年测算值相近。这表明灰化薹草群落呈明显单一植物物种构成趋势，群落结构单一，灰化薹草呈现极为明显的优势，年际变化比较稳定。这也说明一旦灰化薹草群落优势种重要值发生显著变化，则意味着鄱阳湖洲滩湿地生态系统结构和功能面临重大胁迫。

藜草群落带优势种 2016 年也显示出较高的重要值，分别为 85（春草期）和 75（秋草期），与上年的 83（春草期）和 82（秋草期）及 2014 年测算值 82（春草期）和 85（秋草期）相近。

总体而言，这 3 种代表性植被群落带均显示出较高的优势种重要值，表明群落结构比较稳定，这也可以认为这 3 种群落带优势种在群落结构与功能上具有主导地位，是鄱阳湖洲滩湿地植被群落演变的重要指示指标。从近几年的观测结果来看，这 3 种植被带优势种重要值年际变化也很小，这也表明湖区代表性洲滩植被群落近年来没有发生比较明显的变化或种群更替。

（3）优势种群落盖度

2016 年春草期蒌蒿带群落盖度为 92%，低于上年的 95%，高于 2014 年的 90% 和 2013 年的观测值（80%）；秋草期盖度则降低至 85%，显著低于春草期，与上年观测值一致，但低于 2014 年和 2013 年同期观测值。灰化薹草带和藜草带均显示出极高的群落盖度，春草期均达到了 100%；秋草期则分别为 100% 和 80%，从 2014~2016 年观测结果看，藜草群落秋草期群落盖度呈持续下降趋势，这可能与洪水退水周期变化有关。2016 年泥滩带春草期群落盖度为 58%，低于上年的 65%，高于 2014 年的 48%

和 2013 年的 50%；2016 年秋草期盖度提高到 75%，略低于上年的 78%，高于 2014 年的 52% 和 2013 年的 70%（表 4-15）。

表 4-15　2016 年鄱阳湖典型洲滩植被带植物优势种高度与群落盖度

洲滩群落带	优势种高度（cm）		优势种重要值		群落盖度（%）	
	春草期	秋草期	春草期	秋草期	春草期	秋草期
蒌蒿带	78.7	74.7	85	80	92	85
灰化薹草带	58.7	56.5	98	96	100	100
藨草带	73.0	52.2	85	75	100	80
泥滩带	58.7	45.5	42	69	58	75

注：优势种高度与群落盖度为各季节多次调查的最高值，下同

4. 四独洲洲滩植被群落地表生物量与生物多样性

（1）地表生物量

2016 年蒌蒿带春草期平均地表生物量为 3235.6 g/m²，略低于上年的 3521.2 g/m²，高于 2014 年的 2893.9 g/m²，以及 2013 年的 2317.8 g/m²；秋草期地表生物量为 2804.3 g/m²，略高于上年的 2612.3 g/m²，低于 2014 年的 2949.3 g/m²，也低于 2013 年秋草期观测值。2016 年灰化薹草带与藨草带春草期地表生物量分别为 2433.9 g/m² 和 1531.7 g/m²，其中灰化薹草带略高于上年观测值 2388.9 g/m²，而藨草则低于上年的 1776.3 g/m²。秋草期两种植被群落带地表生物量分别为 2517.4 g/m² 和 1663.5 g/m²，明显高于上年的 2301.7 g/m² 和 1245.9 g/m²，与 2014 年的 2334.7 g/m² 和 1682.5 g/m² 相近。

2016 年泥滩带春草期平均地表生物量为 920.4 g/m²，略低于上年的 1014.6 g/m²，但显著高于 2014 年的 689.2 g/m² 和 2013 年的 383.5 g/m²，这与近两年泥滩带植物生长期较长有关。2016 年泥滩带秋草期生物量为 872.6 g/m²，略低于春草期，高于上年的 513.4 g/m²，以及 2014 年同期的 639.8 g/m² 和 2013 年的 753.2 g/m²，这与当季水情变化有关。

（2）生物多样性

泥滩带 2016 年显示出最高的植物群落生物多样性，分别为 1.417（春草期）和 1.675（秋草期），与上年生物多样性指数 1.537（春草期）和 1.443（秋草期）相近。4 个群落带 2016 年秋草期显示出较高的群落多样性，都比春草期高，与上年相反。蒌蒿带、灰化薹草带和藨草带 2016 年群落多样性均显示出较明显的季节性差异，即秋草期高于春草期。这与 2016 年秋草期洲滩出露时间较长有关。

灰化薹草和藨草群落与往年类似，多样性相对较低，分别为 0.228 和 0.377（春草期）及 0.254 和 0.729（秋草期）。这两种群落带较为稳定的年际多样性指数变化趋势可作为鄱阳湖洲滩生态系统健康评价的重要指标（表 4-16）。

表4-16 鄱阳湖典型洲滩植被带生物量与群落多样性

洲滩群落带	地表生物量（g/m²）		地下生物量（g/m²）		群落多样性 Shannon-Wiener 指数	
	春草期	秋草期	春草期	秋草期	春草期	秋草期
蒌蒿带	3235.6	2804.3	824.1	779.1	0.721	1.163
灰化薹草带	2433.9	2517.4	752.5	701.5	0.228	0.254
薹草带	1531.7	1663.5	635.4	521.8	0.377	0.729
泥滩带	920.4	872.6	401.3	226.6	1.417	1.675

（本节作者：葛 刚 应智霞 王晓龙 胡中民）

第四节 湿地生态系统洲滩植物生长监测结果

一、白沙湖薹草生长过程形态指标

1. 薹草比叶面积在不同时间随水位梯度的变化趋势

比叶面积是反映叶片光捕获能力的指标，与植物的生长和生存对策有紧密的联系，因此比叶面积一般与植物的生长速率呈正相关，可以表征植物的生长状况。由图 4-55 可以看出，在 2016 年 10 月和 11 月，靠近湖心的第Ⅳ梯度的比叶面积比其他 3 个梯度要高，这是由于靠近湖心的薹草发芽较晚，在 10 月和 11 月正处于快速生长阶段，因此比叶面积偏高。而在其他时间 4 个梯度的比叶面积无太大差异，可能是由于冬天和春天限制植物生长的主要因素是温度等环境要素，而 4 个梯度的环境要素是相同的，因此并没有表现出很大的差异。

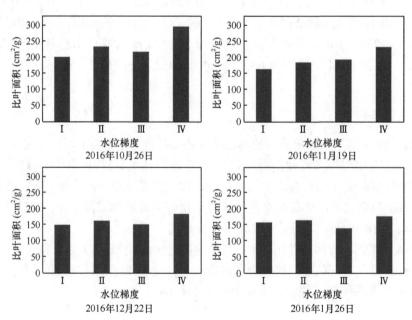

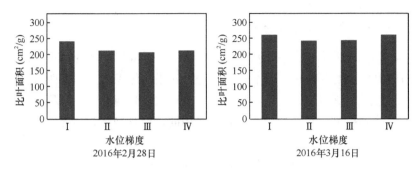

图 4-55 薹草比叶面积不同时间随水位梯度的变化

该监测结果部分将所布设的样点按照地下水位梯度划分为 4 个水位梯度,从岸边到湖心分别用第 I 梯度、第 II 梯度、第III梯度和第IV梯度表示,其中,第 I 梯度最靠近白沙湖岸边,第IV梯度最靠近湖心方向,结果部分都用此水位梯度表示,特此说明,下面不再赘述

2. 薹草比叶面积在同样水位梯度随时间的变化趋势

由图 4-56 可知,从 2016 年 10 月到 2017 年 3 月,4 个梯度的比叶面积都呈现出先减小后增大的趋势,从 2016 年 10 月到 2017 年 1 月逐渐下降并到 1 月降到最低,从 1～3 月又逐渐升高。在 12 月和 1 月,由于温度较低植物生长速率缓慢,此时限制植物比叶面积的环境因子主要是温度。到了 2 月和 3 月,随着温度回升植物重新开始生长,比叶面积升高。

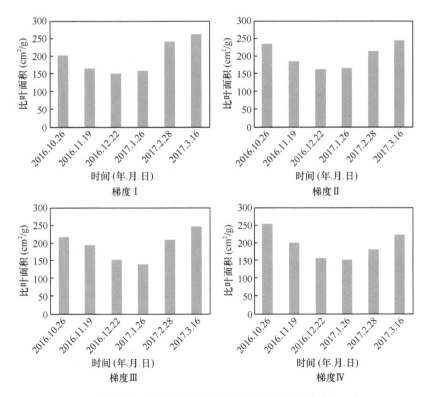

图 4-56 不同梯度薹草比叶面积随时间的变化

3. 相同水位梯度薹草生物量随时间的变化趋势

由图 4-57 中可以看出，每个水位梯度的薹草生物量都是随着时间的延长呈现增加趋势。植物自生长开始生物有机体不断进行光合作用，体积增大、植株增高，在生长过程中生物量会一直呈现增加的趋势。然而由于出露生长时间不同，以及不同水位梯度下土壤含水量等外界条件不同，其增长趋势不尽相同，但是整体趋势是一致的。

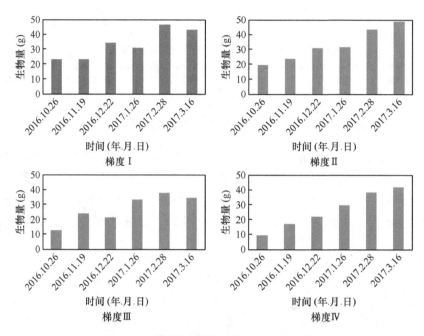

图 4-57　不同梯度薹草生物量随时间的变化

4. 薹草生物量在不同时间随水位梯度的变化趋势

由图 4-58 可知，在 2016 年 10 月由于高程和水位梯度造成不同梯度下土壤出露时间不同，薹草生物量也明显不同，靠近岸边（第 I 梯度）的薹草出露时间早生物量更高，随着向湖心方向（第 IV 梯度）推移出露时间减少，薹草生长时间减少因而造成明显的生物量梯度差异。随着时间推移，由于温度和水分条件充足，最靠近湖心（第 IV 梯度）的薹草在土壤出露发芽之后开始进入快速生长期，其生物量逐渐增加，与其他梯度之间的差异逐渐变小，但依然比其他 3 个梯度的薹草生物量要少。

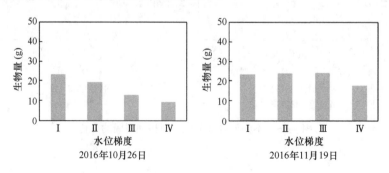

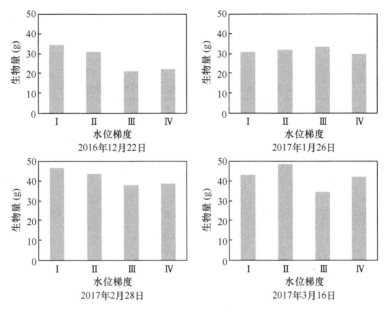

图 4-58　不同时间薹草生物量随水位梯度的变化

5. 鄱阳湖薹草生物量增长曲线的建立

基于植物地上生物量随生长时间的变化，我们分别建立了不同梯度带上描述薹草生长过程的逻辑回归模型（图 4-59）。回归结果表明在 4 个梯度带上薹草地上生物量的增

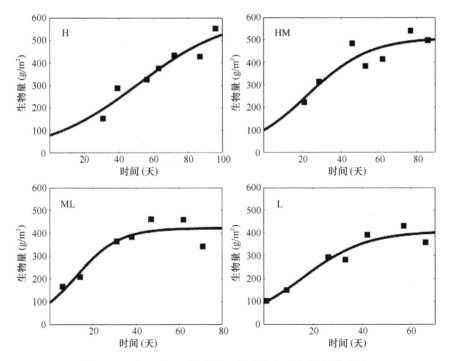

图 4-59　鄱阳湖不同梯度带下薹草生长过程拟合曲线图
H. 高海拔；HM. 中高海拔；ML. 中低海拔；L. 低海拔；下同

长模式都符合逻辑斯蒂增长模型（$R^2>0.8$，$p<0.001$；表 4-17）。因此我们认为根据薹草地上生物量实测值所拟合的逻辑斯蒂增长模型可以代表薹草在秋冬季节的地上生物量增长动态。

表 4-17 逻辑斯蒂生物量模型及其统计参数

梯度带	拟合公式	K	r	a	F	p	R^2	RMSE
H	$y=\dfrac{608.4}{1+e^{1.91-0.038t}}$	608.4	0.038	1.91	225.35	$p<0.001$	0.90	48.52
HM	$y=\dfrac{509.4}{1+e^{1.42-0.063t}}$	509.4	0.063	1.42	115.06	$p<0.001$	0.81	59.72
ML	$y=\dfrac{422.4}{1+e^{1.21-0.10t}}$	422.4	0.10	1.21	104.46	$p<0.001$	0.86	53.2
L	$y=\dfrac{408.2}{1+e^{1.20-0.078t}}$	408.2	0.078	1.20	153.54	$p<0.001$	0.93	38.01

从高海拔梯度带到低海拔梯度带，薹草开始生长的日期分别是 2016 年 9 月 18 日、9 月 28 日、10 月 8 日和 10 月 18 日。鄱阳湖薹草在秋冬季生长季节的地上生物量变化符合 S 形曲线（图 4-59）。最初植物地上生物量相对较小，随着时间的推移地上生物量逐渐增长并达到一个快速生长期。最后其生物量达到顶峰并趋于稳定。随着海拔梯度下降，植物生物量的生长上限值逐渐减小（表 4-18），这表明在本研究中随着薹草生长时间的推迟，薹草可达到的最大地上生物量逐渐减少。在鄱阳湖地区，洪水的退水时间会显著影响植物的生长时间、生长过程及其地上生物量累计过程等。

表 4-18 不同梯度带下薹草生长特性对比表

梯度带	平均生长率（g/d）	最大生长速率（g/d）	达到最大生长率所需时间（d）
H	4.50	5.78	50
HM	4.54	8.02	23
ML	4.46	10.57	12
L	4.34	7.92	15

由薹草生长的逻辑斯蒂曲线可以得到 4 个梯度带下薹草的生长速率曲线（图 4-60）。不同梯度带下的薹草由于其开始生长的时间不同，其生长速率特征也不同。随着海拔

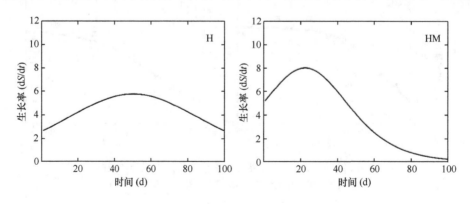

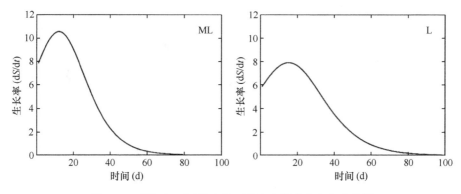

图 4-60　鄱阳湖不同梯度带下薹草生长速率变化曲线图

下降，4 个梯度带下薹草的最大生长速率先增加后减小。结果还显示，最高海拔的薹草达到最大生长速率所需的时间最长，而中低海拔和低海拔的薹草达到最大生长速率所需的时间较短。这表明浅层地下水位更适合薹草的增长。

6. 白沙湖薹草总生物量估算

基于不同海拔梯度下的薹草生长曲线，我们估算了白沙湖薹草的地上总生物量（图 4-61）。其总生物量在秋冬季节的变化也符合 S 形曲线，其增长速率先增加后减小，与薹草的生长过程相一致。白沙湖薹草的地上总生物量在 10 月中旬、11 月中旬和 12 月中旬分别可以达到 221 t、503 t 和 615 t。根据模型的模拟结果，我们还可以知道白沙湖薹草在其生长期内任意时刻的地上生物量分布图。在不同时间内其单位面积的地上生物量分布显著不同（图 4-62）。在 2016 年 10 月，单位面积地上生物量为 $0.1 \sim 0.2 \ kg/m^2$ 的薹草，其分布面积占白沙湖总面积的 41.13%。然而到了 12 月，单位面积地上生物量大于 $0.4 \ kg/m^2$ 的薹草，其分布面积占白沙湖总面积的 71.96%。

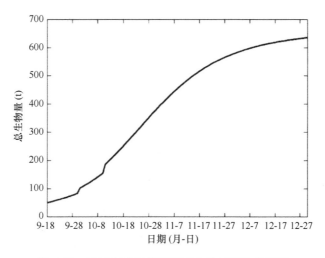

图 4-61　2016 年白沙湖薹草总生物量变化趋势图

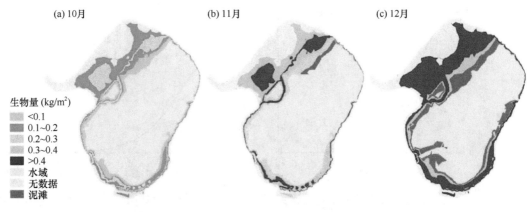

(a) 10月   (b) 11月   (c) 12月

生物量 (kg/m²)
<0.1
0.1~0.2
0.2~0.3
0.3~0.4
>0.4
水域
无数据
泥滩

图 4-62   2016 年不同时期薹草生物量分布图

7. 白沙湖薹草生物量估算的验证

在本研究中 2017 年 1 月的野外采样数据被用于检验逻辑斯蒂模型所预测生物量的精确度。实测值和模型预测值之间的对比散点图显示,大部分地上生物量验证值位于 1∶1 线附近（图 4-63）。有些地上生物量预测值大于实测值，还有一些预测值则小于实测值。研究中还计算了实测值和预测值之间的相对误差（RE）用于验证生物量估算的精度，结果显示大部分相对误差值都很小。所有的相对误差值都位于–30%～30%，其中位于–20%～20%的相对误差占 75%（图 4-64）。这些验证结果都表明，利用逻辑斯蒂模型预测植物的地上生物量其精确度较高。

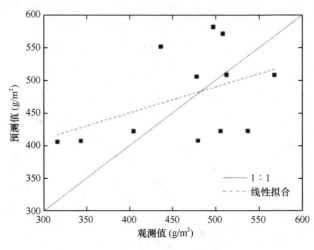

图 4-63   生物量观测值和预测值

8. 不同时间薹草生物量沿水位梯度的分布格局

根据高斯模型分析不同时间薹草生物量分布格局的研究结果表明，在鄱阳湖地区，水文过程会影响薹草生物量的分布（图 4-65）。在鄱阳湖刚退水阶段，薹草的生物量与地下水位梯度呈线性关系，即随着地下水位升高，薹草生物量减少。这是由于随着地下

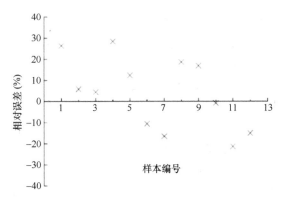

图 4-64　生物量估算的相对误差

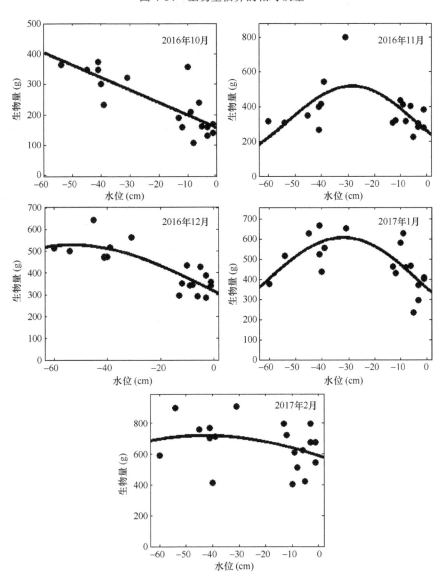

图 4-65　不同时间薹草生物量沿水位梯度的分布格局

水位升高，土壤出露时间逐渐较少，植物生长时间也逐渐变短，故此时的生物量与地下水位呈显著负相关（R^2=0.70，p<0.001）。随着薹草逐渐生长，到 11 月、12 月和 1 月，此时薹草的生物量分布显著符合高斯模型，模型拟合的 R^2 分别为 0.34、0.67 和 0.48（p<0.001）（表 4-19）。此结果表明地下水位太高或者太低，其生物量都相对较小，生物量最大的区域分布在地下水位呈中间状态的区域。地下水位太低会使得土壤含水率较小，植物的生长明显受到抑制；而地下水位太高，植物生长时间短，其生物量也较小。在地下水位为–30 cm 的区域，植物生长时间较长，土壤含水量又较丰富，属于薹草最适宜的生长环境，其生物量较大。到 2017 年 2 月，其生物量分布依然符合高斯模型，但此时方程的拟合效果较差，R^2 为 0.11，说明此时地下水位并不是影响薹草生物量分布的主要因素。

表 4-19　不同时间薹草生物量的高斯分布方程及参数值

日期（年-月）	拟合公式	R^2	p
2016-10	y=−4.126x+157.1	0.70	p<0.001
2016-11	y=517.5exp[−0.5(x+28.44)^2/24.23^2]	0.34	p<0.001
2016-12	y=527.9exp[−0.5(x+53.3)^2/52.68^2]	0.67	p<0.001
2017-1	y=606.4exp[−0.5(x+31.95)^2/30.98^2]	0.48	p<0.001
2017-2	y=717.5exp[−0.5(x+42.99)^2/67.5^2]	0.11	p<0.001

9. 不同年份不同水文梯度下薹草性状差异

研究发现，薹草不同的形态性状随生长时间的变化趋势不同（图 4-66）。不同水位梯度下薹草的株高/株重和比叶面积随时间推移整体呈下降趋势，而茎秆直径、叶面积指数和生物量则随时间变化整体呈上升趋势。但在不同时刻，不同梯度间性状的差异不同。例如，在 10～11 月，4 个梯度间的比叶面积显著不同。但在生长末期 2017 年 1～2 月，高海拔、中高海拔和中低海拔梯度间的比叶面积差异不显著。对不同时间比叶面积沿高程梯度的分布格局的研究结果表明，比叶面积沿高程梯度的分布存在显著的线性关系（图 4-67）（p<0.01），即随着高程梯度上升，薹草的比叶面积呈下降趋势。结果表明在退水季节的任意时刻低海拔梯度的薹草光合作用能力更强，植物生长速率更大。

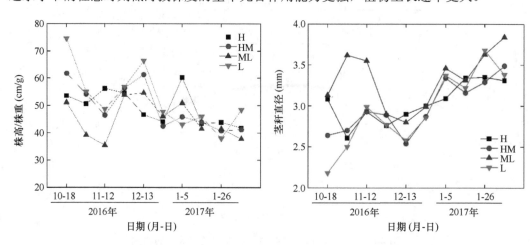

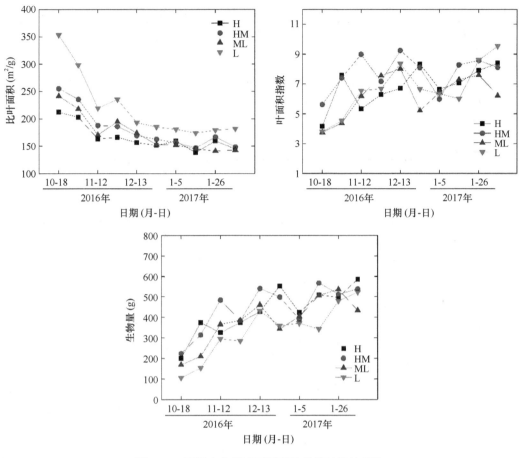

图 4-66　不同水文梯度下薹草性状随时间的变化

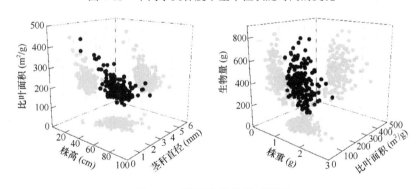

图 4-67　薹草性状关系三维图

10. 不同水位梯度下薹草形态性状特征

对生长末期即成熟期的薹草形态性状值进行分析，发现不同性状的变异情况不同（表 4-20）。其中，薹草叶面积指数的变异最大，最大值是最小值的 4 倍，变异系数为 28.22%；其次是株重（CV=26.27%）和生物量（CV=23.77%）；而茎秆直径的变异系数（CV=8.73%）最小。其他性状的变异系数在 10%～20%。

表 4-20 不同水位梯度下薹草的性状特征 ($n=57$)

性状	均值±标准误	最小值	最大值	变异系数 CV（%）
株高（cm）	45.01±7.93	31.83	76.90	17.62
株重（g）	1.14±0.30	0.61	2.17	26.27
株高/株重（cm/g）	42.55±8.04	28.29	59.98	18.90
茎秆直径（mm）	3.43±0.30	2.83	4.45	8.73
比叶面积（m²/g）	155.86±23.30	102.64	201.17	14.95
叶面积指数	7.77±2.19	3.27	13.89	28.22
生物量（g/m²）	499.19±118.67	235.04	800	23.77

11. 薹草形态性状之间的相关关系

多元回归结果显示，薹草的比叶面积与株高和茎秆直径都有显著的负相关关系（比叶面积=404.552–1.435×株高–49.751×茎秆直径）（$R^2=0.37$，$p<0.001$）（图 4-67）。即对于任何株高的薹草，其比叶面积都随茎秆直径的增加而减小；对于任何茎秆直径的薹草，其比叶面积都随株高的增加而减小。同理，薹草的生物量与株重存在显著的正相关关系，而与比叶面积存在显著的负相关关系（生物量=43.325+1.007×株重–0.107×比叶面积）（$R^2=0.37$，$p<0.001$）。即薹草的生物量随株重的增加而增加，随比叶面积的增加而减小。

对植物形态性状之间的相关关系的研究结果显示，除叶面积指数以外，薹草的各个形态性状之间都存在显著的相关性（$p<0.05$）（表 4-21）。其中，比叶面积与株高株重之比呈极显著正相关，与其他性状之间都呈极显著负相关。株高/株重与叶片长度、叶面积指数相关性不强，除了与比叶面积以外，与其他性状均呈显著负相关。叶面积指数只与比叶面积呈显著负相关，与生物量呈极显著正相关，与其他性状均无显著相关性。性状间存在的密切关系表明，薹草任何一个性状所发挥的功能可能会影响到其他性状，并且该性状的表达也受到其他性状的影响。

表 4-21 植物形态性状之间的相关关系

	株高	株重	株高/株重	叶片长度	茎秆直径	鞘高	比叶面积	叶面积指数
株重	0.634**	—						
株高/株重	−0.191**	−0.784**	—					
叶片长度	0.965**	0.555**	−0.121	—				
茎秆直径	0.322**	0.726**	−0.739**	0.249**	—			
鞘高	0.645**	0.572**	−0.309**	0.424**	0.389**	—		
比叶面积	−0.404**	−0.477**	0.472**	−0.278**	−0.560**	−0.588**	—	
叶面积指数	0.134	0.117	−0.075	0.118	0.061	0.124	−0.173*	—
生物量	0.244**	0.317**	−0.279**	0.149*	0.319**	0.413**	−0.605**	0.851**

* 显著水平达到 $p<0.05$；

**显著水平达到 $p<0.01$

12. 薹草形态性状与环境因子之间的相关关系

对不同时间不同海拔梯度下土壤环境因子进行对比（表 4-22），发现不同水位梯度下土壤物理特性如土壤 pH、土壤含水率和土壤容重不同，土壤养分含量如土壤有机质、土壤总氮（TN）和土壤总磷（TP）等也不同。不同时间下土壤 pH 和土壤含水率均随着海拔梯度下降逐渐增加，而土壤容重沿海拔梯度下降逐渐减小。在 10 月鄱阳湖刚退水阶段，中低海拔梯度的土壤养分含量最大，低海拔梯度的养分含量最小，到 12 月则反之。到了植物生长末期即 2017 年 2 月表现为中低海拔梯度的土壤养分含量最大，而中高海拔梯度的土壤养分含量最小。

表 4-22　不同时间不同水位梯度下土壤环境因子对比表

时间 （年-月-日）	水位 梯度	土壤 pH	土壤含水率 （%）	土壤容重 （g/cm³）	土壤有机质 （g/kg）	TC（g/kg）	TN（g/kg）	TP（mg/kg）
2016-10-15	H	4.25±0.12	0.30±0.05	0.60±0.05	0.66±0.11	0.80±0.08	0.07±0.02	123.88±10.80
	HM	4.34±0.04	0.36±0.05	0.55±0.06	0.93±0.25	0.97±0.25	0.10±0.02	123.36±10.83
	ML	4.49±0.08	0.37±0.10	0.07±0.06	1.39±0.31	1.41±0.46	0.12±0.03	118.69±12.19
	L	4.81±0.05	0.57±0.20	0.06±0.01	0.54±0.13	0.65±0.14	0.07±0.01	108.54±8.79
2016-12-15	H	4.62±0.11	0.31±0.02	0.67±0.07	2.25±0.04	1.30±0.02	0.14±0.00	328.50±44.09
	HM	4.68±0.05	0.34±0.03	0.57±0.04	1.86±0.08	1.08±0.05	0.11±0.01	321.13±32.41
	ML	4.88±0.08	0.32±0.06	0.42±0.09	0.88±0.28	0.51±0.16	0.06±0.02	290.78±76.82
	L	5.07±0.03	0.56±0.20	0.32±0.13	0.77±0.09	0.45±0.05	0.04±0.01	246.38±67.08
2017-2-15	H	4.91±0.09	0.36±0.02	0.60±0.09	1.66±0.52	1.23±0.36	0.11±0.04	345.30±35.59
	HM	4.99±0.10	0.34±0.02	0.66±0.06	1.33±0.45	0.93±0.28	0.08±0.03	316.40±28.20
	ML	5.09±0.05	0.42±0.05	0.45±0.11	2.06±0.70	1.33±0.48	0.16±0.10	361.20±69.19
	L	5.17±0.13	0.35±0.06	0.55±0.13	1.67±0.77	1.07±0.49	0.10±0.05	337.55±33.98

对植物形态性状与土壤环境因子进行相关分析（表 4-23），结果显示，土壤 pH 与株高和叶片长度呈显著负相关，与茎秆直径呈极显著正相关，与其他形态性状无显著相关性。土壤含水率与株高/株重和比叶面积呈极显著正相关，与叶片长度和叶面积指数相关性不强，与其他性状均呈显著或极显著负相关。土壤容重与鞘高、叶面积指数和生物量呈极显著正相关，与比叶面积呈极显著负相关，与其他性状无显著相关性。土壤有机质和土壤总碳（TC）与多数性状都有相关性，土壤有机质只与叶片长度相关性不强，与其他性状均显著或极显著相关。土壤总碳与叶面积指数和生物量相关性不强，与其他性状都有相关性。土壤有机质及土壤养分含量（总碳、总氮和总磷）均与株高/株重和比叶面积呈极显著负相关，与其他性状（除总氮与叶面积指数）则呈正相关。

表 4-23　植物形态性状与土壤环境因子之间的相关关系

性状	土壤 pH	土壤含水率	土壤容重	土壤有机质	TC	TN	TP
株高	−0.182*	−0.162*	0.135	0.143*	0.198**	0.132	0.004
株重	−0.013	−0.247**	0.057	0.242**	0.285**	0.248**	0.131
株高/株重	−0.086	0.326**	−0.096	−0.230**	−0.216**	−0.227**	−0.233**
叶片长度	−0.169*	−0.107	0.060	0.106	0.185*	0.066	−0.079
茎秆直径	0.266**	−0.237**	0.088	0.330**	0.329**	0.329**	0.332**
鞘高	−0.139	−0.247**	0.295**	0.191**	0.151*	0.273**	0.248**
比叶面积	0.007	0.435**	−0.482**	−0.405**	−0.194**	−0.266**	−0.601**
叶面积指数	0.018	0.000	0.320**	0.189**	0.004	−0.069	0.286**
生物量	0.045	−0.180*	0.486**	0.387**	0.129	0.107	0.567**

* 显著水平达到 $p<0.05$；

** 显著水平达到 $p<0.01$

二、白沙湖薹草生长过程营养指标

1. 薹草蛋白质含量随水位梯度和时间的变化趋势

(1) 薹草蛋白质含量在不同时间随水位梯度的变化趋势

从图 4-68 可以看出，从 2016 年 10 月至 2017 年 2 月沿湖岸边到湖心梯度，即由第 Ⅰ 到第 Ⅳ 水位梯度，薹草叶片内蛋白质含量大体上呈增加趋势。靠近岸边（第 Ⅰ 和第 Ⅱ 水位梯度）的薹草生长时间早，蛋白质含量偏低，而靠近湖心（第Ⅲ和第Ⅳ水位梯度）的薹草生长时间晚，一直处于较嫩的阶段，蛋白质含量较高。对雁类取食的大量研究都表明，雁类更喜欢取食较嫩的薹草，虽然其生物量比较低，结合蛋白质含量的变化我们可以猜测，雁类取食较嫩的薹草很有可能是由于薹草嫩叶所含的蛋白质含量更高，可以为雁类提供其生长所需的氨基酸。

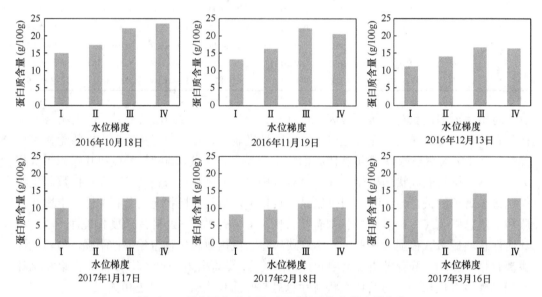

图 4-68　薹草蛋白质含量不同时间随水位梯度的变化

(2) 薹草蛋白质含量在同样水位梯度随时间的变化趋势

图 4-69 表明，在雁类越冬季从 2016 年 10 月到 2017 年 3 月，4 个水位梯度上薹草叶片内蛋白质的含量都呈现先减小后增加的趋势，在 2017 年 2 月降低到最小值，到 3 月又增加。这是由于薹草从 9 月左右湖水退水的时间开始生长，随着温度降低生长速率先增大后减少，到 2 月由于气温较低停止生长且薹草变黄，因此 2 月薹草内蛋白质含量达到最低值。随着 3 月温度升高薹草又开始新一轮春草的生长，蛋白质含量也升高。

2. 薹草营养性状随时间的变化特征

本研究对生长期内薹草叶片的营养物质含量进行统计分析，发现不同营养物质的变异情况不同（表 4-24）。其中，薹草叶片脂肪含量的变异系数最大，为 59.29%；其次是

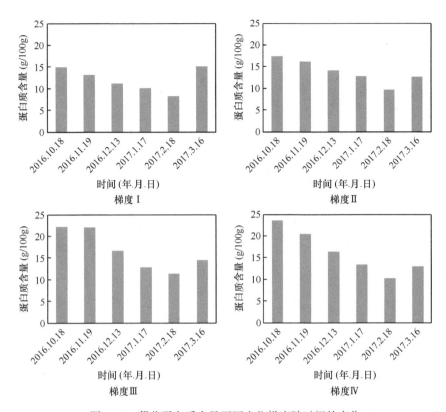

图 4-69 薹草蛋白质含量不同水位梯度随时间的变化

表 4-24 薹草的营养性状特征（n=78）

营养物质	均值±标准误	最小值	最大值	变异系数 CV（%）
蛋白质（%）	21.73±5.94	8.33	30.0	27.34
脂肪（%）	3.12±1.85	0.17	9.97	59.29
粗纤维（%）	21.19±4.79	12.60	37.80	22.61
碳水化合物（%）	60.54±6.57	47.50	73.20	10.85
总能值（kJ/100 g）	1514.14±64.80	1321.00	1640.00	4.28
淀粉（%）	14.27±2.70	8.80	20.30	18.92
总碳（%）	42.70±1.42	32.70	45.00	3.33
总氮（%）	2.90±0.96	1.34	4.83	33.10

总氮含量（CV=33.10%）和蛋白质含量（CV=27.34%）；而总碳含量和总能值的变异系数相对小，分别为3.33%和4.28%。其他营养物质含量的变异系数在10%~25%。

　　由分析结果可知，薹草叶片内不同营养物质含量随时间呈现出不同的变化趋势（图 4-70）。蛋白质含量随时间呈线性变化（R^2=0.81，p<0.01），随着薹草的生长其蛋白质含量逐渐下降。脂肪含量随时间的变化特征与蛋白质类似，都随时间变化呈线性下降趋势（R^2=0.59，p<0.01）。表明刚发芽的薹草蛋白质和脂肪含量都较高，随着薹草生长其含量逐渐下降。

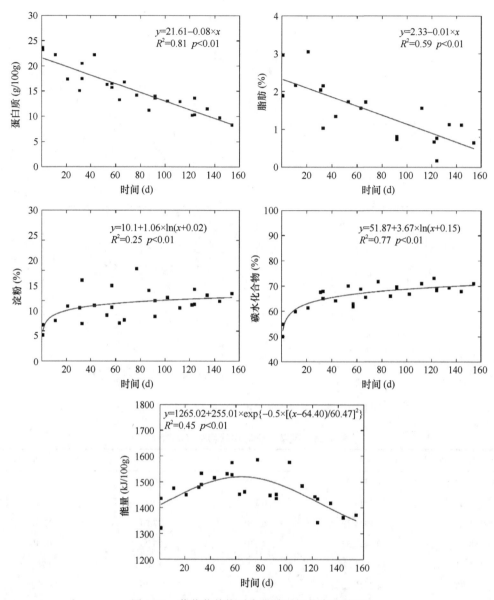

图 4-70　薹草营养物质含量随时间的变化特征

　　薹草叶片内淀粉含量和碳水化合物含量随时间呈现出相似的变化趋势，即随时间呈对数增长趋势（$P < 0.01$）。表明薹草刚发芽时其叶片淀粉含量和碳水化合物含量都较小，随着薹草生长其含量进入短暂的迅速增长期，随后趋于稳定并保持缓慢增长趋势。

　　薹草叶片内能量值随着时间呈现先增加后减小的变化趋势（$R^2 = 0.45$，$p < 0.01$），即两边低、中间高的分布趋势，表明薹草发芽期和成熟期的能量值都较小，而在旺盛生长期其能量值最大。

　　对薹草叶片内营养物质含量之间的相关关系的研究结果显示，不同营养物质含量之间的相关性存在很大差异（表 4-25）。蛋白质含量与脂肪含量、能值和总氮呈极显著正相关

（p<0.01），与淀粉含量和碳水化合物呈显著和极显著负相关，与总碳相关性不强。脂肪含量与碳水化合物呈极显著负相关，与能值、总氮呈极显著正相关（p<0.01）。纤维素含量与蛋白质含量、脂肪含量呈极显著负相关，与其他营养物质之间均相关性不强。淀粉含量与碳水化合物呈显著正相关，与总氮呈显著负相关（p<0.05）。碳水化合物与总碳呈极显著正相关，与总氮呈极显著负相关（p<0.01）。能值与总碳呈极显著正相关（p<0.01），与其他营养物质相关性不强。

表 4-25　植物营养性状之间的相关关系

营养物质	蛋白质	脂肪	纤维素	淀粉	碳水化合物	能值	总碳
脂肪	0.857**	—					
纤维素	−0.534**	−0.599**	—				
淀粉	−0.372*	−0.091	−0.025	—			
碳水化合物	−0.886**	−0.806**	0.334	0.365*	—		
能值	0.450**	0.635**	−0.323	0.334	−0.146	—	
总碳	0.003	0.011	−0.431	0.157	0.554**	0.744**	—
总氮	0.997**	0.604**	0.180	−0.384*	−0.759**	0.148	−0.011

* 显著水平达到 p<0.05；
** 显著水平达到 p<0.01

3. 不同时间植物营养元素的分布特征

对研究区域不同时间薹草叶片总氮含量的分布格局分析结果表明，总氮含量沿高程梯度的分布在不同时期存在差异。在薹草生长阶段的 10～12 月，薹草叶片的总氮含量与高程梯度呈线性关系（p<0.01），即随着高程梯度上升，薹草叶片的总氮含量呈下降趋势。到生长末期，即 2017 年 1～2 月，不同高程下薹草叶片的总氮含量趋于一致（p>0.01），不随高程梯度的变化而改变。由结果还可以看出，薹草叶片的总氮含量随时间整体呈下降趋势，即随着薹草的生长叶片内总氮含量逐渐降低，其变化特征与蛋白质含量的变化趋势保持一致。本研究中，低海拔梯度的薹草生长时间较晚，相同时间下比高海拔区域的薹草更鲜嫩，因此其光合作用能力强，蛋白质含量和总氮含量也较大（图 4-71）。

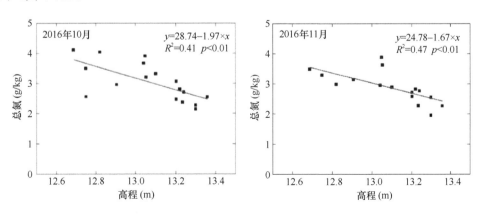

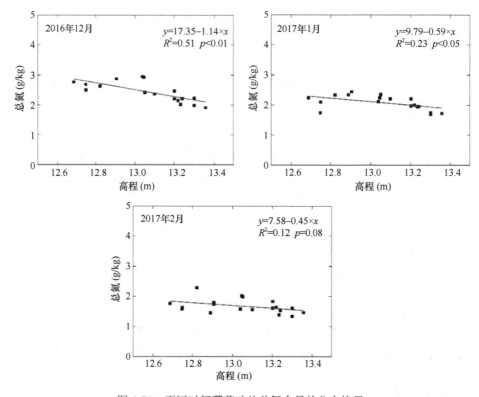

图 4-71　不同时间薹草叶片总氮含量的分布格局

三、白沙湖薹草生长过程形态指标与营养指标的关系

1. 薹草营养性状与株高的相关关系

对薹草叶片内营养物质含量与株高的关系进行分析,结果表明,薹草植物体内不同营养物质含量随株高呈现出不同的变化趋势(图 4-72)。其中,蛋白质含量和脂肪含量都随着薹草株高的增加呈下降趋势($p<0.01$)。表明刚发芽的薹草叶片蛋白质和脂肪含量都较高,随着薹草生长其含量逐渐下降。纤维素含量和碳水化合物含量则随着薹草株高的增加呈增长趋势($p<0.01$)。薹草生长得越高,纤维素含量和碳水化合物含量也随之升高。研究结果还表明薹草叶片内能量值与株高无相关关系。

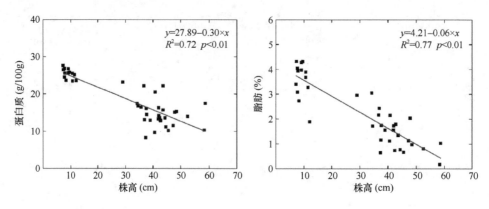

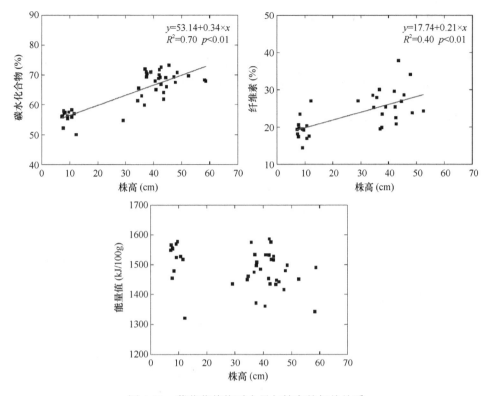

图 4-72 薹草营养物质含量与株高的相关关系

2. 薹草营养性状与形态性状间的耦合关系

研究薹草植物体内营养物质含量与形态性状之间的相关关系，结果显示，不同营养物质含量与形态性状间的相关性差异较大（表 4-26）。蛋白质含量与株高/株重呈极显著正相关，与叶片长度和比叶面积相关性不强，与其他性状均呈极显著负相关。脂肪含量只与株高/株重呈极显著正相关，与比叶面积相关性不强，与其他性状均呈显著或极显著负相关。纤维素含量与株高、株高/株重呈极显著、显著正相关，与叶面积指数呈极显著负相关，与其他形态性状均相关性不强。淀粉含量只与株高呈显著正相关，与其他形态

表 4-26 植物营养性状与形态性状之间的相关关系

性状	株高	株重	株高/株重	叶片长度	茎秆直径	鞘高	比叶面积	叶面积指数	生物量
蛋白质	−0.852**	−0.703**	0.762**	−0.267	−0.697**	−0.549**	0.283	−0.568**	−0.680**
脂肪	−0.882**	−0.696**	0.561**	−0.443*	−0.672**	−0.407*	0.192	−0.467*	−0.507**
纤维素	0.650**	−0.279	0.483*	0.347	0.008	−0.489*	−0.132	−0.685**	0.605**
淀粉	0.381*	0.161	−0.289	0.096	0.192	0.053	−0.172	0.213	0.256
碳水化合物	0.843**	0.588**	−0.653**	0.369*	0.587**	0.689**	−0.437*	0.480**	0.664**
能值	0.146	−0.245	0.133	0.115	−0.058	0.100	−0.554**	−0.240	0.020
总碳	0.396*	0.124	−0.194	0.266	0.179	0.361*	−0.470**	0.048	0.264
总氮	−0.492**	−0.707**	0.764**	−0.286	−0.726**	−0.535**	0.308	−0.547**	−0.667**

* 显著水平达到 $p < 0.05$；

** 显著水平达到 $p < 0.01$

性状均相关性不强。碳水化合物与株高/株重、比叶面积呈显著负相关,与其他形态性状均呈极显著或显著正相关。能值只与比叶面积呈极显著负相关,与其他性状均相关性不强。总碳与株高、鞘高呈显著正相关,与比叶面积呈极显著负相关,与其他性状均相关性不强。总氮与形态性状的相关性与蛋白质含量与形态性状的相关性保持一致。

四、常湖池薹草生长过程

1. 薹草株高和地上生物量

对监测结果(图 4-73～图 4-75)进行分析,发现春季薹草的整个生长期呈现"慢—快—慢"的生长趋势。随着测量时间的增加,光照强度的增强,温度的升高,株高、植冠和地上生物量也在增加。

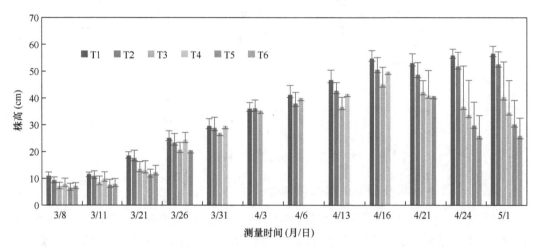

图 4-73 株高随测量时间的变化
T1～T6 代表从湖岸边到湖心的 6 个梯度,其中 T1 靠近岸边,T6 靠近湖心水体

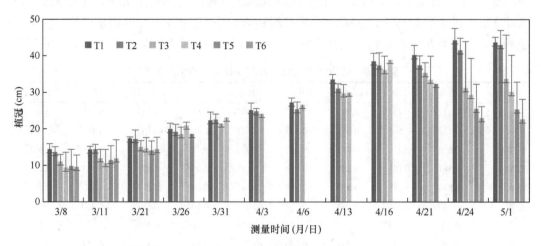

图 4-74 植冠随测量时间的变化
T1～T6 代表从湖岸边到湖心的 6 个梯度,其中 T1 靠近岸边,T6 靠近湖心水体

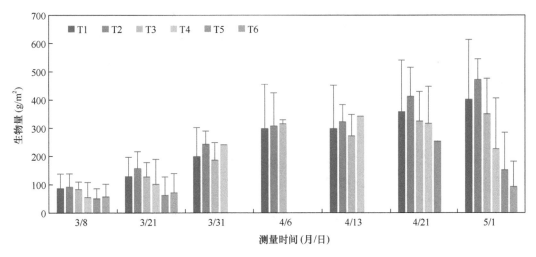

图 4-75　生物量随测量时间的变化

T1～T6 代表从湖岸边到湖心的 6 个梯度，其中 T1 靠近岸边，T6 靠近湖心水体

由于鄱阳湖独特的水文特征，洪水季节薹草地上部分全部被水淹没，洪水退后，薹草迅速进入萌发期并开始生长，于 12 月左右完成第一个生长期；随后 1 月至 2 月初由于持续低温，薹草植株进入相对休眠期，地上部分枯黄，2 月底到 3 月，随着气温上升，薹草萌发新的无性系植株并开始生长。监测中期，赣江水位的上升导致江水倒灌，淹没部分监测样地，对结果有一定的影响，延缓了低梯度植被的生长。退水后，被淹没的植株快速生长，最终达到稳定值。一般而言，薹草在长期进化过程中，形成了与鄱阳湖生态环境相适应的生理生态机制，即在洪水淹没植株之前，迅速完成其生命周期。

不同高程梯度的薹草长势具有一定差异性，原因可能是各高程梯度间的样地的出露时间不同和间断水位波动。出露时间的不同，导致植株有效积温的差异，使得各梯度植被累积生物量不同，高梯度植被能够累积更多的生物量。

因此，我们基于以上研究数据，对不同水位梯度薹草的生长过程曲线（株高和地上生物量）进行拟合，结果发现，4 个水位梯度的薹草生长过程曲线均呈逻辑斯蒂分布，并且薹草的地上生物量与株高呈显著正相关。

2. 薹草株高和地上生物量动态变化

2017 年 3 月，从湖岸到湖心所有梯度薹草的初始测量值平均株高为（11.07±3.2）cm、（8.77±2.54）cm、（8.15±2.7）cm、（8.99±2.87）cm，地上生物量为（92.49±48.85）g/m²、（97.70±36.27）g/m²、（116.07±33.1）g/m²、（102.31±29.25）g/m²。试验期间，薹草的平均株高和地上生物量逐渐增加。并于 5 月达到最大值，此时 TⅠ、TⅡ、TⅢ、TⅣ平均株高分别为（60.95±5.73）cm、（58.63±6.48）cm、（52.74±5.81）cm、（53.19±6.84）cm，地上生物量分别为（598.8±141.52）g/m²、（537.8±147.97）g/m²、（500.2±112.9）g/m²、（428.4±76.1）g/m²。各梯度薹草平均株高（$F=4.31$，$p<0.05$）和地上生物量（$F=9.28$，$p<0.05$）差异显著，样地之间薹草平均株高（$F=6.4$，$p<0.05$）和地上生物量（$F=10.62$，

$p<0.05$）也呈现显著差异。当薹草生长达到最大值时，各梯度株高表现为 TⅠ＞TⅡ＞
TⅣ＞TⅢ，地上生物量表现为 TⅠ＞TⅡ＞TⅢ＞TⅣ（图 4-76）。薹草的株高和地上
生物量符合逻辑斯蒂增长模型，且拟合效果较好，相关系数值均在 0.92 以上（表
4-27）。

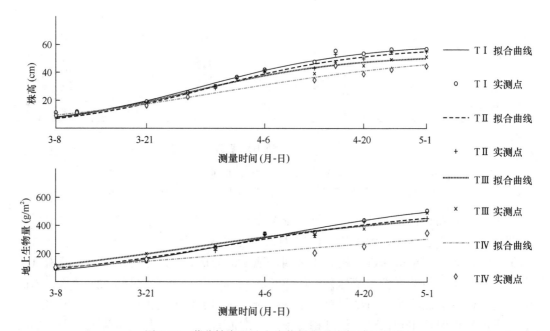

图 4-76 薹草株高和地上生物量春季生长过程曲线
TⅠ～TⅣ代表从湖岸边到湖心的 4 个梯度，其中 TⅠ靠近岸边，TⅣ靠近湖心水体；下同

表 4-27 4 个梯度株高和地上生物量拟合方程

梯度	指标	拟合曲线方程	相关系数（R^2）
Ⅰ	株高	$f(t)=60.95/[1+\exp(1.982-0.088\ 36\times t)]$	0.986
Ⅱ	株高	$f(t)=58.63/[1+\exp(2.102-0.089\ 93\times t)]$	0.984
Ⅲ	株高	$f(t)=52.73/[1+\exp(1.845-0.089\ 36\times t)]$	0.972
Ⅳ	株高	$f(t)=53.19/[1+\exp(1.613-0.063\ 02\times t)]$	0.969
Ⅰ	地上生物量	$f(t)=598.8/[1+\exp(1.76-0.065\ 13\times t)]$	0.986
Ⅱ	地上生物量	$f(t)=537.8/[1+\exp(1.629-0.066\ 2\times t)]$	0.970
Ⅲ	地上生物量	$f(t)=500.3/[1+\exp(1.231-0.062\ 45\times t)]$	0.946
Ⅳ	地上生物量	$f(t)=428.5/[1+\exp(1.21-0.040\ 77\times t)]$	0.921

3. 地上生物量与株高的关系

对薹草的地上生物量和株高进行拟合分析（图 4-77），表明地上生物量和株高之间
存在显著正相关（$R^2=0.70$，$p<0.01$）。薹草地上生物量与株高生长关系的拟合方程为
$f(x)=8.529x-14.48$。

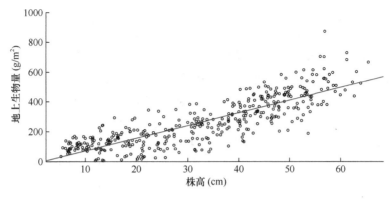

图 4-77 薹草地上生物量和株高的关系

（本节作者：李 雅 孟竹剑 张全军 段 明）

第五节 鄱阳湖湿地生态系统洲滩植物分解监测结果

一、不同地下水位梯度植物分解过程及动态模拟

1. 生物量动态变化及模拟

不同地下水位梯度植物分解过程中干物质残留率随时间的变化如图 4-78 所示。分解 180 天后，分解袋内残留生物量分别为初始值的 55.58%±2.15%（GT-L）、58.05%±7.87%（GT-LM）、54.95%±4.08%（GT-MH）、57.17%±2.59%（GT-H）。方差分析表明，除分解后第 30 天和第 60 天地下水位梯度对生物量衰减过程具有影响外，其余分解时间段各地下水位梯度植物生物量分解过程无显著性差异（$p>0.05$）。

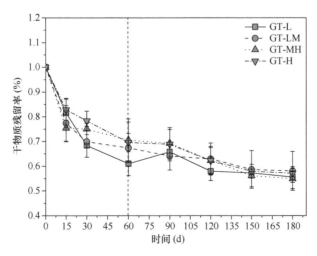

图 4-78 植物枯死物干物质残留率时间动态

GT-L. 低地下水位梯度，GT-LM. 中低地下水位梯度，GT-MH. 中高地下水位梯度，GT-H. 高地下水位梯度

由于组成分解底物的成分类型复杂，既有易于分解的糖类和低分子酚类物质，也有难于分解的纤维素、木质素类物质。传统的指数衰减模型并不能有效模拟植物分解过程。本研究中将底物中的分解物质分成易分解和难分解两种组分，构建了二分室动力衰减模型，并对不同地下水位梯度植物生物量衰减过程进行了模拟。

利用二分室动力衰减模型对生物量衰减过程进行数值模拟（图 4-79a），GT-L、GT-LM、GT-MH 和 GT-H 梯度范围内生物量衰减模型 $RMSE$ 值分别为 0.04、0.06、0.05、0.05，SSE 值分别为 0.03、0.13、0.12、0.10，模型拟合效果可靠。根据模型模拟结果，分解过程总体分为 3 个阶段：分解初期（0～20 天），生物量残留率为 GT（L&LM）>GT（H&MH）；分解过程中期（20～200 天），生物量残留率为 GT-（MH&H）>GT-LM>GT-L；分解后期（200 天以上），生物量残留率则变为 GT-L>GT-LM>GT（MH&H），其中 GT-MH 和 GT-H 生物量残留率在分解过程中无明显差异。选取二分室动力衰减模型中 2 个分室的指数模型模拟分解过程中易分解组分和难分解组分的生物量衰减过程（图 4-79b、c），易分解组分在高地下水位梯度（GT-MH、GT-H）的衰减过程明显快于低地下水位梯度（GT-L、GT-LM）；难分解组分则分为两个分解阶段，在 150～200 天内有一个转折点，与生物量二分室动力衰减模型在分解 200 天左右时的变化规律一致。

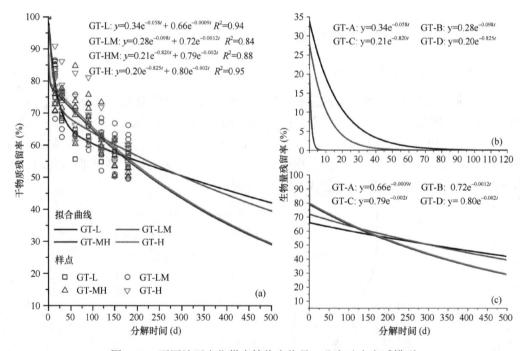

图 4-79　不同地下水位梯度植物生物量二分室动力衰减模型

（a）二分室动力衰减模型模拟曲线；（b）易分解组分动力衰减模拟曲线；（c）难分解组分动力衰减模拟曲线；
GT-L. 低地下水位梯度；GT-LM. 中低地下水位梯度；GT-MH. 中高地下水位梯度；GT-H. 高地下水位梯度

对生物量二分室动力衰减模型及不同分室的指数衰减模型进行求导，得到分解过程中平均衰减速率随时间的动态模型（图 4-80）。分解过程前 20 天左右，生物量衰减速率与易分解组分的衰减速率基本一致，易分解组分衰减速率控制着分解前期的总体进程；而分解 200 天后，生物量衰减速率与难分解组分基本一致，难分解组分衰减速率控制分解后期的总体进程。根据模型参数 α、k_1 和 k_2 求得分解达到稳定状态时所用时间分别为718.23 天（GT-L）、594.49 天（GT-LM）、387.86 天（GT-MH）、403.16 天（GT-H）。

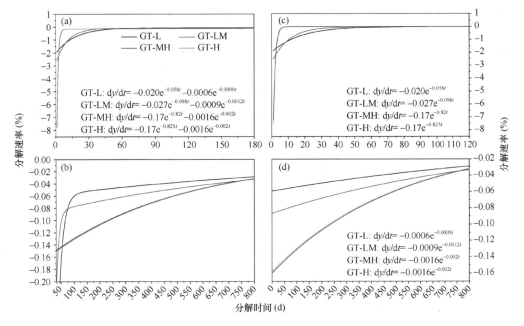

图 4-80　不同地下水位梯度植物生物量衰减速率模型模拟

（a）二分室动力衰减模拟曲线（0~180 天）；（b）二分室动力衰减模拟曲线（50~800 天）；（c）易分解组分动力衰减模拟曲线；（d）难分解组分动力衰减模拟曲线；GT-L. 低地下水位梯度；GT-LM. 中低地下水位梯度；GT-MH. 中高地下水位梯度；GT-H. 高地下水位梯度

2. 碳、氮、磷动态变化及模拟

（1）碳、氮、磷元素浓度动态变化

不同地下水位梯度，分解残体中 TOC 和 TN 浓度没有明显的下降趋势（图 4-81）。分解过程启动后，GT-H 分解残体中 TOC 浓度迅速降低，并始终保持最低水平。TP 浓度则随分解过程表现出短时期内迅速降低，后趋于稳定的态势。分解 60 天后不同地下水位梯度分解残体中 TP 浓度分布变为初始状态的 29.42%±1.73%（GT-L）、21.05%±0.95%（GT-LM）、14.92%±2.34%（GT-MH）和 12.13%±1.69%（GT-H）；分解

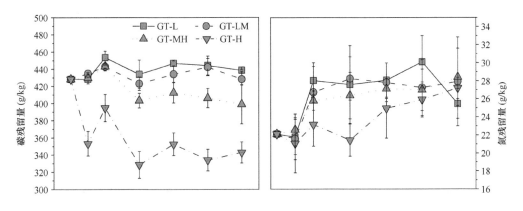

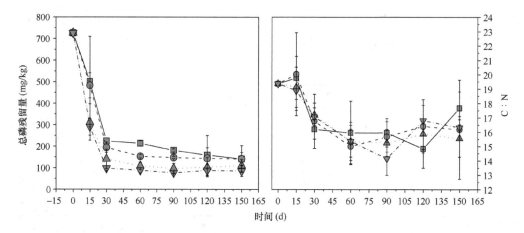

图 4-81   不同地下水位梯度植物枯死物碳、氮、磷浓度及碳氮比时间动态

GT-L. 低地下水位梯度；GT-LM. 中低地下水位梯度；GT-MH. 中高地下水位梯度；GT-H. 高地下水位梯度

150 天后分解残体中 TP 浓度分布变为初始状态的 24.03%±0.80%（GT-L）、20.47%±2.18%（GT-LM）、15.22%±3.78%（GT-MH）和 13.07%±3.33%（GT-H）。分解过程中 GT-H 分解残体中 TP 浓度均显著低于其他梯度（$p<0.05$）。

（2）碳、氮、磷元素积累量（*NAI*）动态变化

不同地下水位梯度枯落物分解过程中 TOC、TN 和 TP 的 *NAI* 值变化动态如图 4-82

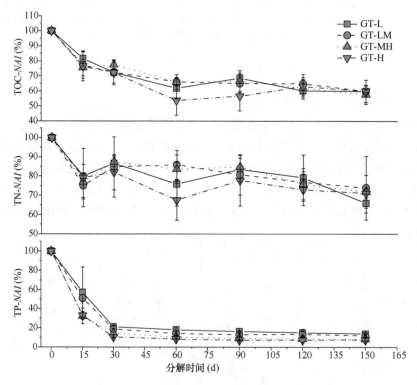

图 4-82   不同地下水位梯度植物枯死物碳、氮、磷养分积累系数时间动态

GT-L. 低地下水位梯度；GT-LM. 中低地下水位梯度；GT-MH. 中高地下水位梯度；GT-H. 高地下水位梯度

所示。不同地下水位梯度 TOC、TN 和 TP 的 *NAI* 值变化趋势一致，呈单调下降趋势，说明在不同分解阶段，不同地下水位梯度都发生了 TOC、TN 和 TP 的净释放，在 0～60 天迅速降低，后趋于稳定，分解 60 天后 TOC 的 *NAI* 值降至初始状态的 61.91%±7.21%（GT-L）、66.18%±2.83%（GT-LM）、66.02%±4.94%（GT-MH）和 53.66%±9.90%（GT-H），分解 150 天后 TOC 的 *NAI* 值降至初始状态的 60.01%±0.77%（GT-L）、60.00%±7.42%（GT-LM）、57.64%±6.41%（GT-MH）和 59.95%±3.65%（GT-H）。分解 60 天后 TN 的 *NAI* 值降至初始状态的 75.85%±11.31%（GT-L）、85.88%±7.47%（GT-LM）、83.60%±7.36%（GT-MH）和 67.50%±10.39%（GT-H），分解 150 天后 TN 的 *NAI* 值降至初始状态的 66.00%±4.86%（GT-L）、73.91%±16.55%（GT-LM）、71.99%±8.41%（GT-MH）和 71.19%±2.76%（GT-H）。分解 60 天后，TP 的 *NAI* 值降至初始状态的 17.96%±1.96%（GT-L）、14.21%±1.64%（GT-LM）、10.43%±1.46%（GT-MH）和 8.36%±0.81%（GT-H），分解 150 天后 TP 的 *NAI* 值降至初始状态的 13.77%±0.41%（GT-L）、11.93%±1.31%（GT-LM）、8.43%±1.63%（GT-MH）和 7.56%±1.91%（GT-H）。方差分析表明，不同地下水位梯度间 TOC 和 TN 的 *NAI* 值无显著差异（$p>0.05$），而 TP 则表现为 GT-MH 和 GT-H 显著低于 GT-L 和 GT-LM（$p<0.05$），说明高地下水位梯度促进了 TP 的净释放过程，当地下水位梯度由低（GT-L&GT-LM）升高（GT-MH&GT-H）时，TP 的净释放率将增长 1.06 倍。

由于不同地下水位梯度间薹草分解过程中 TOC 的 *NAI* 值差异不显著，所以薹草分解过程中 TOC 的 *NAI* 值随时间的动态拟合曲线只有 1 条，以所有梯度范围内的分解数据为整体进行模型构建（图 4-83a）。TN 的 *NAI* 值在分解过程中变化趋势规律不一致，且较稳定，所以未对其进行模型分析。而 GT-L 和 GT-LM 与 GT-MH 和 GT-H 之间 TP

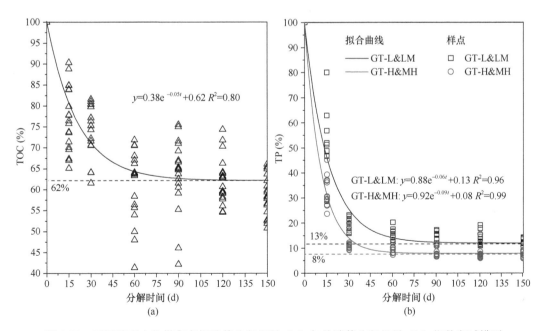

图 4-83　不同地下水位梯度有机碳养分积累量（a）与总磷养分积累量（b）指数衰减模型

GT-L. 低地下水位梯度；GT-LM. 中低地下水位梯度；GT-MH. 中高地下水位梯度；GT-H. 高地下水位梯度

的 *NAI* 值差异显著，故 NAI-TP 的时间动态变化拟合曲线有 2 条，即基于低地下水位（GT-L）和中低地下水位（GT-LM）梯度内 TP 的 *NAI* 值拟合曲线 GT-L&LM，基于中高地下水位（GT-MH）和高地下水位（GT-H）梯度内 TP 的 NAI 值拟合曲线 GT-MH&H，并分别构建了动力衰减模型。

不同地下水位梯度 TP 的 *NAI* 值随时间的动态拟合如图 4-83b 所示，可以发现分解前 60 天 TP 的 *NAI* 值迅速降低，60 天后逐渐趋于稳定。

3. 纤维素、木质素动态变化

不同地下水位梯度纤维素、木质素残存率随时间的变化见图 4-84。方差分析表明，植物分解 0~60 天内 GT-H 纤维素残存率显著低于其他地下水位梯度（$p<0.05$）。而 GT-L、GT-LM 和 GT-MH 之间纤维素残存率差异不显著（$p>0.05$）。分解 150 天后，GT-L 纤维素残存率显著高于其他地下水位梯度（$p<0.05$）；植物分解 15 天内 GT-MH 木质素残存率显著高于其他地下水位梯度（$p<0.05$），而 GT-L 木质素残存率最低（$p<0.05$），但是分解 60~150 天，GT-H 均具有最低的木质素残存率（$p<0.05$）。结果说明地下水位的升高促进了纤维素和木质素的分解过程。

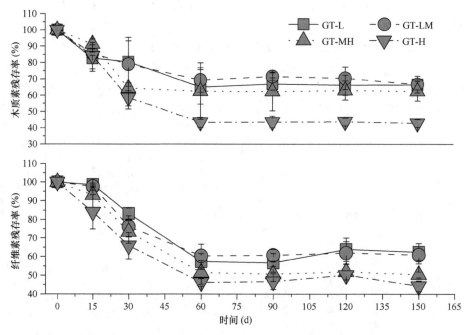

图 4-84　不同地下水位梯度纤维素、木质素残存率时间动态
GT-L. 低地下水位梯度；GT-LM. 中低地下水位梯度；GT-MH. 中高地下水位梯度；GT-H. 高地下水位梯度

选用指数衰减模型拟合不同地下水位梯度纤维素和木质素残存率随时间的动态变化（图 4-85 和图 4-86）。由于纤维素和木质素的分解过程受到糖类、低分子酚类等其他易分解物质分解过程的影响，所以拟合效果欠佳，尤其是木质素残存率指数衰减模型的 R^2 均小于 0.5。但是，通过模型拟合的结果可知（表 4-28），平均衰减速率在不同地下水位梯度间均表现为，随着地下水位的升高不断增大。

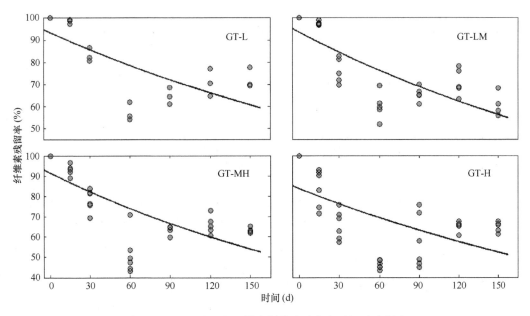

图 4-85　不同地下水位梯度纤维素残留率时间动态拟合

GT-L. 低地下水位梯度；GT-LM. 中低地下水位梯度；GT-MH. 中高地下水位梯度；GT-H. 高地下水位梯度

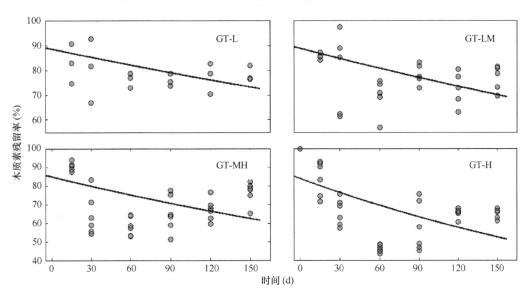

图 4-86　不同地下水位梯度木质素残留率时间动态拟合

GT-L. 低地下水位梯度；GT-LM. 中低地下水位梯度；GT-MH. 中高地下水位梯度；GT-H. 高地下水位梯度

表 4-28　不同地下水位梯度纤维素和木质素分解过程动力衰减模型参数

		α	k（%）	R^2	SSE	$RMSE$	t_{50}（天）	t_{99}（天）
纤维素	GT-L	0.94	0.30	0.50	0.26	0.12	231.00	1666.67
	GT-LM	0.94	0.30	0.62	0.33	0.10	231.00	1666.67
	GT-MH	0.91	0.40	0.54	0.55	0.12	173.25	1250.00
	GT-H	0.84	0.38	0.33	0.34	0.15	182.37	1315.79

续表

		α	k（%）	R^2	SSE	RMSE	t_{50}（天）	t_{99}（天）
木质素	GT-L	0.88	0.13	0.26	0.13	0.08	533.08	3846.15
	GT-LM	0.89	0.16	0.29	0.33	0.10	433.13	3125.00
	GT-MH	0.85	0.20	0.22	0.78	0.14	346.50	2500.00
	GT-H	0.84	0.30	0.36	0.86	0.15	231.00	1666.67

注：α. 模型参数，k. 分解过程平均衰减速率；R^2. 模型拟合方程的相关系数；RMSE. 拟合标准差；SSE. 误差平方和；t_{50}. 分解过程进行一半所用的时间；t_{99}. 分解过程达到稳定状态所用的时间

  通过指数衰减模型计算不同地下水位梯度分解残体在不同时间阶段的平均衰减速率，其随时间的变化呈高斯模型分布（图4-87和图4-88），即分解初期平均衰减速率随着时间推移而增大，达到最大值后随着时间推移而减小并趋于稳定。方差分析表明，在分解0～60天内GT-H具有最大的纤维素平均衰减速率（$p<0.05$），0～15天GT-H的纤维素平均衰减速率可达到GT-L的11.74倍，0～30天GT-H的纤维素平均衰减速率为GT-L的2.29倍，0～60天GT-H的纤维素平均衰减速率为GT-L的1.39倍，60天以后不同地下水位梯度间纤维素平均衰减速率差异性不显著；木质素分解过程中，0～15天木质素平均衰减速率表现为GT-L>GT-LM>GT-MH>GT-H，但是分解15天后平均衰减速率一直保持GT-H>GT-MH>GT-LM>GT-L，且GT-H木质素平均衰减速率显著高于其他地下水位梯度（$p<0.05$），始终为GT-L木质素平均衰减速率的（3.02±0.36）倍。

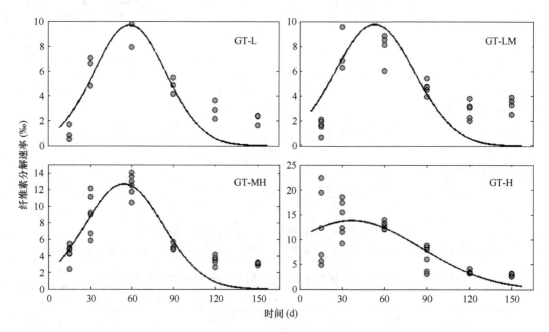

图4-87 不同地下水位梯度纤维素衰减速率时间动态拟合

GT-L. 低地下水位梯度；GT-LM. 中低地下水位梯度；GT-MH. 中高地下水位梯度；GT-H. 高地下水位梯度

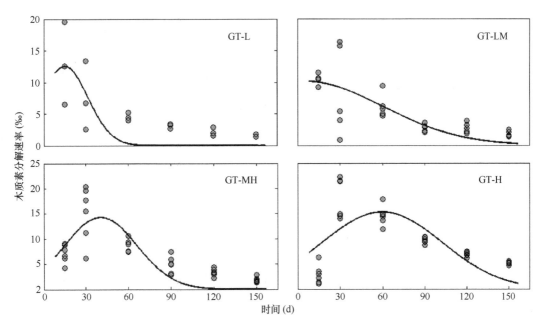

图 4-88 不同地下水位梯度木质素衰减速率时间动态拟合

GT-L. 低地下水位梯度；GT-LM. 中低地下水位梯度；GT-MH. 中高地下水位梯度；GT-H. 高地下水位梯度

对不同地下水位梯度薹草纤维素和木质素平均衰减速率的时间动态模拟结果可知（表 4-29 和图 4-89），纤维素和木质素平均衰减速率与分解时间的关系服从高斯分布，模型中 μ 表征分解速率达到最大值所对应的时间，σ^2 表征分解过程持续的时间长短，A 表征纤维素和木质素的分解潜力（分解损失率大小）。纤维素分解过程中平均衰减速率达到最大值所用时间随着地下水位的升高而缩短，而分解过程持续时间和纤维素分解潜力则随着地下水位的升高而增大；木质素在分解过程中平均衰减速率达到最大值所用时间则表现为低地下水位梯度小于高地下水位梯度，GT-LM 所用的时间最短，GT-H 所用的时间最长，但是木质素分解潜力则仍为 GT-H 最大（A=1.58）。

表 4-29 不同地下水位梯度薹草纤维素、木质素衰减速率时间高斯动态模型参数

		μ	σ^2	A	R^2	SSE	RMSE
纤维素	GT-L	58.89	678.59	0.63	0.68	0.000	0.002
	GT-LM	53.02	801.60	0.70	0.37	0.000	0.003
	GT-MH	54.45	802.80	0.90	0.69	0.000	0.000
	GT-H	36.94	2375.67	1.68	0.62	0.000	0.004
木质素	GT-L	15.00	273.31	0.52	0.40	0.000	0.004
	GT-LM	4.59	3078.77	1.39	0.53	0.000	0.003
	GT-MH	40.36	659.21	0.90	0.57	0.000	0.003
	GT-H	59.65	1774.29	1.58	0.40	0.001	0.005

注：μ、σ^2、A：模型参数；R^2：模型拟合方程的相关系数；RMSE：拟合标准差；SSE：误差平方和

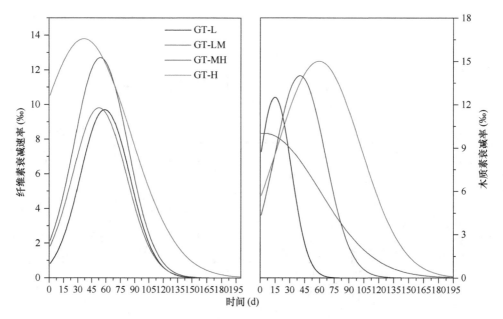

图 4-89 不同地下水位梯度薹草纤维素、木质素衰减速率高斯模型模拟曲线

GT-L. 低地下水位梯度；GT-LM. 中低地下水位梯度；GT-MH. 中高地下水位梯度；GT-H. 高地下水位梯度

4. $\delta^{13}C$、$\delta^{15}N$ 丰度值动态变化

不同地下水位环境梯度分解过程中 $\delta^{13}C$、$\delta^{15}N$ 的变化具有高度一致性（图 4-90 a、b）。在分解过程不同阶段 GT-H 环境梯度下 $\delta^{13}C$ 和 $\delta^{15}N$ 均显著低于其他地下水位环境梯度（$p<0.05$）。随着地下水位的升高，$\delta^{13}C$ 和 $\delta^{15}N$ 丰度值逐渐降低（图 4-91）。相同地下水位环境梯度薹草分解过程中 $\delta^{13}C$ 呈周期性波动，总体上最低值出现在分解第 60 天左右（$p<0.05$）。$\delta^{15}N$ 则表现出随分解时间先降低（0~60 天）后升高（60~150 天）的变化趋势，最低值所在分解时期与 $\delta^{13}C$ 一致，为分解第 60 天左右。随着地下水位的升高 $\delta^{13}C$ 和 $\delta^{15}N$ 随时间的波动程度增大，$\delta^{13}C$ 随时间的变化变异系数（取绝对值）为 GT-H（$0.91\%\pm0.29\%$）>GT-MH（$0.57\%\pm0.09\%$）>GT-LM（$0.33\%\pm0.07\%$）>GT-L（$0.18\%\pm0.04\%$），$\delta^{15}N$ 随时间的变异系数为 GT-H（$13.12\%\pm5.40\%$）>GT-MH（$8.11\%\pm1.22\%$）>GT-L（$7.94\%\pm1.27\%$）>GT-LM（$7.62\%\pm2.74\%$）。$\delta^{13}C$ 丰度值与分解残体中碳的浓度呈极显著正相关性（$R^2=0.53$，$p<0.001$），而 $\delta^{15}N$ 丰度值与分解残体中氮的浓度相关性不显著（$p>0.05$）。

分解过程中 $\delta^{13}C$ 和 $\delta^{15}N$ 丰度值的变化与分解残体中木质素分解速率密切相关，相关性程度在分解第 90 天达到最显著（图 4-92）。在分解 60~90 天，$\delta^{13}C$ 和 $\delta^{15}N$ 丰度值与木质素分解速率呈极显著负相关性（$\delta^{13}C$: $R^2=0.60$~0.70，$p<0.001$；$\delta^{15}N$: $R^2=0.22$~0.43，$p<0.05$）。

分解 30 天、60 天、90 天和 120 天后，$\delta^{13}C$ 与木质素分解速率的拟合方程分别为 $y=0.009x-29.81$（$R^2=0.14$，$p=0.05$，$F=4.09$）、$y=0.046x-29.68$（$R^2=0.60$，$p<0.001$，$F=28.86$）、$y=0.038x-29.60$（$R^2=0.70$，$p<0.001$，$F=45.77$）、$y=0.030x-30.02$（$R^2=0.02$，$p=0.42$，$F=0.68$）；分解 30 天、60 天、90 天和 120 天后，$\delta^{15}N$ 与木质素分解速率的拟合方程分别为 $y=0.002x+5.34$（$R^2=0.05$，$p=0.95$，$F=0.004$）、$y=0.098x+6.03$（$R^2=0.22$，$p=0.02$，$F=6.40$）、$y=0.18x+6.52$（$R^2=0.43$，$p<0.01$，$F=15.36$）、$y=0.15x+6.09$（$R^2=0.10$，$p=0.10$，$F=3.00$）。

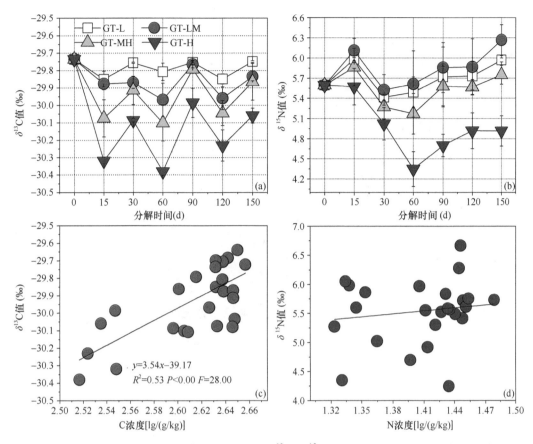

图 4-90　不同地下水位梯度薹草分解过程中 $\delta^{13}C$、$\delta^{15}N$ 时间动态及其与碳氮浓度的关系

GT-L. 低地下水位梯度；GT-LM. 中低地下水位梯度；GT-MH. 中高地下水位梯度；GT-H. 高地下水位梯度。
lg 表示对浓度值取以 10 为底的对数

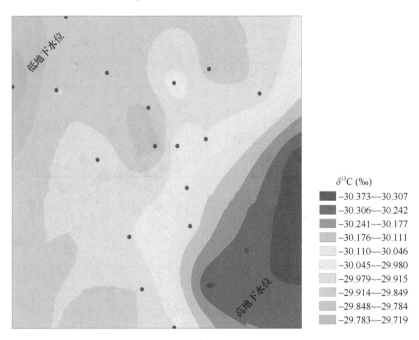

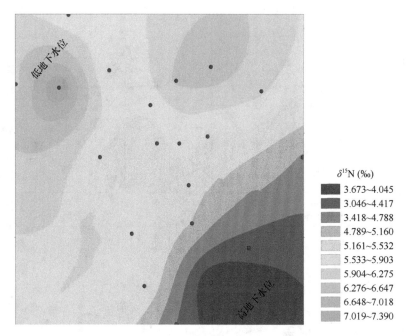

图 4-91　不同地下水位梯度薹草分解 60 天后 $\delta^{13}C$、$\delta^{15}N$ 丰度值空间分布格局

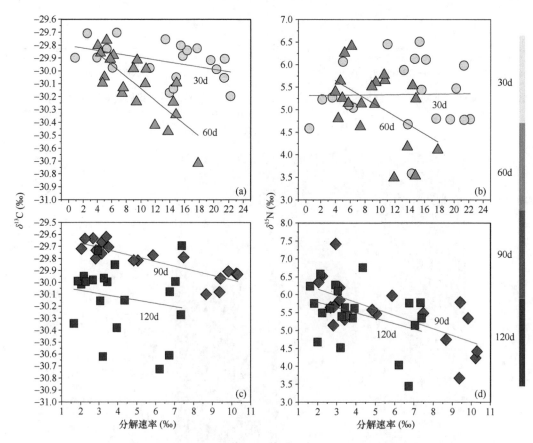

图 4-92　不同分解时间阶段 $\delta^{13}C$ 和 $\delta^{15}N$ 丰度值与木质素分解速率的关系

二、不同植物类型枯落物与枯立物分解过程及动态模拟

1. 生物量动态变化

不同湿地植物类型（薹草、芦苇、南荻）枯落物和枯立物生物量随分解过程的残留率变化及模型拟合如图 4-93 所示。分解相同时间，同植物类型枯立物生物量残留率显著高于枯落物残留率。相同分解位置生物量残留率则表现为南荻>薹草>芦苇。分解 60天后，薹草、芦苇、南荻的枯落物生物量残留率分别为 67.37%±6.28%、56.44%±6.09%、68.23%±6.76%，枯立物生物量残留率分别为 73.98%±4.20、68.39%±1.17%、78.88%；分解 180 天后，薹草、芦苇、南荻的枯落物生物量残留率分别为 58.05%±7.87%、45.42%±2.30%、59.56%±1.92%，枯立物生物量残留率分别为 70.94%±4.39%、62.95%±3.16%、74.00%±4.88%。方差分析表明，在分解过程的不同阶段，相同类型植物枯落物生物量残留率显著低于枯立物（$p<0.05$），无论是枯落物还是枯立物，芦苇生物量残留率均显著低于薹草和南荻（$p<0.05$），而薹草和南荻之间生物量残留率差异不显著（$p>0.05$）。

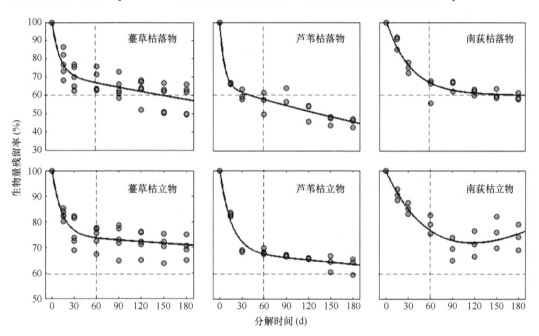

图 4-93　不同湿地植物类型枯立物、枯落物生物量衰减动态

利用生物量二分室动力衰减模型对薹草、芦苇、南荻枯立物和枯落物生物量衰减过程进行数值模拟（图 4-94），根据模型模拟结果，易分解组分生物量残留率表现为南荻枯立物（NDU）>南荻枯落物（ND）>芦苇枯立物（LWU）>薹草枯立物（TCU）>薹草枯落物（TC）>芦苇枯落物（LW），难分解组分生物量残留率随时间的衰减变化则相对复杂。不同植物类型枯落物、枯立物生物量二分室动力衰减模型参数见表 4-30，对模型参数分析可知，植物类型相同，枯立物和枯落物的生物量衰减模型中 α 数值相似，植物类型不同，α 数值差异较大。说明模型参数 α 与植物类型及其所影响的分解底物化学性

质关系密切。枯落物分解过程达到稳定状态所用时间为南荻（7329.98 天）>薹草（594.49 天）>芦苇（327.68 天）；枯立物分解过程达到稳定状态所用的时间为南荻（22 307.66 天）>薹草（2664.03 天）>芦苇（1588.63 天）。

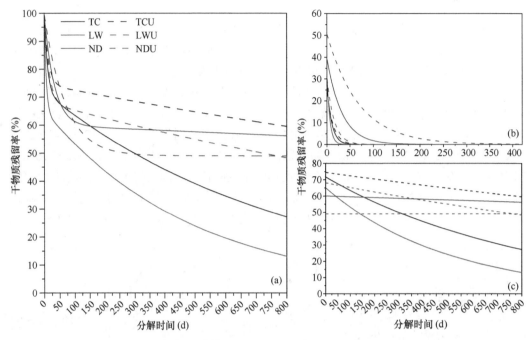

图 4-94　不同湿地植物类型枯立物、枯落物生物量二分室动力衰减模型

（a）二分室动力衰减模拟曲线；（b）易分解组分动力衰减模拟曲线；（c）难分解组分动力衰减模拟曲线；
TC. 薹草枯落物；TCU. 薹草枯立物；LW. 芦苇枯落物；LWU. 芦苇枯立物；ND. 南荻枯落物；NDU. 南荻枯立物

表 4-30　不同湿地植物类型枯落物、枯立物生物量分解过程动力衰减模型参数

植物类型	分解位置	α	$1-\alpha$	k_1	k_2	R^2	RMSE	SSE	τ（天）
薹草	枯落物	0.28	0.72	0.10	0.0012	0.84	0.06	0.13	594.49
	枯立物	0.26	0.75	0.08	0.0003	0.85	0.04	0.06	2 664.03
芦苇	枯落物	0.35	0.65	0.16	0.0020	0.96	0.04	0.03	327.68
	枯立物	0.32	0.68	0.07	0.0004	0.97	0.02	0.01	1 588.63
南荻	枯落物	0.40	0.60	0.03	0.0001	0.95	0.04	0.03	7 329.98
	枯立物	0.51	0.49	0.01	0.0000	0.85	0.04	0.03	22 307.66

注：α. 模型参数，表示易分解组分所占比例；k_1. 模型参数，表示易分解组分平均衰减速率；k_2. 模型参数，表示难分解组分平均衰减速率；R^2. 模型拟合方程的相关系数；RMSE. 拟合标准差；SSE. 误差平方和；τ. 分解状态达到稳定时所用的时间

　　由不同植物类型枯落物和枯立物生物量衰减率随时间的动力衰减模型（图 4-95）可知，南荻的枯落物和枯立物生物量衰减速率在易分解组分 0～15 天及难分解组分整个分解时期都处于最低水平。薹草、芦苇、南荻枯立物及南荻枯落物的难分解组分生物量衰减率随时间的变化幅度不大，均低于 0.04%。

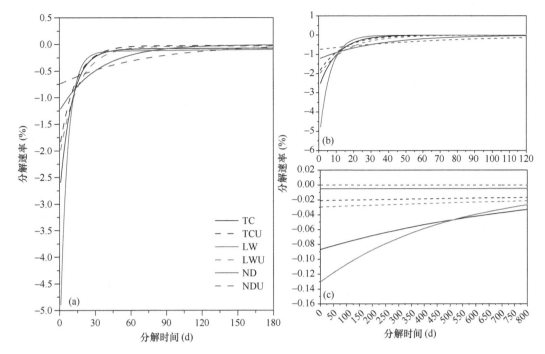

图 4-95 不同湿地植物类型枯立物、枯落物生物量衰减速率模型模拟

（a）二分室动力衰减模拟曲线；（b）易分解组分动力衰减模拟曲线；（c）难分解组分动力衰减模拟曲线
TC. 薹草枯落物；TCU. 薹草枯立物；LW. 芦苇枯落物；LWU. 芦苇枯立物；ND. 南荻枯落物；NDU. 南荻枯立物

2. 碳、氮、磷动态变化

（1）碳、氮、磷元素浓度动态变化

不同植物类型枯落物、枯立物分解过程中，TOC、TN、TP 浓度及 C∶N 随时间的变化见图 4-96。相同类型植物，枯立物分解残体中 TOC 浓度高于枯落物，而相同分解位置不同植物类型间 TOC 浓度无明显规律性特征。

不同植物类型间，分解残体中 TN 浓度表现出不同的变化趋势：其中芦苇枯落物和枯立物中 TN 浓度随分解时间呈降低趋势，分解 60 天后芦苇枯落物中 TN 浓度降至初始状态的 82.71%±14.15%，芦苇枯立物中 TN 浓度降至初始状态的 88.62%±10.52%；分解 150 天后，枯落物中 TN 浓度降至初始状态的 87.18%±12.28%，枯立物中 TN 浓度降至初始状态的 81.58%±6.42%；薹草和南荻枯落物及枯立物中 TN 浓度随分解时间呈先上升后稳定趋势，分解 60 天后，薹草和南荻枯落物中 TN 浓度分别增至初始状态的（1.28±0.11）倍和（1.93±0.07）倍，枯立物中 TN 浓度分别增至初始状态的（1.17±0.05）倍和（1.55±0.06）倍，分解 150 天后，薹草和南荻枯落物中 TN 浓度分别增至初始状态的（1.26±0.22）倍和（1.80±0.05）倍，枯立物中 TN 浓度分别增至初始状态的（1.15±0.05）倍和（1.61±0.02）倍。

枯落物和枯立物分解残体中 TP 浓度均呈先迅速下降，于 30～60 天后趋于稳定的态势。分解 60 天后，薹草、芦苇和南荻枯落物中 TP 浓度分别降至初始状态的 21.05%±0.95%、16.70%±0.30% 和 35.43%±2.99%，枯立物中 TP 浓度分别降至初始状态的 22.77%±

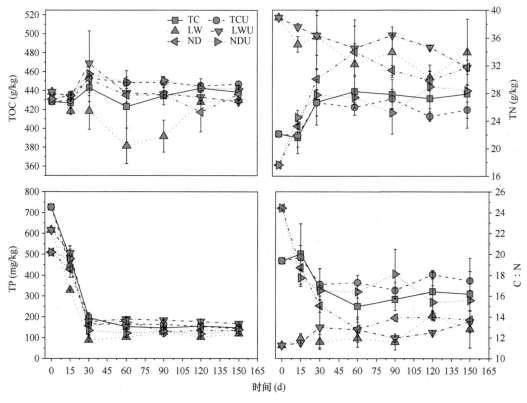

图 4-96　不同植物类型枯立物、枯落物碳、氮、磷浓度及碳氮比时间动态

TC. 薹草枯落物；TCU. 薹草枯立物；LW. 芦苇枯落物；LWU. 芦苇枯立物；ND. 南荻枯落物；NDU. 南荻枯立物

4.94%、30.63%±1.62%和 24.10%±3.68%；分解 150 天后，薹草、芦苇和南荻枯落物中 TP 浓度分别降至初始状态的 20.47%±2.18%、19.59%±1.17%和 26.56%±4.44%，枯立物中 TP 浓度分别降至初始状态的 19.74%±4.13%、27.19%±1.90%和 27.34%±1.42%。

（2）碳、氮、磷元素积累量（*NAI*）动态变化

不同植物类型枯立物和枯落物分解过程中 TOC、TN 和 TP 的 *NAI* 值变化动态如图 4-97 所示。3 种植物枯落物和枯立物的 TOC 和 TP 的 *NAI* 值变化趋势一致，在 0～30 天迅速下降，后趋于稳定，枯落物中薹草、芦苇、南荻的 TOC 的 *NAI* 值在 60 天后分别降至初始状态的 66.18%±2.83%、48.75%±1.33%和 64.22%±7.67，在 150 天后分别降至初始状态的 60.00%±7.42%、45.63%±2.44%和 61.53%±1.33；枯立物中薹草、芦苇、南荻的 TOC 的 *NAI* 值在 60 天后分别降至初始状态的 77.38%±4.14%、68.19%±1.12% 和 82.13%±3.68%，在 150 天后分别降至初始状态的 79.27%±4.68%、62.34%±3.33%和 77.80%±6.34%。方差分析表明，在分解过程的不同阶段枯落物 TOC 的 *NAI* 值均显著低于枯立物（$p<0.05$）；无论是枯落物还是枯立物，芦苇 TOC 的 *NAI* 值均显著低于薹草和南荻（$p<0.05$），说明在分解位置方面，枯落物 TOC 释放程度更显著，在植物类型方面，芦苇 TOC 释放速度更快。

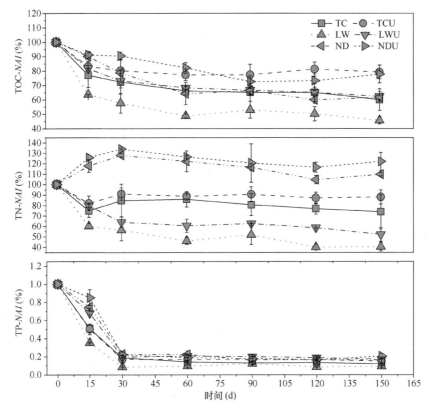

图 4-97　不同植物类型枯立物、枯落物碳、氮、磷养分积累系数时间动态

TC. 薹草枯落物；TCU. 薹草枯立物；LW. 芦苇枯落物；LWU. 芦苇枯立物；ND. 南荻枯落物；NDU. 南荻枯立物

不同植物类型分解过程中 TN 的 NAI 值随时间的动态变化趋势不同，其中南荻分解过程中枯落物和枯立物 TN 的 NAI 值呈先上升后稳定的变化趋势，说明南荻枯落物和枯立物在分解过程中表现为 TN 的净吸收；而薹草和芦苇分解过程中枯落物和枯立物 TN 的 NAI 值呈先下降后稳定的变化趋势，但薹草的下降幅度小于芦苇。方差分析表明，无论是枯落物还是枯立物，在分解过程中 TN 的 NAI 值芦苇均显著低于薹草（$p<0.05$），说明薹草和芦苇枯落物及枯立物在不同分解阶段表现为 TN 的净释放，且芦苇的释放程度高于薹草。芦苇和薹草在分解过程中枯落物 TN 的 NAI 值均小于枯立物，但只有芦苇具有显著性差异（$p<0.05$），而薹草不同分解位置间差异不显著（$p>0.05$）。

枯落物中薹草、芦苇、南荻的 TP 的 NAI 值在 60 天后分别降至初始状态的 14.21%±1.64%、9.44%±1.18% 和 22.62%±3.99，在 150 天后分别降至初始状态的 11.93%±1.31%、9.14%±0.97% 和 16.23%±3.39%；枯立物中薹草、芦苇、南荻的 TP 的 NAI 值在 60 天后分别降至初始状态的 16.89%±4.05%、20.96%±1.41% 和 19.10%±3.77%，在 150 天后分别降至初始状态的 15.01%±3.28%、17.31%±0.37% 和 20.81%±2.76%。方差分析表明，在分解过程的不同阶段，芦苇枯落物 TP 的 NAI 值显著低于枯立物（$p<0.05$），而薹草和南荻枯落物与枯立物 TP 的 NAI 值差异不显著（$p>0.05$）。不同植物类型间，枯落物中芦苇 TP 的 NAI 值最低（$p<0.05$），而枯立物中薹草 TP 的 NAI 值最低（$p<0.05$）。说明分解位置和植物类型对 TP 的释放程度都有显著影响，枯落物中芦苇具有最快的 TP 释放速度，

而枯立物中薹草则具有最快的 TP 释放速度。

　　不同类型植物枯立物和枯落物 TOC 的 *NAI* 值随时间的动态拟合曲线及实测值见图 4-98，动态衰减模型见图 4-99。通过模型模拟曲线可知，无论是枯立物还是枯落物芦苇都会在最短时期内完成 TOC 的释放过程并达到稳定状态，且 TOC 的释放量显著高于薹草和南荻。分解过程达到稳定状态后，薹草、南荻和芦苇的枯落物 TOC 的释放量都要高于其枯立物。不同分解时间阶段，不同植物类型间 TOC 的释放程度也不同，分解约 90 天之前，薹草 TOC 的释放量高于南荻，而 90 天之后，薹草 TOC 的释放过程逐渐稳定，南荻 TOC 的释放过程仍在进行，释放量逐渐超过薹草。

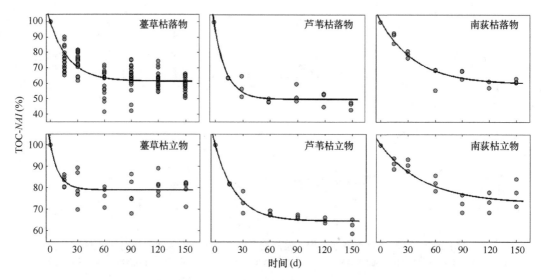

图 4-98　不同湿地植物类型枯立物、枯落物 TOC 养分积累系数时间动态拟合

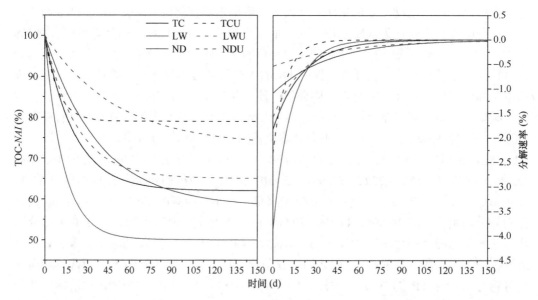

图 4-99　不同湿地植物类型枯立物、枯落物 TOC 养分积累量（左）与分解速率（右）指数衰减模型
TC. 薹草枯落物；TCU. 薹草枯立物；LW. 芦苇枯落物；LWU. 芦苇枯立物；ND. 南荻枯落物；NDU. 南荻枯立物

通过 TOC 衰减速率随时间的动态模型（图 4-99）可知，不同植物类型间枯立物和枯落物 TOC 的衰减速率在分解过程不同阶段大小关系并不稳定，对于枯落物分解，0～20 天 TOC 的 *NAI* 值衰减速率为芦苇>薹草>南荻，20 天之后则为南荻>薹草>芦苇；对于枯立物，0～10 天 TOC 的 *NAI* 值衰减速率为薹草>芦苇>南荻，10～20 天则变为芦苇>薹草>南荻，20～45 天则为芦苇>南荻>薹草，45 天后变为南荻>芦苇>薹草。不同分解时期，TOC 释放速率的差异主要与底物的性质和残留量相关。

TOC 的 *NAI* 值随时间的动态衰减反映了 TOC 的净释放过程，在模型参数中，α 能够代表分解过程中 TOC 的释放潜力，α 值越大表明分解过程中 TOC 的释放越彻底，而 $1-\alpha$ 则代表分解过程稳定后滞留在分解残体内的 TOC 含量。由 TOC 释放过程的动力衰减模型参数（表 4-31）可知，薹草、芦苇、南荻枯落物的 α 值分别为 0.38、0.50、0.42，而枯立物的 α 值分别为 0.21、0.35 和 0.27。说明，相同植物类型枯落物 TOC 比枯立物释放得更为彻底，无论是枯立物还是枯落物芦苇 TOC 的释放潜力都是最大，而南荻、薹草的释放潜力较小。k 值表征了 TOC 在分解过程中 *NAI* 的平均衰减速率，即 TOC 的净释放速率，k 值越大，平均 TOC 释放速度越快。薹草、芦苇、南荻枯落物的 k 值分别为 0.05、0.08、0.03，而枯立物的 k 值分别为 0.11、0.05 和 0.02，除了薹草 TOC 的净释放速率枯立物>枯落物外，南荻和芦苇均为枯落物>枯立物，其原因可能与薹草株高低、与表层土壤垂直距离短、受土壤微生物影响程度更大有关，在 TOC 分解释放的过程中，土壤微生物还会同化合成有机物供给自身的生命活动，枯落物位于土壤表层，虽然分解程度比枯立物更强，但微生物的同化作用也更显著，薹草枯立物虽然未与地表接触，但在实验过程中为了模拟真实情况，与土壤表层垂直距离远远低于芦苇和南荻枯立物，因此在分解过程中薹草枯立物不仅受到空气中微生物的作用，同时还受到土壤表层微生物的影响，因此其 TOC 净释放速率高于枯落物。分解过程进行一半的时间，在枯落物中

表 4-31　不同湿地植物类型枯落物、枯立物有机碳及全磷养分积累系数动力衰减模型参数

养分类型	植物类型	分解位置	α	k	$1-\alpha$	R^2	RMSE	SSE	t_{99}（天）	t_{50}（天）
TOC-*NAI*	薹草	枯落物	0.38	0.05	0.62	0.80	0.07	0.61	104.17	14.44
		枯立物	0.21	0.11	0.79	0.70	0.05	0.08	45.45	6.30
	芦苇	枯落物	0.50	0.08	0.50	0.95	0.04	0.03	64.94	9.00
		枯立物	0.35	0.05	0.65	0.97	0.02	0.01	111.11	15.40
	南荻	枯落物	0.42	0.03	0.58	0.94	0.04	0.03	192.31	26.65
		枯立物	0.27	0.02	0.73	0.83	0.05	0.04	250.00	34.65
TP-*NAI*	薹草	枯落物	0.88	0.06	0.13	0.96	0.07	0.24	80.65	11.18
		枯立物	0.86	0.07	0.14	0.97	0.05	0.09	71.43	9.90
	芦苇	枯落物	0.92	0.09	0.08	0.99	0.03	0.02	54.95	7.62
		枯立物	0.85	0.05	0.15	0.94	0.08	0.12	92.59	12.83
	南荻	枯落物	0.89	0.04	0.11	0.93	0.09	0.14	113.64	15.75
		枯立物	0.91	0.04	0.10	0.88	0.13	0.29	119.05	16.50

注：α. 模型参数；k. 分解过程平均衰减速率；R^2. 模型拟合方程的相关系数；RMSE. 拟合标准差；SSE. 误差平方和；t_{50}. 分解过程进行一半所用的时间；t_{99}. 分解过程达到稳定状态所用的时间

分别为南荻（26.65 天）>薹草（14.44 天）>芦苇（9.00 天），枯立物中分别为南荻（36.45 天）>芦苇（15.40 天）>薹草（6.30 天）；分解过程达到稳定状态时，枯落物所用时间分别为南荻（192.31 天）>薹草（104.17 天）>芦苇（64.94 天），枯立物中分别为南荻（250.00 天）>芦苇（111.11 天）>薹草（45.45 天）。

不同植物类型枯立物和枯落物 TP 的 *NAI* 值随时间的动态拟合曲线及实测值如图 4-100 所示。分解过程中仍以 60 天为转折期，0~60 天 TP 快速释放，60 天后释放过程趋于缓和，TP 的 *NAI* 值逐渐稳定。TP 的 *NAI* 值动力衰减模型模拟结果（表 4-31）表明，在分解过程的不同阶段芦苇枯落物中 TP 的 *NAI* 值均处于最低水平，即 TP 的释放程度最高，0~90 天枯落物中 TP 的 *NAI* 值南荻>薹草，而 90 天后薹草>南荻。枯立物中 TP 的 *NAI* 值表现为 0~50 天南荻>芦苇>薹草，50~70 天芦苇>南荻>薹草，70 天以后芦苇>薹草>南荻。由 TP 的 *NAI* 值平均衰减速率动态衰减模拟曲线可知，0~15 天枯落物中 TP 的 *NAI* 值衰减速率绝对值表现为芦苇>薹草>南荻，而枯立物则表现为薹草>芦苇>南荻；15 天以后枯落物表现为南荻>薹草>芦苇，枯立物表现为南荻>芦苇>薹草。

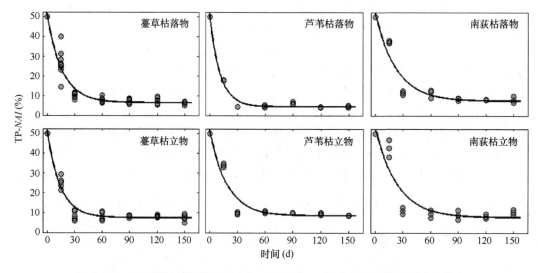

图 4-100　不同湿地植物类型枯立物、枯落物 TP 养分积累系数时间动态拟合

不同湿地植物类型枯立物、枯落物 TP 养分积累量与分解速率指数衰减模型见图 4-101。在模型参数中，薹草、芦苇、南荻枯落物的 α 值分别为 0.88、0.92、0.89，而枯立物的 α 值分别为 0.86、0.85 和 0.91，说明枯落物中芦苇 TP 的净释放潜力最大，而枯立物中南荻 TP 的净释放潜力最大。薹草、芦苇、南荻枯落物的 k 值分别为 0.06、0.09、0.04，而枯立物的 k 值分别为 0.07、0.05 和 0.04，说明枯落物中芦苇的 TP 平均释放速率最快，而枯立物中薹草的 TP 平均释放速率最快，相同植物类型 TP 的释放速率为，薹草：枯立物>枯落物，芦苇：枯落物>枯立物，南荻枯落物=枯立物。TP 分解过程进行一半的时间，在枯落物中分别为南荻（15.75 天）>薹草（11.18 天）>芦苇（7.62 天），枯立物中分别为南荻（16.50 天）>芦苇（12.83 天）>薹草（9.90 天）；分解过程达到稳定状态时，枯落物所用时间分别为南荻（113.64 天）>薹草（80.65 天）>芦苇（54.95 天），枯立物中分别为南荻（119.05 天）>芦苇（92.59 天）>薹草（71.43 天）。

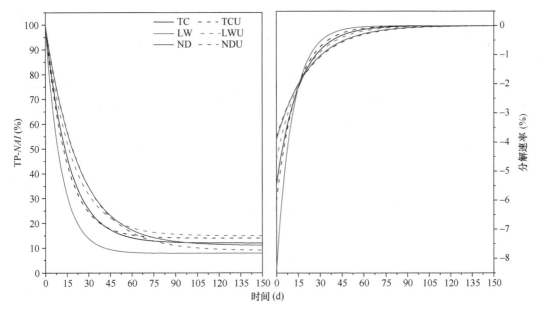

图 4-101 不同湿地植物类型枯立物、枯落物 TP 养分积累量（左）与分解速率（右）指数衰减模型

TC. 薹草枯落物；TCU. 薹草枯立物；LW. 芦苇枯落物；LWU. 芦苇枯立物；ND. 南荻枯落物；NDU. 南荻枯立物

3. 纤维素、木质素动态变化

不同植物类型枯落物和枯立物纤维素、木质素残留率随时间的变化如图 4-102 所示。

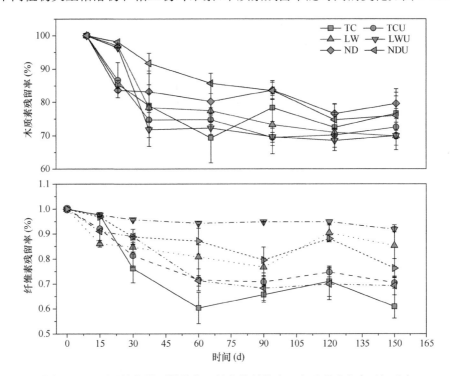

图 4-102 不同植物类型枯落物、枯立物纤维素、木质素残留率时间动态

TC. 薹草枯落物；TCU. 薹草枯立物；LW. 芦苇枯落物；LWU. 芦苇枯立物；ND. 南荻枯落物；NDU. 南荻枯立物

方差分析表明，枯落物纤维素残留率在 0～15 天表现为薹草>南荻>芦苇，30 天后则为芦苇>南荻>薹草，其中芦苇枯落物纤维素残留率在不同时间阶段均与薹草和南荻具有显著性差异（$p<0.05$）；枯立物纤维素残留率在分解过程的不同时期内均表现为芦苇>南荻>薹草，即整体上芦苇的枯落物和枯立物中纤维素分解程度最低，而薹草的枯落物和枯立物中纤维素分解程度最高。相同植物类型，不同分解位置在分解过程中表现为，芦苇枯立物纤维素残留率显著高于枯落物（$p<0.05$），而薹草和南荻枯立物与枯落物纤维素分解残留率的差异性不显著。分解过程中木质素残存率在不同植物类型和分解位置间没有表现出与纤维素残留率一样的显著性差异（$p>0.05$）。

用指数衰减模型拟合不同植物类型枯落物和枯立物纤维素与木质素残留率随时间的动态变化（图 4-103 和图 4-104）。模型参数表明（表 4-32），无论是枯落物还是枯立

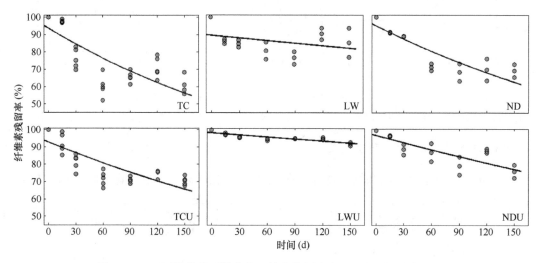

图 4-103 不同植物类型枯落物、枯立物纤维素残留率时间动态拟合

TC. 薹草枯落物；TCU. 薹草枯立物；LW. 芦苇枯落物；LWU. 芦苇枯立物；ND. 南荻枯落物；NDU. 南荻枯立物

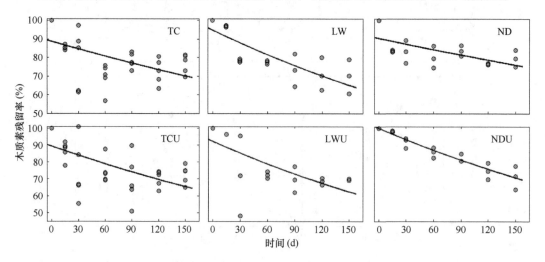

图 4-104 不同植物类型枯落物、枯立物木质素残留率时间动态拟合

TC. 薹草枯落物；TCU. 薹草枯立物；LW. 芦苇枯落物；LWU. 芦苇枯立物；ND. 南荻枯落物；NDU. 南荻枯立物

表 **4-32**　不同植物类型枯落物、枯立物纤维素木质素分解过程动力衰减模型参数

	植物类型	分解位置	α	k（%）	R^2	SSE	$RMSE$	t_{50}（d）	t_{99}（d）
纤维素	薹草	枯落物	0.94	0.30	0.62	0.33	0.10	231.00	1 666.67
		枯立物	0.93	0.23	0.66	0.15	0.07	301.30	2 173.91
	芦苇	枯落物	0.90	0.06	0.10	0.11	0.08	1 155.00	8 333.33
		枯立物	0.98	0.04	0.74	0.00	0.01	1 732.50	12 500.00
	南荻	枯落物	0.95	0.28	0.77	0.07	0.06	247.50	1 785.71
		枯立物	0.97	0.15	0.67	0.05	0.05	462.00	3 333.33
木质素	薹草	枯落物	0.88	0.16	0.29	0.33	0.10	433.13	3 125.00
		枯立物	0.89	0.20	0.36	0.41	0.11	346.50	2 500.00
	芦苇	枯落物	0.95	0.25	0.67	0.11	0.07	277.20	2 000.00
		枯立物	0.92	0.26	0.46	0.25	0.11	266.54	1 923.08
	南荻	枯落物	0.90	0.12	0.41	0.07	0.06	577.50	4 166.67
		枯立物	1.00	0.23	0.90	0.02	0.03	301.30	2 173.91

注：α. 模型参数，k. 分解过程平均衰减速率；R^2. 模型拟合方程的相关系数；$RMSE$. 拟合标准差；SSE. 误差平方和；t_{50}. 分解过程进行一半所用的时间；t_{99}. 分解过程达到稳定状态所用的时间

物，芦苇的纤维素平均衰减速率最低（k 枯落物$=0.06$，k 枯立物$=0.04$），分解所用时间最长（t_{50} 枯落物$=1155$ 天，t_{99} 枯落物$=8333.33$ 天，t_{50} 枯立物$=1732.50$ 天，t_{99} 枯立物$=12\,500.00$ 天），而薹草纤维素平均衰减速率最高（k 枯落物$=0.30$，k 枯立物$=0.23$），分解所用时间最短（t_{50} 枯落物$=231.00$ 天，t_{99} 枯落物$=1666.67$ 天，t_{50} 枯立物$=301.30$ 天，t_{99} 枯立物$=2173.91$ 天）；木质素分解过程中，芦苇的平均衰减速率最高（k枯落物$=0.25$，k枯立物$=0.26$），其分解木质素所用时间最短（t_{50} 枯落物$=277.20$ 天，t_{99} 枯落物$=2000.00$ 天，t_{50} 枯立物$=266.54$ 天，t_{99} 枯立物$=1923.08$ 天）。

　　用指数衰减模型分别计算分解过程不同阶段纤维素和木质素平均衰减速率（图 4-105），枯落物分解过程中，$0\sim15$ 天纤维素平均衰减速率为芦苇>南荻>薹草（$p<0.05$），而 60 天以后则为薹草>南荻>芦苇（$p<0.05$）；枯立物在整个分解过程中纤维素平均衰减速率均为薹草>南荻>芦苇（$p<0.05$）。相同植物不同分解位置纤维素平均衰减速率在整个分解过程中均为枯落物大于枯立物。木质素分解过程中仅在 $0\sim15$ 天表现出南荻的枯落物具有最高的平均衰减速率（$p<0.05$），而薹草的枯立物具有最高的平均衰减速率（$p<0.05$），但是 15 天以后在不同植物类型和分解位置间木质素平均衰减速率均无显著性差异（$p>0.05$）。

　　4.δ^{13}C、δ^{15}N 丰度值动态变化

　　不同植物类型枯落物和枯立物在分解过程中 δ^{13}C 都呈现出上下波动的不稳定趋势（图 4-106）。薹草在分解过程中，除了分解后 90 天出现了高值变化，枯落物和枯立物的 δ^{13}C 都呈显著降低趋势（$p<0.05$）；芦苇枯落物、枯立物 δ^{13}C 则表现出不同的变化，除了分解后 30 天和 90 天分别出现了 2 个高值，总体上枯落物 δ^{13}C 呈显著降低趋势（$p<0.05$），而枯立物 δ^{13}C 呈显著升高趋势；南荻枯落物和枯立物 δ^{13}C 则均在分解 15 天后显著降低（$p<0.05$）。

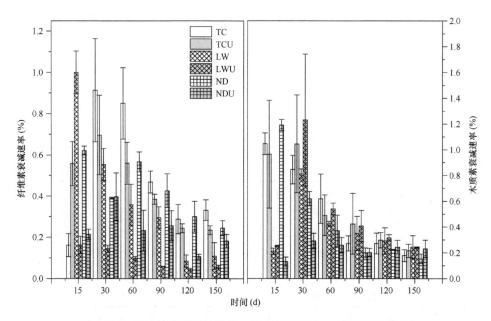

图 4-105　不同植物类型枯落物、枯立物纤维素、木质素衰减速率

TC. 薹草枯落物；TCU. 薹草枯立物；LW. 芦苇枯落物；LWU. 芦苇枯立物；ND. 南荻枯落物；NDU. 南荻枯立物

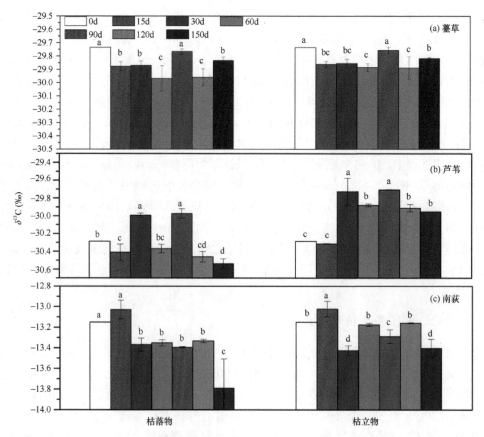

图 4-106　不同植物类型枯落物、枯立物 $\delta^{13}C$ 时间动态

不同小写字母表示差异性显著（$p<0.05$）

不同植物类型枯落物和枯立物在分解过程中 $\delta^{15}N$ 都呈现略有升高的趋势（图 4-107），其中薹草和芦苇枯落物及枯立物在分解 90 天后 $\delta^{15}N$ 显著高于分解初始状态（$p<0.05$），而南荻枯落物及枯立物 $\delta^{15}N$ 在不同分解阶段差异不显著（$p>0.05$）。

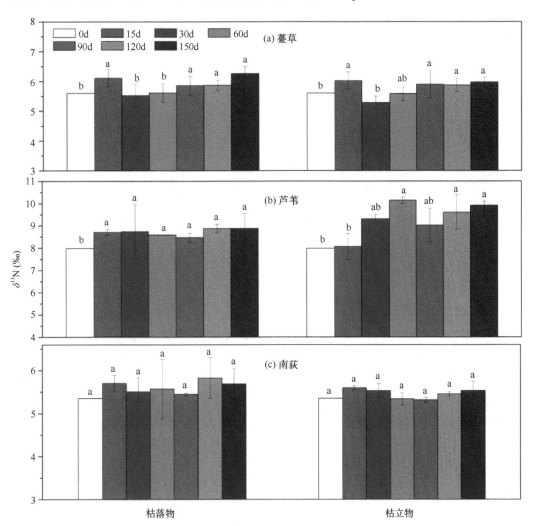

图 4-107　不同植物类型枯落物、枯立物 $\delta^{15}N$ 时间动态

不同小写字母表示差异性显著（$p<0.05$）

三、湿地环境因子对植物分解过程的影响

1. 土壤环境因子对纤维素、木质素分解速率的影响

主成分分析表明，PC1 和 PC2 累积可以解释总变异的 99.99%（图 4-108）。PC1 解释贡献率为 94.71%，其中载荷较高的变量为 pH、F∶B 和土壤黏粒含量。PC2 解释贡献率仅为 5.28%。土壤理化属性中，pH 与纤维素和木质素具有极显著的正相关性（纤维素：$p<0.001$，$F=30.43$；木质素：$p<0.001$，$F=33.22$）。而黏粒含量与纤维素和木质素的分解速率具有极显著负相关性（纤维素：$p<0.001$，$F=14.90$；木质素：$p<0.001$，$F=52.04$）。

土壤微生物属性中，真菌与细菌比（F：B）与纤维素和木质素分解速率具有极显著的负相关性（纤维素：$p<0.001$，$F=18.60$；木质素：$p<0.001$，$F=12.75$）。纤维素和木质素分解速率在不同样点中的分布表现为随着地下水位升高而增大，而 Kc/Kl 则随着地下水位的升高而降低。

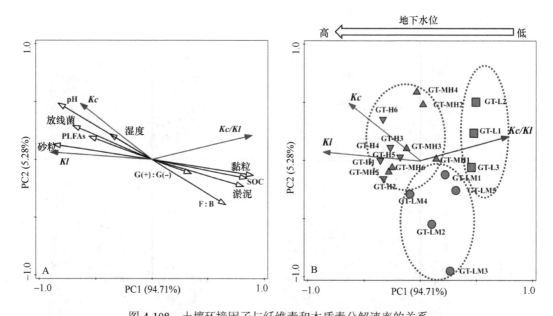

图 4-108　土壤环境因子与纤维素和木质素分解速率的关系

Kc. 纤维素分解速率；*Kl*. 木质素分解速率；F：B. 真菌细菌比值；G(+)：G(-). 革兰氏阳性细菌比革兰氏阴性细菌；SOC. 土壤有机碳

应用结构方程模型分析地下水位对纤维素（$\chi^2=1.96$，$p=0.37$）和木质素（$\chi^2=0.62$，$p=0.74$）0～60 天平均分解速率变化的直接和间接效应。由于不同地下水位环境梯度间土壤有机碳、总氮、黏粒、粉粒、砂粒、革兰氏阳性细菌、革兰氏阴性细菌、总细菌、真菌、放线菌和总磷脂脂肪酸含量具有显著差异，所以可以用以上指标量化不同地下水位梯度下的环境变化。因为土壤 pH 及 F：B 与纤维素及木质素的相关性最显著，所以这两个变量在模型中作为独立参数。土壤 pH 一般通过影响土壤微生物群落结构和养分有效性间接影响分解过程，而本研究已经考虑了土壤养分和微生物群落结构对分解速率的影响，因此，本研究中主要考虑了 pH 对分解速率的间接效应，而忽略了其直接效应。为了降低其他环境变量的冗余和共线性，分别对其余 5 个土壤理化因子和 6 个土壤微生物因子进行主成分分析（表 4-33）。土壤理化因子主成分分析得到的第一主成分解释贡献率为 80.00%，其中土壤有机碳和砂粒含量具有较高的载荷；土壤微生物因子主成分分析得到的第一主成分解释贡献率为 78.30%，其中细菌丰度和总磷脂脂肪酸含量具有较高的载荷。

根据图 4-109 所示的概念模型，建立了地下水位对纤维素和木质素分解速率的影响路径（图 4-110）。所选取的环境因子变量均能够解释纤维素和木质素分解速率差异的50.00% 以上（$R^2>0.5$）。结构方程模型总体上能够解释纤维素分解速率变异的 66.00%，解释木质素分解速率变异的 79.00%。地下水位环境主要通过直接效应影响纤维素分解速率（路径系数为 0.47）。此外纤维素分解速率还受到 F：B（路径系数为 0.24）和土壤

表 4-33　土壤环境因子的主成分分析

土壤理化因子			土壤微生物因子		
变量	PC1	PC2	变量	PC1	PC2
SOC	−1.22	−0.37	G+	1.30	−0.07
TN	−1.06	−0.75	G−	1.28	−0.06
黏粒	−1.19	0.23	细菌	1.31	0.02
粉粒	−1.20	0.16	真菌	0.84	0.91
砂粒	1.22	0.00	放线菌	0.91	−0.74
			总 PLFAs	1.32	0.04

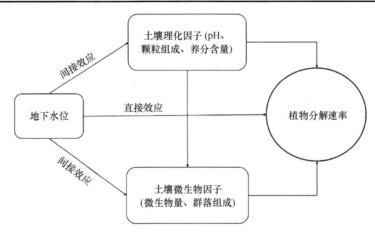

图 4-109　地下水位对植物分解速率的直接和间接效应概念模型

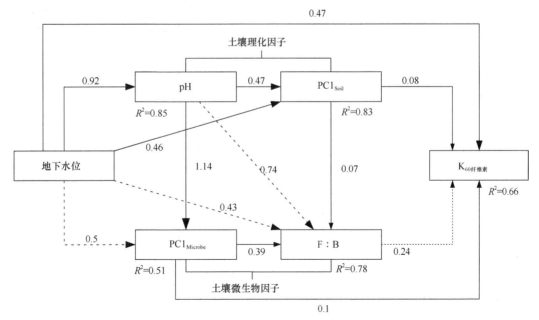

(a) 地下水位对纤维素分解速率影响的通径分析

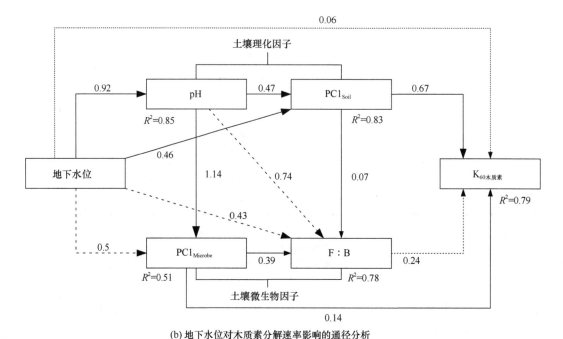

(b) 地下水位对木质素分解速率影响的通径分析

图 4-110　地下水位及环境因子对纤维素和木质素分解速率的影响机制

$PC1_{Soil}$. 对 pH 以外的土壤理化性质参数（土壤有机碳、总氮、黏粒、粉粒、砂粒）做主成分分析，得到第一主成分载荷即为 $PC1_{Soil}$；$PC1_{Microbe}$. 对 F∶B 以外的土壤微生物参数（土壤有机碳、总氮、黏粒、粉粒、砂粒）做主成分分析，得到第一主成分载荷即为 $PC1_{Microbe}$

微生物生物量的影响（路径系数为 0.10）。木质素分解速率主要受地下水位环境的间接效应影响，其直接效应的路径系数仅为 0.06。土壤理化因子对木质素分解速率具有显著的正效应（路径系数为 0.67）。地下水位对纤维素和木质素分解速率的间接效应主要来自其对土壤 pH 的显著影响（路径系数为 0.92）。而土壤 pH 则对土壤微生物生物量和土壤理化因子具有显著的正向效应，路径系数分别为 1.14 和 0.47。结构方程模型还表明，地下水位和土壤 pH 均对土壤微生物群落中 F∶B 具有负效应，路径系数分别为 0.43 和 0.74，而对土壤微生物生物量具有正效应，路径系数为 0.39。

2. 温度变化对纤维素、木质素分解速率的影响

图 4-111a 展示了植物分解实验期间日平均气温的变化；图 4-111b 展示了从分解实验启动第一天到第 n 天的阶段性平均气温变化。虽然，在实验期内日平均温度先降低后升高，最高温度达到 23℃左右，最低温度为 3℃左右，但是阶段性平均温度随着分解过程的变化逐渐降低，在分解 120 天后稳定在 11.5℃左右。

湿地植物分解过程中，纤维素和木质素分解速率受温度、环境和时间等多种因子的影响，其中，分解时间能够表示分解程度的变化，分解时间对分解速率的影响即为分解程度对分解速率的影响。为了消除土壤环境因子间的共线性，选择对土壤生物（总磷脂脂肪酸含量、细菌丰度、真菌丰度、放线菌丰度、F∶B）、物理（黏粒、粉粒、砂粒、容重、含水量）、化学属性（SOC、TN、TP、pH）指标进行主成分分析后得到的 PC1 因子载荷来表征土壤环境因子。

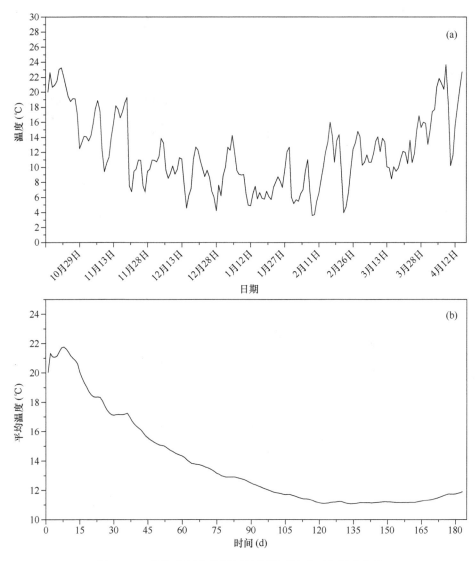

图 4-111　植物分解实验期间日均温及阶段平均温度变化

（a）日平均气温；（b）从分解实验启动时期到第 n 天的阶段性平均温度

　　为了评价分解过程中阶段性平均温度对分解速率的影响，分别控制时间、土壤环境因子及同时控制分解时间和土壤环境因子，对阶段性均温与分解速率做偏相关分析。结果表明（图 4-112），温度对纤维素和木质素分解速率的影响均随着地下水位的变化而变化。如果固定时间（分解程度）的影响，分析温度与分解速率的关系，温度与纤维素分解速率的偏相关系数随着地下水位的升高其负相关性逐渐减弱；而温度与木质素分解速率的偏相关系数则随着地下水位的升高正相关性系数逐渐减弱进而转为负相关关系。如果固定土壤环境因子的影响，温度与纤维素分解速率的偏相关系数随着地下水位升高正相关性逐渐增强；温度与木质素分解速率的偏相关系数则随着地下水位升高正相关性逐渐减弱。如果同时固定时间和土壤环境因子，温度对纤维素和木质素分解速率的偏相关系数变化趋势与固定时间的状态下一致。

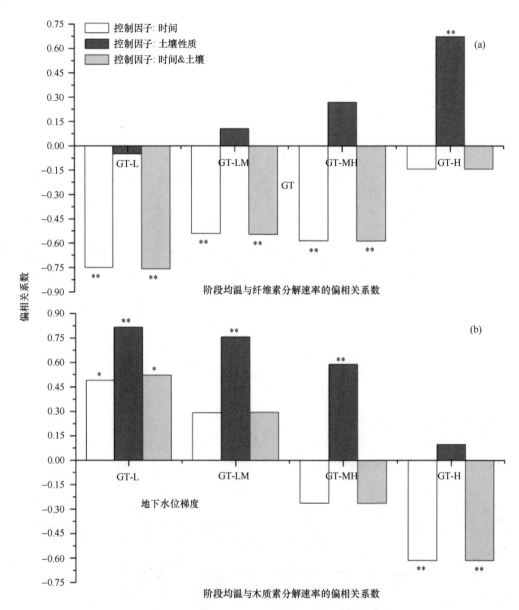

图 4-112　分解速率与阶段性平均温度的偏相关系数

*表示显著相关 $p<0.05$，**表示极显著相关 $p<0.01$

选取分解时间、阶段性平均气温和土壤环境因子为自变量，木质素和纤维素阶段性平均分解速率为因变量进行多元回归分析，建立环境因子对分解速率影响的效应方程。

方差分析结果显示（表 4-34），分解时间、阶段性平均气温和土壤环境因子共同可以解释纤维素平均分解速率变异的 45.50%，可以解释木质素分解速率变异的 41.53%，多元回归模型对纤维素和木质素的拟合效果良好（$p<0.001$）。由效应方程的偏回归系数（表 4-35）可知，总体上分解时间对纤维素和木质素分解速率的影响程度最高，其次为阶段性的平均温度。阶段性平均温度对纤维素分解速率的影响程度要高于对木质素分解速率的影响程度。

表 4-34　分解过程中环境因子对分解速率的效应方程方差分析

因变量		SS	MS	F	p 值
$K_{纤维素}$	模型	10.57	3.52	32.32	<0.001
	残差	12.64	0.11		
	总和	23.21			
$K_{木质素}$	模型	13.84	4.61	27.46	<0.001
	残差	19.48	0.17		
	总和	33.32			

表 4-35　分解过程中环境因子对分解速率的效应方程回归分析表

因变量	复相关系数（R^2）	偏回归系数			p 值		
		时间	温度	土壤环境（PC1）	时间	温度	环境因子（PC1）
$K_{纤维素}$	0.46	−1.37	−0.95	0.35	<0.001	<0.001	<0.001
$K_{木质素}$	0.42	−0.96	−0.45	0.31	<0.001	0.03	<0.001

3. 土壤环境因子对枯落物残体 $\delta^{13}C$、$\delta^{15}N$ 丰度的影响

在土壤环境因子中选取 TOC、TN、pH、含水量、容重、黏粒、粉粒和砂粒 8 个指标表征土壤理化因子，选择微生物生物量碳（MBC）、微生物生物量氮（MBN）、微生物商（MBC/TOC）及微生物生物量氮在总氮中的分配比（MBN/TN）4 个指标表征土壤微生物因子。对上述 12 个因子进行主成分分析，得到表征土壤环境因子总体水平的 2 个主成分（PC1 和 PC2）（表 4-36）。PC1 和 PC2 累积解释贡献率达 97.70%，其中，PC1 解释了总变异的 78.56%，PC2 解释了总变异的 19.14%。所选取的环境因子变量均与 PC1 具有极显著的相关性，其中表征土壤理化因子的 TN、pH 及表征土壤微生物因子的 MBC/TOC 与 PC1 的相关性最强，说明 PC1 可以表征土壤环境因子中的化学、生物属性特征。仅有容重和粉粒与 PC2 具有显著相关性，其中容重与 PC2 的相关性最强，说明 PC2 可以表征土壤环境因子中的物理结构特征。对与 PC1 和 PC2 具有显著相关性的环境因子和 $\delta^{13}C$ 及 $\delta^{15}N$ 进行线性回归分析（图 4-113），结果表明，$\delta^{13}C$ 丰度值与土壤 TN（$R^2=0.62$，$p<0.001$，$F=31.96$）、容重（$R^2=0.62$，$p<0.001$，$F=31.36$）具有极显著正相关性，而与土壤 pH（$R^2=0.68$，$p<0.00$，$F=41.12$）和微生物商（$R^2=0.60$，$p<0.00$，$F=29.50$）具有极显著负相关性。$\delta^{15}N$ 丰度值与环境因子的关系表现出和 $\delta^{13}C$ 丰度值一致的规律，与土壤 TN（$R^2=0.33$，$p=0.01$，$F=10.29$）、容重（$R^2=0.25$，$p=0.02$，$F=7.20$）具有显著正相关性，而与土壤 pH（$R^2=0.41$，$p<0.01$，$F=14.27$）和微生物商（$R^2=0.37$，$p<0.01$，$F=12.07$）具有极显著负相关性。

表 4-36　土壤环境因子与主成分载荷的关系

变量	PC1（78.56%）		PC2（19.14%）	
	Pearson' r	p	Pearson's r	p
TOC	−0.86	<0.001	−0.33	0.15
TN	−0.90	<0.001	−0.19	0.42
pH	0.93	<0.001	−0.14	0.57

续表

变量	PC1（78.56%）		PC2（19.14%）	
	Pearson' r	p	Pearson's r	p
含水量	0.83	<0.001	−0.18	0.46
容重	−0.73	<0.001	0.57	0.01
黏粒	−0.80	<0.001	0.05	0.83
粉粒	−0.78	<0.001	0.46	0.04
砂粒	0.77	<0.001	−0.25	0.28
MBC	0.84	<0.001	0.25	0.30
MBN	0.84	<0.001	0.40	0.08
MBC/TOC	0.93	<0.001	0.31	0.18
MBN/TN	0.91	<0.001	0.33	0.16

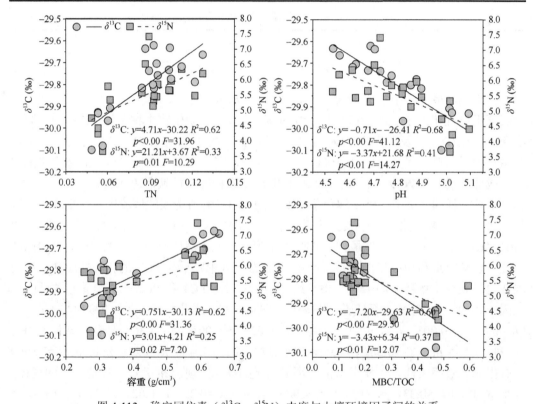

图 4-113　稳定同位素（δ^{13}C、δ^{15}N）丰度与土壤环境因子间的关系

以主成分分析得到的 PC1 和 PC2 分别代表土壤环境因子的生物、化学属性和物理结构属性，以 0~60 天木质素平均衰减速率代表分解过程中不同环境因子下的木质素分解状态。环境因子和木质素分解速率总体解释了 δ^{13}C 丰度分异的 80.10%，δ^{15}N 丰度分异的 42.80%（图 4-114）。土壤生物、化学属性特征（PC1）对 δ^{13}C 丰度变化具有最显著的影响（解释贡献率为 77.20%，$p<0.05$）。土壤生物化学属性（PC1）和木质素分解速率的交互作用对 δ^{13}C 和 δ^{15}N 丰度值的分异均具有显著影响，解释贡献率分别为 72.60%和 46.90%（$p<0.05$）。

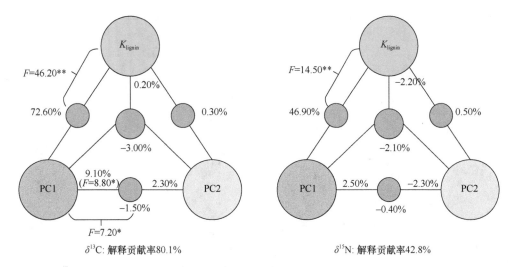

图 4-114　土壤环境因子与木质素分解速率对稳定同位素（δ^{13}C、δ^{15}N）丰度变化影响的方差分解分析

（本节作者：张广帅　张全军　孔继万　吴敦华）

第六节　鄱阳湖湿地生态系统水鸟栖息地监测结果

一、湿地景观格局监测结果

2017 年 7 月提取了鄱阳湖国家级自然保护区内 2016～2017 年越冬期内的 5 种湿地类型结果（图 4-115），2017 年 10 月对南矶湿地国家级自然保护区和都昌候鸟省级自然保护区内同一越冬期的 5 种湿地类型结果进行完善和整改（图 4-116 和图 4-117），结果如下。

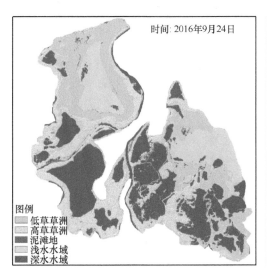
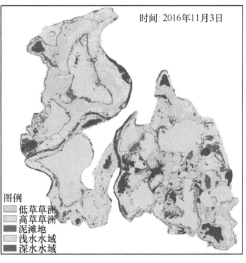

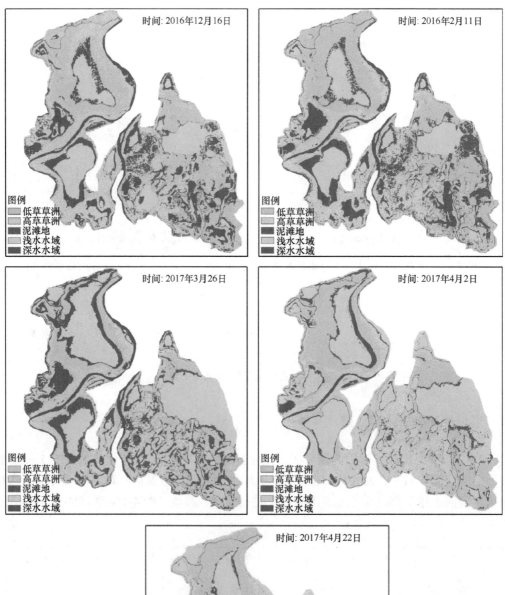

图 4-115　鄱阳湖国家级自然保护区遥感解译结果

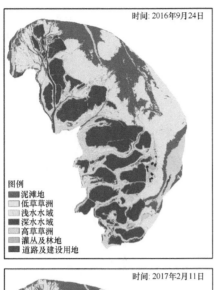

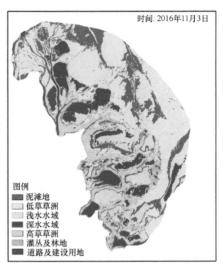

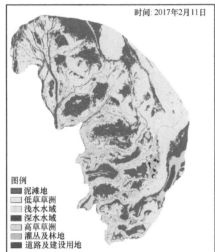

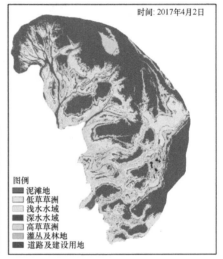

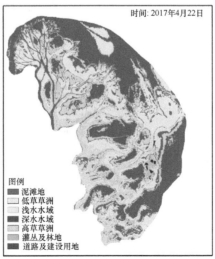

图 4-116 南矶湿地国家级自然保护区遥感解译结果

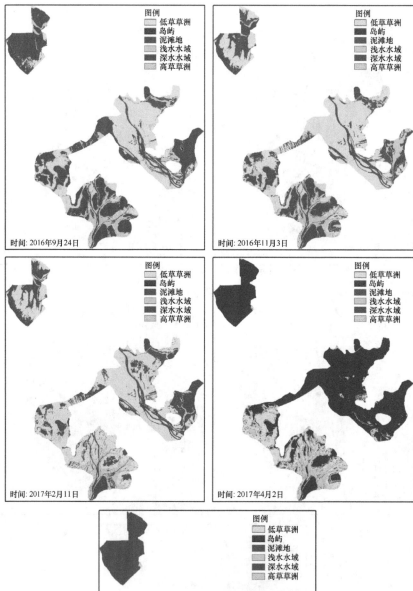

图 4-117　都昌候鸟省级自然保护区遥感解译结果

二、湿地植物群落结构和冬候鸟栖息地特征

鄱阳湖是一个多类型湿地组成的自然-经济-社会复合体。既有不同水深的湖泊湿地和河流湿地，又有大面积草本沼泽和草甸湿地，还有泥滩、沙滩。其中湿地草洲面积可占湖泊总面积的 50% 左右，此外，在大小圩区内还有许多类型的人工湿地。各系统之间有着复杂的能量流动和物质循环，而且在一定条件下交织在一起，互相转化、互相影响、互相依存、互相作用，构成一个动态变化的统一体。

依据湿地成因、积水状况、植被分布、地形地貌及动态特征，可将枯水期鄱阳湖湿地景观划分为 11 类（表 4-37，其中湖中高地为非湿地类型）。不同的湿地景观有着不同的环境特征，其中淹水时长、沉积类型是最为重要的影响因素，处在不同的淹露条件下的各高程滩地发育着不同的湿地植被类型，湖泊景观总体格局是在长期的湖泊演化过程中对天然水位变化节律适应的结果。

表 4-37 鄱阳湖湿地生境分类及其主要特征

湿地类型	湿地亚类型	一般高程	主要特征
湖泊水域	深水水域	10.5 m 以下	枯水期水深大于 50 cm，主要分布在松门山以北、河道和一些深水湖泊及大湖的某些水域。河道水流速度较大，河床受冲刷作用强，水体泥沙含量高，加上光照和氧气条件不充足，导致整个水生植物群落不发育。一般而言，河道凹岸受到严重的冲刷，比降较陡，岸边直接生长挺水植物，而凸岸由于淤积作用，比降较缓，岸边浅水带生长一定数量的沉水植物
	浅水水域	10.5~12.5 m	水深为 20~50 cm，主要位于河口三角洲上季节性小湖泊中间地带和松门山以南的大湖中。浅水区光照和氧气比较充足，水草、浮游生物、底栖生物、鱼类资源丰富，为一些大型涉禽和游禽的理想栖息地
	浅水滩地	11.5~13.5 m	水深小于 20 cm，为浅水区向陆地的过渡区，比降平缓，水生群落同浅水区差别不大，通常可见小型涉禽和岸禽觅食
泥沙滩地	泥滩	12~13.5 m	由于自然蒸发或者人工放湖，湖泊水位进一步下降，水生床出露，大量沉水植物和底栖生物枯死覆盖于地表，失去作为最适水鸟栖息地的价值
	沙滩	11~12 m	泥沙淤积形成，基本无植被覆盖，主要位于鄱阳湖北部和河道附近，以都昌附近最为集中，一般水流流速较快的区域
沼泽湿地	沼泽	12.5~13.5 m	紧接水陆分界线，水分饱和，可见残留浮叶植物生长，还可见少量的沼生植物生长及沉水植物残体，土层为潜育草甸土。此地段丰水期主要分布沉水植被
	稀疏草洲	12~14 m	土层为始成草甸土，土壤水分饱和，生长沼生植物。由于高程相对较低，出露时间相对茂密草洲和挺水植物带晚，植被萌发时间较短，生长稀疏，可见植物嫩芽被水鸟取食的痕迹
	低草草洲	12.5~15 m	洲滩高程较高，出露时间长，多年生草本迅速萌发生长，植被盖度大，隐蔽性较好，有水鸟夜栖留下的羽毛和卧痕
	高草草洲	14~16 m	丰水期的挺水植物到冬季枯死，主要有南荻群落和芦苇群落，各子湖泊与河道同大湖相分离，枯萎的挺水植物环绕四周，对湖泊形成较好的隐蔽，部分生性隐蔽的水鸟也利用南荻群落作为栖息地
	湖滨草甸	15.5~18 m	为湖滩高地，为中生性植物构成的草甸，代表性群落为狗牙根群落；群落高在 25 cm 以下，多见外来植物入侵，为湿地退化的产物
	湖中高地	20 m 以上	丰水期为湖中岛屿（18~20 m 为陡坎）

三、水位变化与水鸟栖息过程相关性分析

对 2015 年和 2016 年鸟类种群随枯水期水位变化的分析表明，两年的鸟类数量与枯水期水位无显著相关性。但是，在 2015 年枯水期来临之后候鸟数量随着水位下降出现先增加后减少的趋势。雁类数量峰值出现在 11 月中旬，鹤类数量峰值也出现在 11 月中旬，小天鹅数量峰值出现在 1 月上旬。而黄金咀（主湖区）鸟类数量高峰期多为 11 月中旬，3 个碟形湖的鸟类高峰期出现在 1 月，特别是白沙湖在 2 月和 3 月都有较大数量的雁类和鹤类。梅西湖候鸟峰值出现在 13.49～13.51 m，常湖池的候鸟峰值出现在 12.77～12.88 m，白沙湖的候鸟峰值出现在 12.16～12.17 m，黄金咀的候鸟峰值出现在 12.18～13.60 m。当水位超过 14.5 m 时，雁类和鹤类的数量基本趋于零。

2016 年梅西湖雁类冬候鸟峰值出现在 13.05～13.76 m，常湖池的雁类冬候鸟峰值出现在 12.68～12.91 m，白沙湖的冬候鸟峰值出现在 12.04～12.34 m，黄金咀的冬候鸟峰值出现在 9.14～11.24 m。2016 年整体候鸟峰值水位比 2015 年候鸟峰值水位低，这与候鸟迫于枯水期低水位的压力调整觅食过程有关。这表明年际之间不同水位差异对候鸟数量会产生影响。这与上文提到的 2016 年枯水期水位较 2015 年枯水期水位低及 2016 年候鸟峰值来临较早是一致的（图 4-118）。

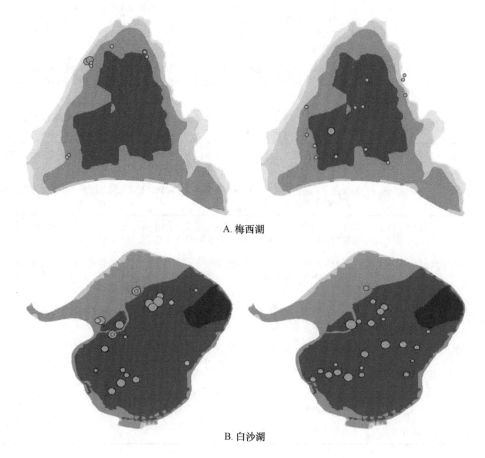

A. 梅西湖

B. 白沙湖

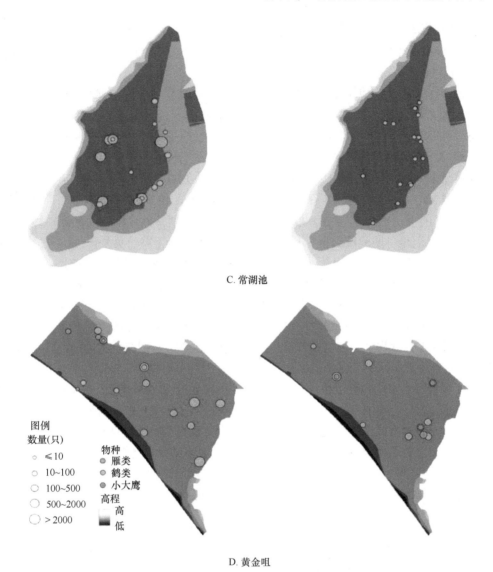

C. 常湖池

图例
数量(只)

○ ≤10

○ 10~100

○ 100~500

○ 500~2000

○ >2000

物种
● 雁类
● 鹤类
● 小大鹰

高程
高
低

D. 黄金咀

图4-118　4个调查点越冬前（左图）、后期（右图）鸟类觅食空间转移

在2016年越冬期前期（10～12月）水陆过渡带较小，3个碟形湖调查点的鸟类都主要分布在地势较高的薹草带和稀疏薹草带（图4-118）。到了越冬期后期（1～3月），泥滩裸露面积增大，沉水植物带出露面积增大，部分春季薹草也逐渐开始生长，一部分雁类停留在较茂密的薹草地带，另一部分雁类向新生的稀疏薹草带转移。而鹤类则随着沉水植物带的出露表现出明显向湖心移动的趋势。调查期间发现小天鹅只在黄金咀有分布，而由于黄金咀在越冬期多处于干涸状态，所以鸟类分布没有表现出明显的变化规律，与其植被分布类似，也呈随机分布。

鄱阳湖的地势较为平坦，水陆过渡带随着枯水期水位下降而移动，由草洲向泥滩、浅水依次转移，不断形成候鸟食物带。各种植物都有其特定的水分生态位，由此决定植物群落沿水分梯度的分布格局。当处于丰水期时，鄱阳湖的植被群落主要以芦荻群落和薹草群落为主，而随着水位的下降，碟形湖和主湖水位开始分开，开始出现大面积的水陆过渡带，苦草、轮叶黑藻和下江委陵菜等块茎所处的鸟类觅食生境开始显露。

碟形湖沉水植物（以苦草为主）几乎沿湖边呈环状分布，且在薹草高度超过 10 cm 区域均未发现苦草块茎。这种分布特点主要是受碟形湖地形特点和水深共同作用的结果，而与薹草相比，较弱的种间竞争关系可能是导致苦草块茎不能在茂密薹草区形成的原因。洲滩植被的绝对优势种为薹草，且主要分布在湖区地形相对较高处，呈环状包围湖区泥滩地和水域。调查结果表明冬候鸟越冬前期植被盖度显著高于越冬后期（t=7.65，p=0.000，df=111），冬候鸟越冬后期植被盖度极显著小于第一次调查，但 3 月薹草盖度极显著高于 11 月（t=9.85，p=0.000，df=111）。越冬前期开始鄱阳湖的洲滩植被停止生长，经历了一个越冬期被雁类取食后，导致植被盖度明显下降。另外，大部分低矮稀疏薹草在越冬期被雁类取食，从而导致薹草平均高度在越冬后期明显高于前期，以及从 3 月开始随着气温逐渐升高，鄱阳湖的春草开始重新生长，也增加了薹草高度。

本研究分析了鄱阳湖内 3 个碟形湖泊和 1 个通江湖泊 3 类植食性鸟类种群数量与水位变化的关系，为鄱阳湖的保护管理提供了一些参考。本研究所监测的 3 类鸟类均是植食性鸟类，它们的主要食物来源是包括苦草和薹草在内的植被。它们在食物选择上具有一定的差异，但是都表现出水位变化影响植被生长进而种群数量被食物资源制约的规律。但是若湖内存在多种沉水植物和湿生植物，如蓼子草，可以通过深埋种子来度过淹水期，从而在枯水期生长，为鸟类提供食物。这种转变属于鸟类应对恶劣条件的一种应急措施，当适宜生境恢复时鸟类会优先选择最适宜的食物与栖息地。而对于一些食性较窄的鸟类来说，主要食物的稀缺会显著影响种群数量。例如，小白额雁主要觅食看麦娘属和狗牙根属的植被，这两种植被近年来数量锐减，进而导致了小白额雁在鄱阳湖的消失。另外，湖内存在的养殖活动导致的枯水期人为水位控制及人为活动频繁也会对鸟类种群产生干扰。

四、水鸟栖息地适应性动态监测结果

2017 年 10 月，对 3 个保护区的湿地遥感分类结果进行统计，结果如下所述。

1. 鄱阳湖国家级自然保护区

2016 年 11 月 3 日至 2017 年 2 月 11 日，鄱阳湖国家级自然保护区内泥滩面积随着时间的推移而递增，2017 年 2 月 11 日达到顶峰，之后泥滩面积逐渐减少，总体呈现低—高—低的变化态势；2016 年 11 月 3 日到 2017 年 2 月 11 日，保护区内低草草洲面积逐渐增长，并于 2 月 11 日达最大值，之后于 3 月底面积回落至最低，并于 2017 年 3 月 26 日至 2017 年 4 月 22 日低草草洲呈现新一轮增长态势，表现出一定的周期性规律；2016 年 11 月至 2017 年 4 月底，高草草洲的面积总体呈现平缓增长的态势；保护区内的浅水面积随时间的推移总体呈现高—低—高模式，浅水面积于 2017 年 2 月 11 日最小，2016 年 11 月 3 日最大；整个保护区内深水水域的面积不大，随时间推移总体呈现从递减到平稳的态势（图 4-119）。

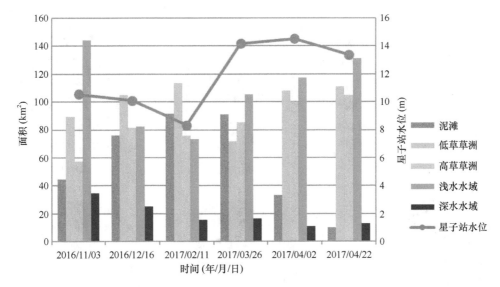

图 4-119　鄱阳湖国家级自然保护区分类结果与星子站水位的关系

鄱阳湖国家级自然保护区 5 种湿地类型空间比重见图 4-120，2016 年 11 月 3 日保护区内浅水水域所占比重最大，高达 39%，深水水域比重最小，5 种湿地类型所占比重从低到高依次为深水水域、泥滩、高草草洲、低草草洲、浅水水域；2016 年 12 月 16日保护区内低草草洲所占比重最大，深水水域比重最小，5 种湿地类型所占比重从低到高依次为深水水域、泥滩、浅水水域、高草草洲、低草草洲；2017 年 2 月 11 日保护区内低草草洲所占比重最大，深水水域比重最小，5 种湿地类型所占比重从低到高依次为深水水域、浅水水域、高草草洲、泥滩、低草草洲；2017 年 3 月 26 日保护区内浅水水域比重最大，深水水域比重最小，5 种湿地类型所占比重从低到高依次为深水水域、低草草洲、高草草洲、泥滩、浅水水域；2017 年 4 月 2 日保护区内浅水水域比重最大，深水水域比重最小，5 种湿地类型所占比重从低到高依次为深水水域、泥滩、高草草洲、低草草洲、浅水水域；2017 年 4 月 22 日保护区内浅水水域比重最大，泥滩比重最小，5 种湿地类型所占比重从低到高依次为泥滩、深水水域、高草草洲、低草草洲、浅水水域。

2. 南矶湿地国家级自然保护区

在南矶湿地国家级自然保护区，2016 年 9 月至 2017 年 2 月草洲面积（高草草洲、低草草洲）和泥滩面积都呈现增长态势，水域面积（浅水水域和深水水域）呈现递减态势；2017 年 2～4 月，随着星子站水位的涨落，南矶保护区内的水域面积与其呈相似变化，草洲面积（高草草洲、低草草洲）较 2017 年 2 月前面积缩小，但总体呈现增长态势，其中高草草洲在整个越冬期内皆呈现缓慢增长态势，在此期间，受春季植被萌发和水位上涨影响，泥滩地面积总体呈现缓慢降低的态势；统观整个越冬期，保护区内低草草洲面积呈现低—高—低变化模式；高草草洲总体呈缓慢递增态势；水域面积（深水水域、浅水水域）呈现高—低—高变化模式；泥滩地面积变化与低草草洲动态变化模式相似，总体呈现低—高—低变化模式（图 4-121）。

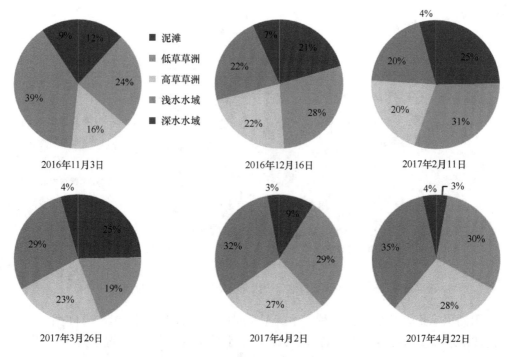

图 4-120　湿地类型分类结果的空间比重

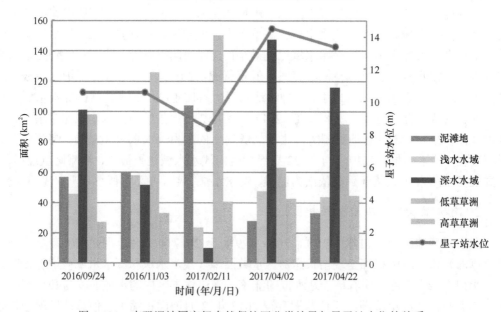

图 4-121　南矶湿地国家级自然保护区分类结果与星子站水位的关系

3. 都昌候鸟省级自然保护区

对都昌候鸟省级自然保护区内湿地类型遥感监测结果进行分析,2016 年 9 月至 2017 年 2 月,草洲面积(高草草洲、低草草洲)呈现递增态势,泥滩地面积呈现波动上升态势,水域面积随水位降低呈现递减态势;2017 年 2~4 月,水位上升,水域面积呈现急剧增长并于 4 月到达平稳状态；泥滩面积则呈递减态势，高草草洲面积平稳递减，低草草洲面积减少后则有小幅回升；统观整个越冬期，高草草洲面积变化不大，低草草洲呈低—高—低变化态势；浅水水域面积变化幅度较小，受与大湖连接的影响，保护区内深水水域多集中于大湖，受地势影响，浅水水域多分布于子湖区域，深水水域面积变化幅度较大，总体呈现高—低—高变化态势；泥滩地面积在 2 月达到最大，面积仅次于低草草洲，且大于深水水域，是候鸟栖息的重要场所（图 4-122）。

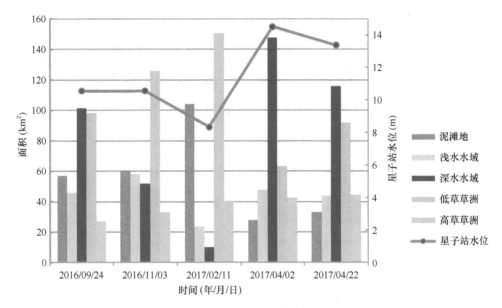

图 4-122　都昌候鸟省级自然保护区分类结果与星子站水位的关系

　　结合与监测影像同期的星子站水位数据，分析可知水域面积的增降与星子站水位的升降有明显的一致性；另外，高草草洲由于高程高于低草草洲，其面积变化受水位影响不大，低草草洲受水位影响较大，水位下降则低草出露面积增长；泥滩地面积与水位变化呈现明显负相关；分析结果从侧面反映了运用多元遥感对湿地景观格局动态监测具有明显有效性（图 4-123）。

五、越冬雁类食源植物时间窗口

1. 薹草有效生长时间确定

　　研究发现，薹草生长对气温比较敏感，日平均温度低于 10℃时，处于停滞萌发和生长状态。因此，使用该区域的逐日气温数据（数据来源于江西师范大学地理与环境学院），判别自洲滩出露后气温大于 10℃的天数作为薹草的有效生长时间。整个越冬期，自 11月 20 日开始（图 4-124），温度降至 10℃以下，低温状态从 2016 年 11 月底断断续续地持续到 3 月初，持续时间为 100 天。此外，研究表明，薹草种子在（20±5）℃条件下，萌发（以芽尖伸出土面为发芽标准）时间需要 5 天左右，因此，在有效生长时间中，应将低温持续天数和萌发时间扣除。

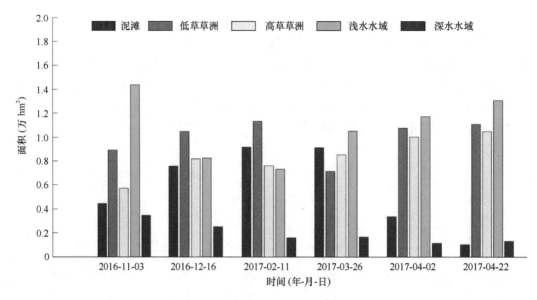

图 4-123　湿地类型分类结果的时间变化

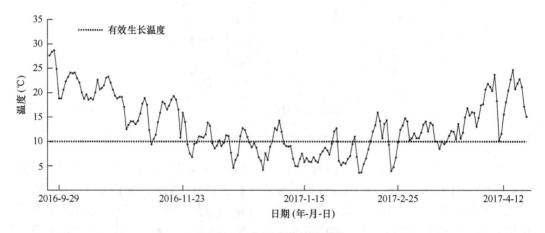

图 4-124　逐日平均温度变化

2. 雁类取食植被生长特征的确定

2017 年越冬期，多次在鄱阳湖大湖池、常湖池、白沙湖等子湖泊开展雁类栖息地及取食食物资源特征调查。根据实地观测、雁类脚印、新鲜粪便等确定雁类觅食地，根据取食薹草叶片的痕迹判定是否为新鲜取食，并对该觅食地对取食、未取食的植株株高进行现场测量，并记录。共计获得取食、未取食株高数据 540 个，选择被取食薹草的最高值和最低值作为雁类取食范围，即 7.5~18.7 cm（图 4-125）。

3. 植被生长过程模拟及时间窗口确定

植被生长过程中，其植株的高度、生物量及营养含量（如蛋白质）等的变化曲线都近似于"S"形，即符合逻辑斯蒂方程，因此该生态学模型被广泛用于模拟植物生物量及生长过程。本研究采用逻辑斯蒂方程分别对薹草的株高和地上生物量的季节动态进行拟合。

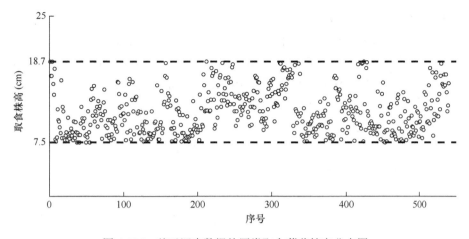

图 4-125 基于调查数据的雁类取食薹草株高分布图

$$y = \frac{k}{1 + e^{a-bt}}$$

式中，y 为植株的株高或地上生物量；t 为有效生长天数；k 为环境容纳量最终可达的最大值；a、b 为待定系数；e 为自然对数底。

在模型参数的求算中，k 值的确定是最为重要的。目前常见的方法有目测法、三点法、四点法、均值法等。研究表明，三点法、四点法、均值法均能达到较高的拟合精度，其中以四点法最优。四点法即用实测序列中的 4 个数据点来估计 k 值。四点法估计 k 值的公式为

$$k = \frac{N1 \times N4(N2 + N3) - N2 \times N3(N1 + N4)}{N1 \times N4 - N2 \times N3}$$

$t1+t4=t2+t3$。其中，（$t1$，$N1$）、（$t4$，$N4$）分别为实测数据序列的始点、终点，（$t2$，$N2$）、（$t3$，$N3$）则为中间两点。

由于本实验缺少了对"秋草"生长阶段的观测，此阶段薹草生长过程采用已发表文献的数据，得到 0～61 天的生长过程曲线（图 4-126），该实验设计温度在（20±5）℃条件下，淹水 2 cm，实验条件符合薹草秋季生长期的实际状况。拟合方程为

$$f(t)=28.46/[1+\exp(1.779-0.1067 \times t)], \quad R^2=0.993$$

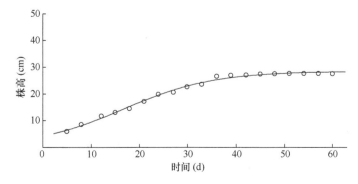

图 4-126 秋季生长期薹草株高随时间的变化

将薹草春季生长期株高和地上生物量指标在 Excel 2013 中进行数据预处理，在 Matlab 中用双因素方差分析，分析 4 个水分梯度对薹草生长过程影响的差异和不同样地间薹草生长过程的差异性，然后在 Matlab 中分别对 4 个高程梯度的生长曲线进行拟合。

根据拟合方程，结合雁类取食薹草的株高范围、洲滩出露时间和气温确定的有效生长天数，对生长模型方程进行求解，即可得到雁类取食的时间窗口。

计算公式为

$$T = [T_{min}, \ T_{max}] \tag{4.3}$$

式中，$T_{min} = t_{min} - t_1 - t_2$，$T_{max} = t_{max} - t_1 - t_2$；

$$t_{min} = \frac{a - \ln\left(1 - \dfrac{k}{7.5}\right)}{b} \ \text{和} \ t_{max} = \frac{a - \ln\left(1 - \dfrac{k}{18.7}\right)}{b}$$

式中，k 和 a、b 值同上；7.5 和 18.7 分别对应被取食薹草的最高值和最低值；t_1 为从出露开始，温度低于 10℃的天数（100 天）；t_2 为萌发所需要的天数，本研究取 5 天。

4. 雁类取食时间窗口的确定

根据确定的各梯度的出露时间，减去该阶段停滞生长时间（100 天）和薹草从出露到萌发的时间（5 天），即为正常状态下薹草的有效生长天数。由此得到，秋季生长期，TⅠ、TⅡ在出露天数达到 12 天时适宜雁类取食，出露时间超过 28 天后，不适宜雁类取食，TⅢ、TⅣ在秋季生长期出露后处于低温状态，无法萌发。在春季生长期，TⅠ、TⅡ、TⅢ、TⅣ在出露天数分别达到 169～182 天、131～144 天、99～112 天、83～102 天时适宜雁类取食（图 4-127 和表 4-38）。

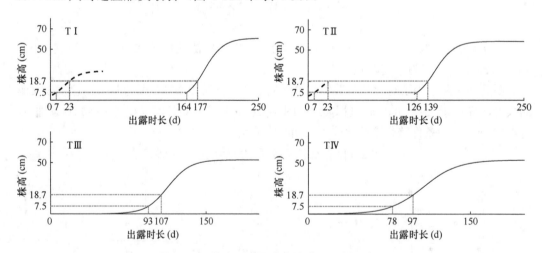

图 4-127　越冬雁类适宜取食草洲的时间窗口

表 4-38　各梯度植被生长曲线方程及有效生长天数

梯度	生长曲线方程	生长时间	停滞生长时间	萌发时间	有效生长时间
Ⅰ	$f(t)=28.46/[1+\exp(1.779-0.106\,7 \times t)]$　$t<61$ 低于有效温度，停滞生长　$61 \leqslant t \leqslant 161$ $f(t)=60.95/[1+\exp(16.47-0.088\,36 \times t)]$　$t>161$	218	100	5	113

续表

梯度	生长曲线方程	生长时间	停滞生长时间	萌发时间	有效生长时间
II	$f(t)=28.46/[1+\exp(1.779-0.106\ 7\times t)]$ $t<17$ 低于有效温度,停滞生长 $17\leqslant t\leqslant118$ $f(t)=58.63/[1+\exp(13.25-0.089\ 93\times t)]$ $t>118$	175	100	5	78
III	$f(t)=52.73/[1+\exp(10.59-0.093\ 74\times t)]$	127	61	5	61
IV	$f(t)=53.19/[1+\exp(6.718-0.063\ 02\times t)]$	121	55	5	61

5. 雁类取食时间窗口的验证

(1) 2016～2017 年与 2010～2011 年温度变化

对比 2016～2017 年与 2010～2011 年越冬期温度变化(图 4-128),结果表明,2016～2017 年与 2010～2011 年月份间温度变化趋势一致,均在 10 月温度下降,1 月达到最低值,而后气温回升。2010～2011 年越冬期温度普遍低于 2016～2017 年。

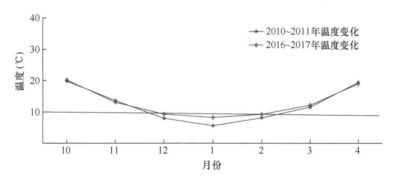

图 4-128 2010～2011 年与 2016～2017 年气温变化

(2) 2010～2011 年与 2016～2017 年薹草秋季生长期对比

提取秋季生长期数据,用逻辑斯蒂模型拟合薹草生长过程曲线(图 4-129 蓝色虚线),得到拟合方程为

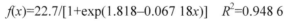

$$f(x)=22.7/[1+\exp(1.818-0.067\ 18x)] \quad R^2=0.948\ 6$$

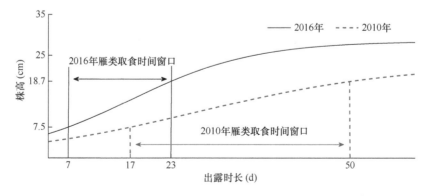

图 4-129 2010～2011 年与 2016～2017 年雁类适宜取食草洲的时间窗口

结果表明，2016 年秋季雁类取食食源植被时间窗口为出露 7～13 天，2010 年越冬期出露 17～50 天适宜雁类取食。2016 年取食时间窗口最低值较 2010 年提前 10 天，最高值提前 27 天。

（3）2009 年与 2017 年薹草春季生长期对比

提取春季生长期数据，用逻辑斯蒂模型拟合薹草生长过程曲线，得到拟合方程为

$$f(x)=59.56/[1+\exp(0.641\,5-0.098\,05x)] \quad R^2=0.975\,3$$

在春季生长期（图 4-130），薹草生长过程基本一致，2009 年测量时间为 2 月 25 日开始，薹草开始缓慢生长，2016 年薹草测量时间为 3 月 8 日开始，薹草起始株高一致，且均在 5 月达到最大值。

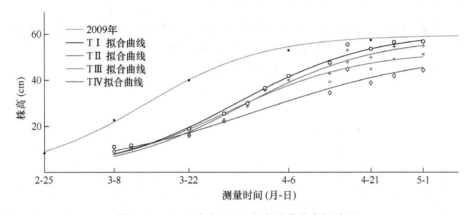

图 4-130　2009 年与 2016 年春季薹草生长过程

六、水鸟栖息地雁类环境容纳量的研究结果

1. 雁类栖息地范围确定与提取

本研究所采用的遥感影像为 Sentinel-2 系列，影像来自欧洲航天局（ESA），下载地址：https://scihub.copernicus.eu/dhus/#/home，对常湖池薹草生长过程的空间分布进行监测，基于植被划分的需求，提取常用的红、绿、蓝、近红 4 个波段作为常湖池薹草分类光谱影像数据源。

辅助数据为常湖池 1∶10 000 湖底高程数据。

我们在越冬期进行了多次野外调查，记录研究区雁类取食和未取食的边界坐标，与研究区 DEM 数据叠加分析，确定 2017 年越冬期雁类取食边界的高程为 13 m（吴淞高程）。由于植被在越冬期的缓慢生长，未对取食植被生长的最小高程进行确定。因此，本节采用 13 m 高程作为雁类取食边界的最大值，使用植被指数为正值的高程作为最小值，以此来判定雁类的栖息地范围。

本节基于 Sentinel-2 光谱信息，结合常湖池湖底高程数据，以 Ecognition 软件为平台，将 Sentinel-2 影像中的蓝、绿、红、近红波段及常湖池 DEM、SR 专题数据进行叠加，经过多次调参试验，最后确定以 10 为分割参数，形状因子和紧致度因子参数分别

设为 0.1 和 0.5（表 4-39），辅助后续雁类栖息地范围提取。

表 4-39　Sentinel-2 影像多尺度分割参数设置

分割层	波段选择	波段权重	分割尺度	形状参数	紧致度参数
level1	B/G/R/NIR/DEM/RVI	1/1/1/2/2/2	10	0.1	0.5

将影像波段进行 843 组合，实现常湖池影像假彩色显示，该波段组合主要为了更好突显植被分布，以 UPDATE RANGE 工具对 SR 专题数据和 DEM 专题数据进行阈值确定，多次调参，应用阈值提取（ASSIGN CLASS）算法实现常湖池植被范围和雁类栖息地划分，确定常湖池雁类栖息地划分规则（表 4-40）。最后以矢量格式输出，并分别统计 4 个时间的植被分布面积。

表 4-40　雁类栖息地分类规则

影像时间（年-月-日）	雁类栖息地阈值范围	
	RVI 阈值范围	DEM 阈值范围（m）
2017-12-08	＞0.88	
2017-12-18	＞0.89	
2017-12-26	＞0.99	＜13
2017-12-31	＞0.89	

2. 植被指数的提取

在 ArcMap10.3 中对每个采样点进行矢量化处理，并将生物量干重结果对应采样点编号输入采样点属性表中，构建常湖池 2017 年 10 月 9 日、2018 年 1 月 12 日和 2018 年 2 月 4 日生物量实测数据库；然后，借助多值提取至点工具，对所有采样点的 11 个植被指数进行提取，生成 2017 年 12 月常湖池薹草生物量同期植被指数数据库，为后续构建植被指数与生物量预测模型提供数据支撑。

由于 Sentinel-2 系列影像是以单波段格式存储，所以基于本研究需要，在 SNAP6.0 软件中对影像进行单波段提取，共提取蓝（B2）、绿（B3）、红（B4）、近红（B8）4 个波段，以 DIM 格式输出，并在 ArcMap10.3 中进行波段合成，实现影像 843 波段假彩色合成，为后期植被采样点出露时间和植被划分及雁类栖息地划分提供数据支持。

在 SNAP6.0 平台中，用 SEN2COR 插件对影像进行大气校正，得到地表反射率数据，进而用 BANDMATH 工具对影像进行波段运算，生成 11 个植被指数。

3. 植被指数与生物量拟合模型

植被指数与生物量拟合结果如表 4-41 所示，所有植被指数均与生物量呈线性或非线性关系，模型系数 R^2 值均为 0.5456～0.8049。其中，以三项式和逻辑斯蒂模型模拟效果较好（R^2 最大），三项式中模型拟合效果较好的有 EVI、SR_{re}、MSR_{re}、MSR、CI_{re}、CI_{green}、NDVI、SR，逻辑斯蒂模型拟合较好的有 SAVI、MSAVI、DVI（表 4-41）。

表 4-41　薹草地上生物量估算回归模型决定系数（R^2）

模型系数	线性	二项式	三项式	幂	指数	逻辑斯蒂模型
SAVI	0.7669	0.7671	0.7779	0.7646	0.722	0.7786
MSAVI	0.7698	0.7729	0.7818	0.7312	0.7023	0.7821
EVI	0.788	0.7909	0.7919	0.7761	0.7241	0.7911
SR_{re}	0.7716	0.7729	0.7872	0.7544	0.7305	0.765
MSR_{re}	0.7601	0.7602	0.7639	0.7562	0.7259	0.7483
DVI	0.7849	0.7928	0.8032		0.7522	0.8049
MSR	0.7174	0.7351	0.7533	0.72	0.6259	0.7494
CI_{re}	0.7716	0.7729	0.7872	0.7696	0.7305	0.756
CI_{green}	0.7029	0.703	0.7421	0.7047	0.6516	0.7312
NDVI	0.7142	0.7387	0.7591	0.7363	0.723	0.7468
SR	0.674	0.7519	0.7562	0.692	0.5456	0.7486

用对照组实测值对各植被指数-生物量模型进行验证（表 4-42）。通过验证，各植被指数估算结果均与实测生物量显著相关，且验证模型的 *RMSE* 和 *G* 值均在 83.23 和 0.72 以上，拟合效果较好，表明它们均具备一定的外推能力。其中，SR 验证模型 *RMSE* 最小，*G* 最大，即 SR 表现优于其他指数。因此，选择 SR 植被指数推算薹草生物量。

表 4-42　模型精度验证

植被指数	拟合方程	*RMSE*（g/m^2）	*G*	Sig.
SAVI	$y = 801.3/[1+\exp(3.668-10.95x)]$	98.49	0.84	0
MSAVI	$y = 776.6/[1+\exp(8.712-10.77x)]$	95.63	0.85	0
EVI	$y = -3349x^3+3071x^2+761.1x-95.26$	96.55	0.85	0
SR_{re}	$y = 116.3x^3-893.4x^2+2449x-1927$	130.72	0.72	0
MSR_{re}	$y = 706.1x^3-1533x^2+1652x-259.1$	117.00	0.78	0
DVI	$y = 817.1/[1+\exp(2.833-15.68x)]$	90.40	0.87	0
MSR	$y = -53.42x^3+270x^2-120.8x+103.4$	90.98	0.87	0
CI_{re}	$y = 116.3x^3-544.4x^2+1012x-254.3$	131.70	0.72	0
CI_{green}	$y = -19.99x^3+173.7x^2-261.5x+196.8$	94.95	0.85	0
NDVI	$y = -4964x^3+8850x^2-3776x+551.1$	111.44	0.80	0
SR	$y = -0.3889x^3+5.289x^2+56.6x-12.32$	83.23	0.89	0

4. 栖息地制图

（1）常湖池退水过程

对越冬期 16 景影像（2017 年 8 月 5 日至 2018 年 2 月 11 日）进行波段融合和掩膜

提取（图 4-131），结合实地观测记录，结果表明，研究区于 2017 年 8 月开始退水，10 月水位复涨，持续将近 25 天后水位开始缓慢下降。水位在 12 月下降较快，而后在 1 月下旬水位小幅度提升。

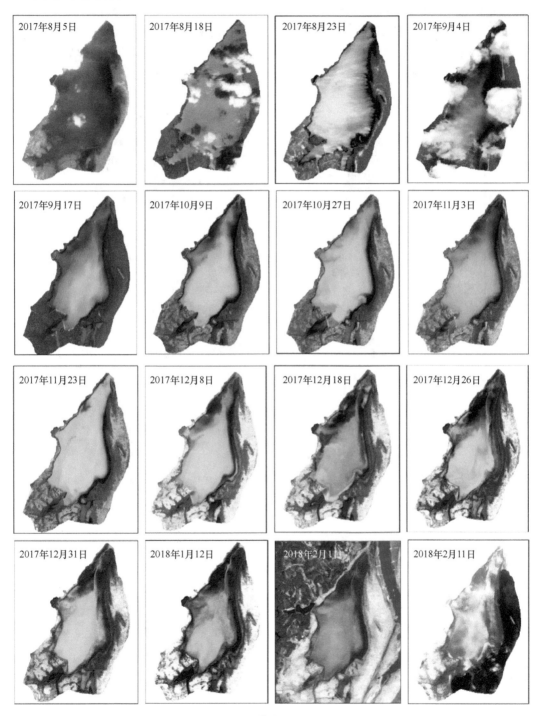

图 4-131 常湖池退水过程

（2）越冬雁类栖息地变化

在 ENVI5.4 中将最优生物量估测模型代入 BANDMATH 中进行计算，生成植被区域的薹草地上生物量分布图（图 4-132），结果表明，2017 年 12 月 8 日、2017 年 12 月 18 日、2017 年 12 月 26 日和 2017 年 12 月 31 日的栖息地总生物量为 379 215.06 g、403 035.13 g、725 652.25 g 和 842 290.17 g，各时间节点的最低生物量呈递增趋势，最高生物量呈递减趋势。

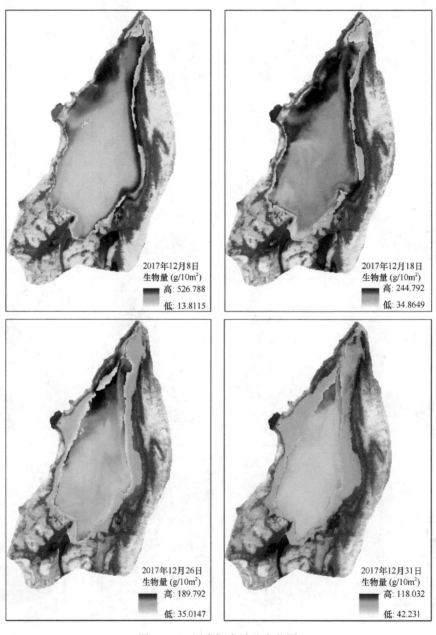

图 4-132　雁类栖息地分布范围

5. 越冬雁类栖息地的环境容纳量的估算

越冬雁类于 2017 年 12 月 2 日在研究区出现，数量为 180 只，2018 年 1 月 15 日离开，历时 44 天，研究区越冬雁类数量变化整体呈单峰形曲线，其中，在 2017 年 12 月 13 日达到最大值，为 6000 只。

使用 SR 植被指数对雁类潜在栖息地食源植被的生物量进行提取，结果发现，2017 年 12 月，雁类栖息地生物量变化呈指数式增长，12 月 8～18 日，生物量变化较为稳定，12 月 18～31 日，生物量增长迅速。

结合雁类栖息地生物量、每日能量消耗量和食源植被的能量数据对栖息地容纳量分析发现，2017 年 12 月，雁类栖息地可容纳雁类的最大数量呈指数式增长，增长趋势与栖息地生物量变化过程一致（图 4-133）。

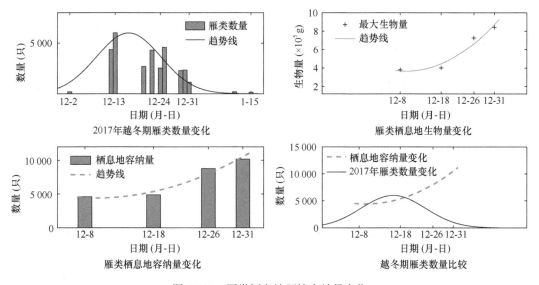

图 4-133 雁类栖息地环境容纳量变化

对栖息地容纳量和越冬期雁类实际数量叠加分析发现，12 月 10 日前和 12 月 20 日后，雁类栖息地可以满足雁类的取食要求，而在 12 月 10～20 日，栖息地无法为越冬雁类提供充足的食物资源。

（本节作者：夏少霞　孟竹剑　甘　亮）

第七节　鄱阳湖湿地生态系统鱼类资源监测结果

一、鄱阳湖鱼类资源概况

鄱阳湖属亚热带湿润性季风型气候，气候温暖、光照充足、雨水丰沛、无霜期长、水热同期。每年自 3 月下旬开始，在湖水水位显著上升的同时，水温亦同步上升，每年有 7~8 个月的水温超过 15℃，较太湖、洪泽湖高。这种水文气象条件，配上广阔、平缓的湖滩草洲，非常适合定居性鱼类鲤、鲫鱼产卵繁殖，适合长江洄游性鱼类和半洄游性鱼类的洄游、产卵及其幼鱼索饵育肥，是鱼类产卵、觅食、生长的良好场所。优越的自然条件孕育着丰富的渔业生物资源，使得鄱阳湖区成为江西省最大的商品鱼集中产地、全国重要的淡水渔业基地之一。

1. 鱼类资源

中国约有淡水鱼类 800 种，长江水系约有 400 种，江西省约有 205 种，鄱阳湖的鱼类分别占上述数据的 17%、34% 和 66%。

鄱阳湖鱼类记录资料显示，1955~1963 年为 121 种；1974 年为 118 种；1981 年为 115 种；1982~1990 年为 105 种；1997~1999 年为 122 种；1997~2000 年为 101 种；《中国湖泊志》《鄱阳湖》《鄱阳湖研究》均记录为 122 种；《中国五大淡水湖》记录为 107 种。据第二次鄱阳湖科学考察，鄱阳湖已记载的鱼类有 134 种，分隶于 12 目 26 科 77 属，以鲤科鱼多，计 71 种，占总种类数的 53.0%；其次是鳅科 12 种，占总种类数的 9.0%；鳅科 8 种，占总种类数的 6.0%；鲿科 5 种，占总种类数的 3.7%；银鱼科和钝头鲵科各 4 种，分别占 3.0%；塘鳢科和虾虎鱼科各 3 种，分别占 2.2%；其余各科合计占 17.9%。

根据洄游和栖息习性，鄱阳湖鱼类可分为湖泊定居性、江湖半洄游性、海河洄游性和山溪性 4 类。

1）湖泊定居性鱼类。它们的繁殖、生长和越冬等都在湖中进行，大多数经济鱼类属于此类型，主要有鲤、鲫、鳊、鲌鱼、鲶、鳜、乌鳢、黄鳝、黄颡鱼和银鱼，共计约 65 种。

2）江湖半洄游性鱼类。它们在湖中生长、发育，到江河中产卵，在生命周期中在湖泊和江河间洄游。约 19 种，主要有青、草、鲢、鳙等（赣江的吉安至赣州段有它们的产卵场，但鄱阳湖中四大家鱼苗主要依赖于长江）。

3）海河洄游性鱼类。它们在江河或湖泊中繁殖，到海洋中成长；或在海洋中繁殖，到江湖中成长。它们一生中必须在海、河之间做规律性洄游。约 8 种，主要有刀鲚、鲥、鳗鲡、舌鳎、弓斑圆鲀、中华鲟、白鲟等。

4）山溪性鱼类。它们本是山溪定居性鱼类，随水流从鄱阳湖五大水系进入鄱阳湖。约 42 种，包括胡子鲶、月鳢、中华纹胸鳅等。

上述渔业生物资源，既包括中华鲟、白鲟、胭脂鱼等国家级重点保护野生动物，也有鲥、鲚、青鱼、草鱼、鲢、鳙、鲶、赤眼鳟、翘嘴鲌等 36 种列入《国家重点保护经济水生动植物资源名录》的鱼类。

2. 鄱阳湖鱼类资源时空动态

2010 年 4 月、7 月、9 月和 11 月采用网簖（定置网）对鄱阳湖鱼类进行了全面调查，调查点位分别为星子、都昌、鄱阳和余干。

共调查到鱼类 72 种，隶属于 7 目 14 科 46 属。其中，鲤科鱼类为优势类群，占鱼类种类数的 69.4%。江湖半洄游性鱼类占鱼类种数的 25.0%，河流洄游性鱼类占鱼类种数的 19.4%，湖泊定居性鱼类占鱼类种数的 55.6%。数量上占优势的 10 个种类分别是鲫（*Carassius auratus*）、鲤（*Cyprinus carpio*）、鲶（*Silurus asotus*）、黄颡鱼（*Pelteobagrus fulvidraco*）、光泽黄颡鱼（*Pelteobagrus nitidus*）、大鳍鱊（*Acheilognathus macropterus*）、似鳊（*Pseudobrama simoni*）、鳊（*Parabramis pekinensis*）、鲢（*Hypophthalmichthys molitrix*）、大眼鳜（*Siniperca kneri*），共占总尾数的 80.25%。江湖半洄游性鱼类占总尾数的 14.7%，河流洄游性鱼类占总尾数的 6.1%，湖泊定居性鱼类占总尾数的 79.2%。

鱼类种类数表现出一定的时空波动，7 月物种数最多，4 月物种数最少；都昌的物种数最多，鄱阳的物种数最少。另外，密度和生物量也表现出一定的时空波动。4 月密度最高，11 月密度最低；鄱阳的密度最高，都昌的密度最低。7 月生物量最高，11 月生物量最低。

3. 鄱阳湖主要经济鱼类的捕捞产量

1959～2014 年，鄱阳湖鱼类捕捞产量年平均 2.88 万 t，呈现出先升高后降低的趋势（图 4-134）。其中，捕捞产量最大值出现在 1996 年，为 4.89 万 t；捕捞产量最低为 1974 年，仅为 1.52 万 t。

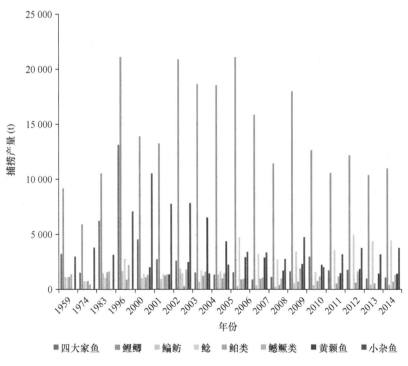

图 4-134　1959～2014 年鄱阳湖鱼类捕捞产量

经济鱼类主要由"四大家鱼"（青鱼、草鱼、鲢、鳙）、鲤、鲫、鳊、黄颡类、鲶、鲌类等组成。鲤、鲫占经济鱼类捕捞产量的比例最大，基本保持在 50%左右。"四大家鱼"所占比例逐年降低，从 26.9%降低至 4.6%。此外，鲶的捕捞产量逐年增加，占比为 3.8%～20.8%。

4. 碟形湖鱼类资源

2016 年 11～12 月在南矶保护区内的白沙湖、战备湖和三泥湾调查了碟形湖鱼类组成。共调查到鱼类 51 种，隶属 7 目 13 科 35 属。其中，鲤形目 2 科 23 属 35 种，占鱼类总数的 68.6%；鲈形目 5 科 6 属 8 种，占 15.7%；鲶形目 2 科 2 属 4 种，占 7.8%；鲱形目、鲑形目、颌针鱼目、合鳃鱼目各 1 科 1 属 1 种，分别占 2.0%。

2016 年南矶湿地国家级自然保护区内的红星湖鱼类捕捞产量为 89.4 t（图 4-135）。渔获物主要由鲫、鲤、鳘类、鲶、鲌类、鳜、草鱼、鳊鲂等组成。其中，鲫的捕捞产量为 28.3 t，占鱼类总捕捞产量的 31.66%。其次为鳘类、黄颡类，捕捞产量所占的比例分别为 6.84% 和 6.79%。另外，小个体野杂鱼的捕捞产量达到 29.6 t，占总捕捞产量的 33.11%，说明红星湖渔获物中小型鱼类占优势，经济鱼类的优势种类向小型化发展。

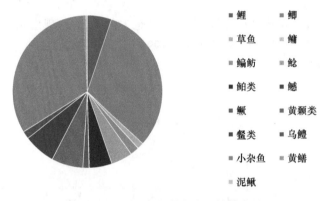

图 4-135　2016 年红星湖渔业捕捞产量

2011～2015 年大湖池和沙湖的主要经济鱼类为草鱼、鳊、翘嘴红鲌、鳜、鳙、鲢、鲤和大眼鳜（表 4-43）。调查发现，相比 2011 年、2012 年和 2013 年，2015 年大湖池和沙湖经济鱼类的捕捞产量呈现明显下降。另外，2011 年和 2012 年 "四大家鱼" 中的草鱼、鲢和鳙在大湖池、沙湖中为主要经济鱼类，占鱼类总捕捞产量的比例均超过 50%。

表 4-43　2011～2015 年大湖池和沙湖主要经济鱼类的捕捞产量

物种	大湖池捕捞产量（t）					沙湖捕捞产量（t）		
	2011 年	2012 年	2013 年	2014 年	2015 年	2011 年	2012 年	2015 年
草鱼	33.34	7.37	4.89	2.63	7.94	10.88	0.1	0.02
鳊	11.82	5.92	28.46	0.41	1.70	1.29	0.04	0.01
翘嘴红鲌	—	2.08	1.61	0.13	0.51	—	0.12	0.03
鳜	—	11.77	5.09	0.08	—	—	—	—
鳙	17.41	1.42	—	—	—	0.23	—	—
鲢	26.75	57.59	4.17	1.21	2.07	0.38	2.62	—
鲤	26.75	6.69	2.18	0.16	1.23	7.78	1.93	0.2
大眼鳜	14.16	3.45	16.18	0.03	0.87	2.51	0.02	0.1
总计	130.23	96.29	62.58	4.65	14.32	23.07	4.83	0.36

注："—" 代表调查中未发现，2013 年、2014 年沙湖未堑湖放水捕鱼

2015 年大湖池产量最高经济鱼类为草鱼，其次为鳙；沙湖的经济鱼类捕捞产量较低，主要以小型鱼类为主。

5. 虾蟹类资源

虾蟹类是鄱阳湖渔业生物资源结构中的另一大生态类群。根据调查结果表明，鄱阳湖区有虾类 14 种，分别是日本沼虾（*Macrobrachium nipponense*）、江西沼虾（*Macrobrachium jifangxiense*）、粗糙沼虾（*Macrobrachium asperulum*）、贪食沼虾（*Macrobrachium lar*）、韩氏沼虾（*Macrobrachiumn handersoni*）、春沼虾（*Macrobrachiumn vernustum*）、安徽沼虾（*Macrobrachiumn anhuiense*）、细鳌沼虾（*Macrobrachiumn superbum*）、秀丽白虾（*Exopalaemon modestus*）、中华小长臂虾（*Palaemonetes sinensis*）、中华新米虾（*Neocaridina denticulata sinensis*）、细足米虾（*Caridina nilotica gracilipes*）、克氏原鳌虾（*Procambarus clarkii*）。优势种为日本沼虾和秀丽白虾，日本沼虾在全湖区均有分布，其他种类仅局部分布，且数量相对较少。但由于近些年鄱阳湖水位持续低下、草洲覆盖面积减小、栖息地破坏、无节制捕捞等因素，日本沼虾的资源量日趋减少，品质下降。

克氏原鳌虾为入侵种，近 5 年（2009～2013 年）调查资料表明，鄱阳湖克氏原鳌虾捕捞产量已经占到虾类捕捞总产量的 50% 以上，平均达 2.5 万 t。

中华绒鳌蟹，俗称河蟹，原本是分布在鄱阳湖的天然蟹类，但目前天然产量很少。

二、鄱阳湖渔业环境

1. 浮游植物

根据鄱阳湖第二次科学考察的结果，2009～2013 年鄱阳湖浮游植物采集到 132 种，隶属于 7 门 67 属。其中，绿藻门 34 属 64 种，占总藻类数的 48.5%；硅藻门 17 属 30 种，占总藻类数的 22.7%；蓝藻门 6 属 22 种，占总藻类数的 16.7%；裸藻门 4 属 7 种，占 5.3%；甲藻门和隐藻门分别为 3 属 4 种和 2 属 4 种，均占鄱阳湖浮游植物总藻类数的 3.0%；金藻门种类数最少，仅见 1 属 1 种，如表 4-44 所示。

表 4-44　鄱阳湖浮游植物的种类分布状况

门类	总种类数	优势种	生物量（mg/L）	细胞数（cell/L）
蓝藻门	22	*Anabaena azotica*，*Phormidium aerugineo-coeruleum*	0.546	9.1×10^6
硅藻门	30	*Aulacoseira granulate*，*Surirella robusta*	2.298	3.8×10^7
绿藻门	64	*Scenedesmus qauuadricda*，*Eudorina elegans*	0.490	8.2×10^6
隐藻门	4	*Cryptomonas ovata*	0.428	7.1×10^6
裸藻门	7	*Englena acus*	0.075	1.2×10^6
甲藻门	4	*Ceratium hirundinella*	0.027	4.5×10^5
金藻门	1	Dinobryonaceae sp.	0.026	4.3×10^5
平均值			0.556	9.21×10^6

在鄱阳湖浮游植物群落组成中，硅藻门为绝对优势类群，蓝藻门、绿藻门次之（表4-44）。鄱阳湖浮游植物的平均生物量为 0.556 mg/L，平均细胞数量为 9.21×10^6 cell/L。其中，硅藻门的生物量和细胞数量均最大，分别为 2.298 mg/L 和 3.8×10^7 cell/L。

2. 沉水植物

在南矶湿地国家级自然保护区共采集到沉水植物 14 种，隶属 6 科 8 属，均为水生维管束植物，其中，单子叶植物 10 种，双子叶植物 4 种。其中，黑藻占明显的优势，分布范围大，生物量也较大，金鱼藻和五刺金鱼藻次之；苦草属植物分布范围大，但是生物量较低；在各子湖近岸带分布有少量穗花狐尾藻和黄花狸藻。

根据调查结果，南矶湿地保护区沉水植物平均生物量为 1050 g/m²。其中，北深湖的水生植物样方平均生物量最大，为 2187 g/m²，常湖的水生植物样方平均生物量最小，为 194.0 g/m²（表 4-45）。

表 4-45　南矶湿地保护区碟形湖的水生植物群落组成和样方平均生物量

碟形湖名称	群落组成	平均生物量（g/m²）
北深湖	密刺苦草、苦草、大茨藻、小茨藻、黑藻、穗花狐尾藻、马来眼子菜、荇菜	2187.2
南深湖	金鱼藻、五刺金鱼藻、苦草、黑藻、小茨藻、黄花狸藻、荇菜	2091.4
白沙湖	黑藻、密刺苦草、小茨藻、荇菜	559.7
东湖	苦草、密刺苦草、刺苦草、金鱼藻、五刺金鱼藻、黑藻、小茨藻、穗花狐尾藻、马来眼子菜、竹叶眼子菜、荇菜	520.4
下北甲湖	黑藻、苦草、刺苦草、金鱼藻、穗花狐尾藻、小茨藻、荇菜	729.4
红兴湖	黑藻、苦草、刺苦草、密刺苦草、金鱼藻、五刺金鱼藻、穗花狐尾藻、马来眼子菜、大茨藻、小茨藻、荇菜	1319.5
神塘湖	黑藻、苦草、金鱼藻、五刺金鱼藻、小茨藻、荇菜	1655.5
常湖	金鱼藻、五刺金鱼藻、小茨藻	194.0

3. 浮游动物

根据鄱阳湖第二次科学考察的结果，鄱阳湖大型浮游动物主要包括枝角类和桡足类。枝角类包括溞属、基合溞属、象鼻溞属、裸腹溞属、秀体溞属，桡足类包括剑水蚤目、哲水蚤目、无节幼体（表 4-46）。其中，鄱阳湖大型浮游动物的平均密度为 1.43 个/L，平均生物量为 3.62 mg/L。

表 4-46　鄱阳湖浮游甲壳动物的种类分布情况

种类		拉丁名	密度（个/L）	生物量（mg/L）
枝角类	溞属	*Daphnia* spp.	0.02	0.16
	象鼻溞属	*Bosmina* spp.	3.43	6.51
	秀体溞属	*Diaphanosoma* spp.	0.47	2.70
	裸腹溞属	*Moina* spp.	1.48	2.85
	基合溞属	*Bosminopsis* spp.	4.94	3.37
桡足类	剑水蚤目	Cyclops spp.	1.42	14.03
	哲水蚤目	Calanoida spp.	0.39	2.50
	无节幼体	Nauplius	0.69	0.27
其他		—	0.02	0.20
平均值			1.43	3.62

4. 底栖动物

(1) 主湖区

1981～1992 年鄱阳湖底栖动物的种类为 95 种，平均生物量为 246.426 g/m²，平均密度为 721 个/m²（表 4-47）。2007～2008 年对鄱阳湖大型底栖动物调查发现，底栖动物的种类为 35 种，平均生物量为 221.95 g/m²，平均密度为 245.94 个/m²。2012～2013 年（第二次鄱阳湖考察）调查鄱阳湖大型底栖动物发现，底栖动物的种类为 83 种，平均生物量为 65.24 g/m²，平均密度为 348.64 个/m²。

表 4-47 鄱阳湖大型底栖动物的种类、生物量及平均密度

调查时间	种类数量	平均生物量（g/m²）	平均密度（个/m²）
1981～1992 年	95	246.426	721
2007～2008 年	35	221.95	245.94
2012～2013 年	83	65.24	348.64

(2) 碟形湖

在南矶湿地自然保护区 5 个碟形湖共采集到底栖动物 17 种（表 4-48）。其中，软体

表 4-48 南矶湿地自然保护区底栖动物平均密度和生物量

类别	平均密度（个/m²）	相对密度（%）	平均生物量（g/m²）	相对生物量（%）
寡毛类				
霍甫水丝蚓	7.67	2.86	0.044	0.02
苏氏尾鳃蚓	8.73	3.26	0.692	0.30
摇蚊幼虫				
中国长足摇蚊	2	0.75	0.004	0.00
黄色羽摇蚊	2.03	0.76	0.004	0.00
腹足纲				
铜锈环棱螺	142.08	53.03	144.348	61.71
大沼螺	74.40	27.77	55.243	23.62
耳河螺	2.20	0.82	1.494	0.64
长角涵螺	12.95	4.83	2.613	1.12
纹沼螺	0.50	0.19	0.061	0.03
方格短沟蜷	1.10	0.41	0.609	0.26
双壳纲				
河蚬	5.00	1.87	9.306	3.98
淡水壳菜	4.70	1.75	0.480	0.21
圆顶珠蚌	1.00	0.37	16.720	7.15
背瘤丽蚌	0.60	0.22	2.089	0.89
其他				
寡鳃齿吻沙蚕	1.50	0.56	0.195	0.08
扁舌蛭	1.00	0.37	0.020	0.01
医蛭	0.45	0.17	0	0

动物种类最多，共 10 种，包括腹足纲 6 种和双壳纲 4 种；寡毛类和摇蚊幼虫各采集到 2 种，其他种类采集到 3 种。从物种的出现率看，铜锈环棱螺、长角涵螺、河蚬是保护区最常见的物种，在 5 个监测点均能采集到。

在种群密度方面，铜锈环棱螺和大沼螺占据绝对优势，平均密度分别为 142.08 个/m^2、74.40 个/m^2，各占总密度的 53.03% 和 27.77%。在生物量方面，铜锈环棱螺和大沼螺也占据优势，平均生物量为 144.348 g/m^2 和 55.243 g/m^2，各占总生物量的 61.71% 和 23.62%。其他种类在底栖动物的总密度和总生物量中所占比重相对较低。

三、鄱阳湖鱼类产卵场的面积变化

鲤、鲫是鄱阳湖鱼类的优势种群，占鄱阳湖渔获物的比例接近 50%。由于鄱阳湖具有季节性水位变化，促成了其湖滩草洲的生长与发育，为产黏性卵的鲤、鲫提供了良好的繁殖场所，十分有利于产卵和幼鱼的生长。另外，鄱阳湖草洲的生长受到水位变化的影响，进而会影响到鲤、鲫产卵场的面积与质量，对鲤、鲫的种群数量的补充具有决定性作用。因此调查鄱阳湖鲤、鲫产卵场的面积对研究水位变化与鄱阳湖鱼类群落的关系具有重要意义。

目前对鄱阳湖鲤、鲫的产卵场已有过 4 次调查（图 4-136）。第一次调查为 1963～1964 年原中国科学院南京地理研究所进行了鄱阳湖水产资源普查，1965 年 8 月发表《鄱阳湖南部鲤鱼产卵场综合调查研究》（内部资料）。查实鄱阳湖南部鲤鱼主要产卵场有 33 处，总面积为 270.79 km^2。其中，团湖、深湖、南湖、石桑池、李记湖、程家池、长湖子、云湖、南浆湖、七斤湖、北口湾、流水湖、二公脑洲、东湖 14 个湖为良好的产卵场；大沙方、边湖、北甲湖、林充湖、西湖、王老湖、鲫鱼湖、新湖、晚湖、汉池湖 10 个湖为较好的产卵场；常湖、山湖、草湾湖、三洲湖、堑公湖、矶山湖、曲尺湖、莲子湖、大鸣池 9 个湖为较差的产卵场。

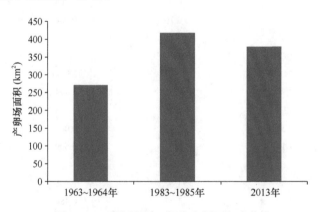

图 4-136　鄱阳湖鲤、鲫产卵场面积变化

第二次调查为 1973 年 3 月至 1974 年 10 月，江西省农业局水产资源调查队、江西省水产科学研究所对鄱阳湖水产资源进行了全面的调查，发表了《鄱阳湖水产资源调查报告》（内部资料）。调查发现，鄱阳湖南部鲤鱼产卵场有 31 处，比 1965 年调查时减少了 2 处。其中，良好的产卵场有北口湾、鲫鱼湖、北甲湖、新湖、山湖、云湖、南湖、

汉池湖、林充湖、下水湾湖、流水湖 12 个湖；较好的产卵场有东湖、矶山湖、大沙方湖、常湖、西湖、莲子湖、茄子湖、上加湖、七斤湖、南浆湖、程家池 11 个湖；较差的产卵场有团湖、边湖、蚌湖、曲尺湖、草湾湖、通子湖、王老湖、三洲湖 8 个湖。

第三次调查为 1983 年 3 月至 1985 年 12 月，江西省鄱阳湖管理局和江西省科学院生物资源研究所对整个鄱阳湖鲤鱼产卵场进行了调查研究，共查明鄱阳湖鲤鱼产卵场有 29 处，面积 417.89 km^2。

第四次调查为 2013 年 3～5 月对鄱阳湖鲤、鲫产卵场进行了现场考察。调查发现，目前鄱阳湖鲤、鲫鱼产卵场有 33 处，总面积为 379.19 km^2，分别是北口湾、鲫鱼湖、程家池、三洲湖、大沙方湖、山湖、团湖、北甲湖、东湖、上深湖、下深湖、常湖、蚌湖、莲子湖、汉池湖、大湖池、象湖、沙湖、西湖、南湖、林充湖、草湾湖、王老湖、六潦湖、晚湖、太阳湖、南浆湖、大鸣池、中湖池、边湖、云湖、外珠湖、金溪湖。

（本节作者：王玉玉）

第八节　鄱阳湖湿地生态系统底栖动物监测结果

底栖动物是指生活史的全部或大部分时间生活于水体底部的水生动物群。底栖动物是一个生态学概念，而非分类学概念，淡水底栖动物的种类繁多，在无脊椎动物方面几乎包括最低等的原生动物门到节肢动物门的所有门类。在湖泊中底栖动物主要包括水生寡毛类（水蚯蚓等）、软体动物（螺蚌等）和水生昆虫幼虫（摇蚊幼虫等）。湖泊底栖动物采样一般用采泥器法，在湖泊中的各个采样点用改良彼得森采泥器进行采集作为小样本，由若干小样本连成的若干断面为大样本，然后由样本推断总体。

底栖动物样品采集用面积为 1/20 m^2 的改良的彼得森采泥器，每个样点采集 3 下，底栖动物与底泥、碎屑等混为一体，必须冲洗后才能进行挑拣。洗涤工作通常采用网孔径为 0.45 mm 的尼龙筛网进行洗涤，剩余物带回实验室进行分样。将洗净的样品置入白色盘中，加入清水，利用尖嘴镊、吸管、毛笔、放大镜等工具进行工作，挑拣出的各类动物分别放入已装好固定液的 50 ml 塑料瓶中。标本可直接投入 7% 的福尔马林中固定。

软体动物和水栖寡毛类的优势种鉴定到种，摇蚊科幼虫至少鉴定到属，水生昆虫等鉴定到科。对于疑难种类应固定标本，以便进一步分析鉴定。把每个采样点所采到的底栖动物按不同种类准确地统计个体数，根据采样器的开口面积推算出 1 m^2 内的数量，包括每种的数量和总数量，样品称重获得的结果换算为 1 m^2 面积上的生物量（g/m^2）。底栖动物参照《中国经济动物志　淡水软体动物》《中国小蚓类研究》等书籍鉴定。

一、种类组成

4 个典型监测区共鉴定出底栖动物 50 种（表 4-49），其中昆虫纲种类最多，共计 27种，主要以摇蚊科幼虫为主（19 种）；其次是软体动物 13 种，包括腹足纲 9 种和双壳纲 4 种；寡毛纲 4 种和软甲纲 3 种，蛭纲和多毛纲分别采集到 2 种和 1 种。总体而言，与鄱阳湖主河道相比，4 个典型湿地种类较为丰富，且采集到较多蜻蜓目和蜉蝣目种类。4 个典型湿地以梅西湖和常湖池种类数最多，均采集到 29 种，其次是黄金咀（24 种），白沙湖发现的物种数最少（17 种），4 个典型湿地均以昆虫纲物种最为丰富（图 4-137）。不同湿地种类组成存在一定差异，多毛纲的寡鳃齿吻沙蚕仅在入江水道黄金咀采集到，这可能是因为该物种为海洋河口分布种，在长江也有分布，因此在入江水道可以采集到。

表 4-49 鄱阳湖典型湿地底栖动物名录

	中文名	拉丁名	梅西湖	常湖池	白沙湖	黄金咀
寡毛纲	霍甫水丝蚓	*Limnodrilus hoffmeisteri*	+			
	苏氏尾鳃蚓	*Branchiura sowerbyi*	+	+	+	+
	巨毛水丝蚓	*Limnodrilus grandisetosus*	+	+	+	
	中华颤蚓	*Tubifex sinicus*	+	+	+	+
多毛纲	寡鳃齿吻沙蚕	*Nephtys oligobranchia*				+
蛭纲	扁舌蛭	*Glossiphonia complanata*	+			+
	泽蛭属	*Helobdella* sp.	+		+	+
昆虫纲	羽摇蚊	*Chironomus plumosus*	+		+	
	中国长足摇蚊	*Tanypus chinensis*		+	+	
	菱跗摇蚊属	*Clinotanypus* sp.	+	+	+	+
	渐变长跗摇蚊	*Tanytarsus mendax*	+	+		
	分离底栖摇蚊	*Benthalia dissidens*	+	+		
	步行多足摇蚊	*Polypedilum pedestre*	+			
	刀铗多足摇蚊	*Polypedilum cultellatum*		+	+	+
	梯形多足摇蚊	*Polypedilum scalaenum*	+	+		+
	马速达多足摇蚊	*Polypedilum masudai*		+		
	林间环足摇蚊	*Cricotopus sylvestris*	+			+
	平铗枝角摇蚊	*Cladopelma edwardsi*		+		
	浅白雕翅摇蚊	*Glyptotendipes pallens*		+		
	雕翅摇蚊属	*Glyptotendipes* sp.		+	+	
	柔嫩雕翅摇蚊	*Glyptotendipes cauliginellus*		+		
	前突摇蚊属	*Procladius* sp.	+	+	+	
	二叉摇蚊属	*Dicrotendipes* sp.	+	+		+
	软铗小摇蚊	*Microchironomus tabarui*	+	+		
	隐摇蚊属	*Cryptochironomus* sp.	+	+	+	
	暗肩哈摇蚊	*Harnischia fuscimana*	+			
	长腹春蜓属	*Gastrogomphus* sp.	+			
	开臀蜻属	*Zyxomma* sp.		+		
	禽基蜉属	*Anagenesia* sp.				+
	蟌科	Coenagrionidae sp.		+		
	幽蚊属	*Chaoborus* sp.			+	
	库蠓属	*Culicoides* sp.	+	+		
	龙虱科	Dytiscidae sp.		+		
	纹石蚕科	Hydopsychidae sp.	+			

续表

	中文名	拉丁名	梅西湖	常湖池	白沙湖	黄金咀
软甲纲	日本沼虾	*Macrobrachium nipponense*				+
	细足米虾	*Caridina nilotica gracilipes*	+			
	秀丽白虾	*Exopalaemon modestus*		+		
双壳纲	河蚬	*Corbicula fluminea*	+	+		+
	淡水壳菜	*Limnoperna fortunei*	+			+
	圆顶珠蚌	*Unio douglasiae*				+
	椭圆背角无齿蚌	*Anodonta woodiana elliptica*			+	
腹足纲	铜锈环棱螺	*Bellamya aeruginosa*	+	+	+	+
	卵河螺	*Rivularia ovum*				+
	长角涵螺	*Alocinma longicornis*	+	+	+	+
	纹沼螺	*Parafossarulus striatulus*	+	+	+	+
	大沼螺	*Parafossarulus eximius*	+			+
	光滑狭口螺	*Stenothyra glabra*				
	方格短沟蜷	*Semisulcospira cancelata*		+		+
	中国圆田螺	*Cipangopaludina chinensis*	+			+
	尖口圆扁螺	*Hippeutis cantori*		+		+

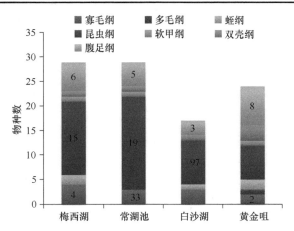

图 4-137　鄱阳湖典型湿地底栖动物种类组成

从表 4-50 中可以看出，各典型湿地底栖动物密度和生物量被少数种类主导。梅西湖和常湖池的密度优势种较为相似，优势种有河蚬、铜锈环棱螺、菱跗摇蚊属和隐摇蚊属，其在梅西湖的平均密度为 31.5 个/m²、29.4 个/m²、21.8 个/m² 和 12.8 个/m²，在常湖池的平均密度分别为 14.7 个/m²、6.7 个/m²、8.4 个/m²、13.8 个/m²。白沙湖的密度优势种为中国长足摇蚊、铜锈环棱螺、长角涵螺，密度分别为 35.6 个/m²、19.1 个/m² 和 6.7 个/m²。黄金咀的密度优势种为河蚬、铜锈环棱螺和大沼螺，密度分别为 41.7 个/m²、17.8 个/m² 和 44.4 个/m²。总体而言，各典型湿地优势种均以腹足纲、双壳纲和昆虫纲的种类为主，耐污类群寡毛纲现阶段密度较低，表明各典型湿地现阶段水质良好。生物量优势种方面，由于软体动物个体较大，所以其成为生物量的优势种，4 个典型湿地的生物量优势种主要为河蚬、铜锈环棱螺和大沼螺。

表 4-50 鄱阳湖典型湿地底栖动物各物种密度和生物量

种类	密度（个/m²）				生物量（g/m²）			
	梅西湖	常湖池	白沙湖	黄金咀	梅西湖	常湖池	白沙湖	黄金咀
寡毛纲								
霍甫水丝蚓	0.12				<0.0001			
苏氏尾鳃蚓	4.06	0.44	1.33	1.67	0.0393	0.0003	0.0187	0.0126
巨毛水丝蚓	0.75		3.11		0.0050		0.0038	
中华颤蚓	0.21	4.89	0.89	2.22	0.0004	0.0050	0.0035	0.0010
多毛纲								
寡鳃齿吻沙蚕				0.56				0.0097
蛭纲								
扁舌蛭	0.40				0.0031			
泽蛭属	0.42			0.56	0.0029			0.0353
昆虫纲								
羽摇蚊			1.33				0.0006	
中国长足摇蚊		0.44	35.56			0.0003	0.0198	
菱跗摇蚊属	21.84	8.44	0.44	0.56	0.0694	0.0515	0.0020	0.0024
渐变长跗摇蚊	0.54				0.0001	<0.0001		
步行多足摇蚊	1.27				0.0004			
刀铗多足摇蚊		0.44		0.56		<0.0001	0.0001	0.0003
梯形多足摇蚊	3.23	2.67		2.78	0.0008	0.0001		0.0005
马速达多足摇蚊						0.0001		
林间环足摇蚊	0.48			4.44	0.0001			0.0013
平铗枝角摇蚊		0.44				<0.0001		
浅白雕翅摇蚊		0.44				0.0005		
柔嫩雕翅摇蚊						0.0001		
前突摇蚊属	1.75	0.44			0.0010	0.0002		
二叉摇蚊属	2.34	0.44		1.11	0.0015	<0.0001		0.0009
软铗小摇蚊	2.30		0.44	1.11	0.0007	<0.0001	0.0001	0.0002
隐摇蚊属	12.83	13.78	0.44		0.0351	0.1072	0.0023	
暗肩哈摇蚊	0.24				0.0001			
长腹春蜓属						0.0494		
开臀蜻属		0.44				0.0998		
禽基蜉属				0.56				0.0097
蟌科		0.44				0.0009		
幽蚊属			0.44				0.0019	
库蠓属	0.28	0.89			0.0003	0.0012		
龙虱科		0.89				0.0022		
纹石蚕	0.98				0.0043			

续表

种类	密度（个/m²）				生物量（g/m²）			
	梅西湖	常湖池	白沙湖	黄金咀	梅西湖	常湖池	白沙湖	黄金咀
软甲纲								
日本沼虾				0.56				0.2740
细足米虾	2.18				0.0853			
秀丽白虾		0.44				0.0707		
双壳纲								
河蚬	31.51	14.67		41.67	31.8687	20.6273		71.4271
淡水壳菜			2.78				0.5563	
圆顶珠蚌			0.56				2.9029	
椭圆背角无齿蚌			1.33				0.5811	
腹足纲								
铜锈环棱螺	29.35	6.67	19.11	17.78	25.6481	9.7658	45.6180	27.5752
卵河螺			5.33				10.0111	
长角涵螺	9.71	4.44	6.67	1.67	1.6898	0.5483	1.6254	0.3701
纹沼螺	2.34	2.67	2.22	4.44	0.6236	0.2426	0.9463	1.9966
大沼螺	14.44			44.44	15.3710			32.2819
方格短沟蜷		0.44		1.11		0.0274		0.1214
中国圆田螺	0.48			1.11	0.0124			0.0006
尖口圆扁螺				0.56				0.0053

二、密度和生物量

4 个典型湿地底栖动物总密度为 73.8～144.8 个/m²，总体各湿地密度相差较小，最高值出现在梅西湖（图 4-138）。昆虫纲在梅西湖、常湖池和白沙湖均是优势类群，其平均密度为 20.2～48.8 个/m²，双壳纲在梅西湖、常湖池和黄金咀密度较高，密度分别为 43.4 个/m²、14.7 个/m² 和 45.0 个/m²，腹足纲在各湿地密度也占据较高比重，密度为 14.2～66.4 个/m²，最高值出现在黄金咀。4 个典型湿地底栖动物总生物量为 31.7～147.6 g/m²，均以双壳纲和腹足纲占据优势，腹足纲在 4 个典型湿地的生物量为 10.6～72.4 g/m²，双壳纲在梅西湖、常湖池和黄金咀的生物量分别为 31.9 g/m²、20.6 g/m² 和 74.9 g/m²。

季节变化方面，各湿地密度和生物量均存在显著的季节变化（图 4-139）。密度方面，梅西湖和常湖池存在类似的变化趋势，均是春季密度最高，而夏季和秋季密度较低。梅西湖 3 个季节的密度分别为 273.4 个/m²、57.8 个/m² 和 19.7 个/m²，常湖池 3 个季节的密度则为 196.0 个/m²、8.1 个/m² 和 31.1 个/m²。梅西湖和常湖池春季密度较高主要是昆虫纲、双壳纲和腹足纲密度较高，而在夏季和秋季密度较低，这可能与其生活史周期变化有关，摇蚊幼虫在春末存在一个羽化期，因此导致夏季和秋季密度较低，

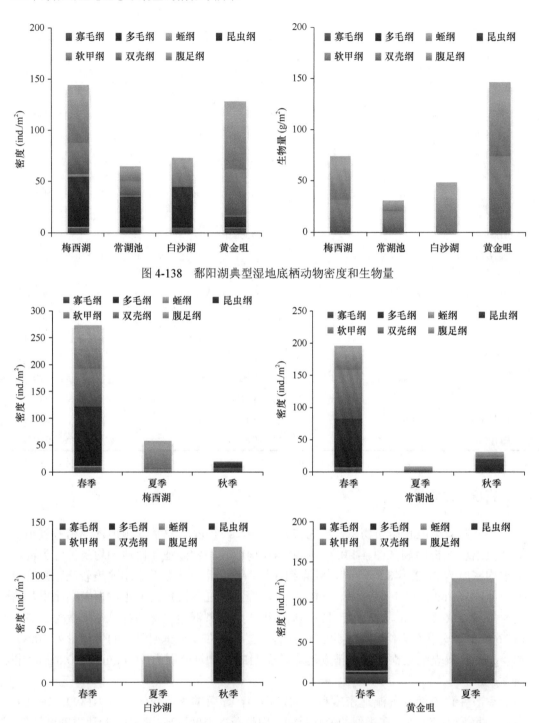

图 4-138 鄱阳湖典型湿地底栖动物密度和生物量

图 4-139 鄱阳湖典型湿地底栖动物密度的季节变化

而双壳纲和腹足纲在春季进入繁殖高峰期,因此幼体密度较高。白沙湖夏季密度最低 (24.7 个/m²),秋季密度最高(126.7 个/m²),以昆虫纲的中国长足摇蚊占据优势,春季 的密度为 82.7 个/m²,以腹足纲占据优势(50.7 个/m²)。黄金咀为春季密度略高于夏季,分别为 145.6 个/m² 和 130.0 个/m²。

　　生物量和密度呈现类似的变化趋势，梅西湖和常湖池均是春季生物量最高，秋季生物量最低。梅西湖 3 个季度的生物量分别为 112.8 g/m²、63.9 g/m² 和 0.2 g/m²，常湖池 3 个季度的生物量分别为 106.9 g/m²、6.86 g/m² 和 0.57 g/m²，2 个湖泊春季均以双壳纲和腹足纲占据优势。白沙湖 3 个季度的生物量分别为 54.39 g/m²、33.60 g/m² 和 65.38 g/m²，均以腹足纲占据绝对优势。黄金咀春季和夏季的生物量分别为 113.77 g/m² 和 115.75 g/m²，春季和夏季均以双壳类和腹足类共同占据优势，春季两个类群生物量分别为 53.76 g/m² 和 59.81 g/m²，夏季分别为 85.44 g/m² 和 69.87 g/m²（图 4-140）。

三、群落多样性

　　各湿地底栖动物群落多样性见图 4-141，4 个多样性指数呈现类似的空间变化特征，均是白沙湖最低。各湿地 Shannon-Wiener 多样性指数为 1.58～2.33，白沙湖较其他湿地低。各湿地 Margalef 丰富度指数为 3.02～5.23，梅西湖、常湖池和黄金咀高于白沙湖。Simpson 优势度指数为 0.69～0.86，Pielou 均匀度指数为 0.60～0.75，各湿地间差异相对较小，以白沙湖最低。

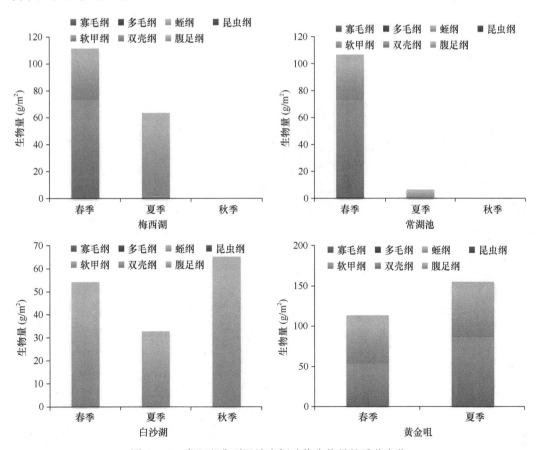

图 4-140　鄱阳湖典型湿地底栖动物生物量的季节变化

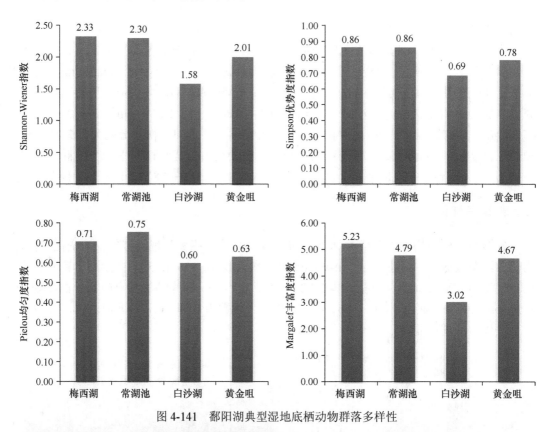

图 4-141　鄱阳湖典型湿地底栖动物群落多样性

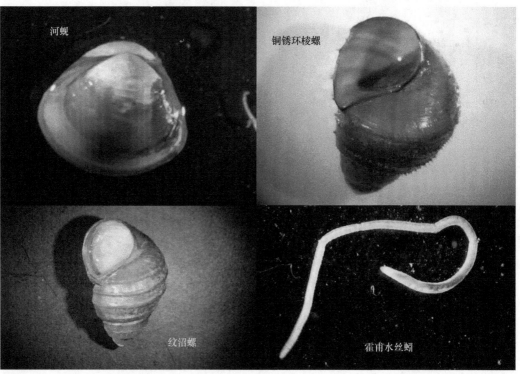

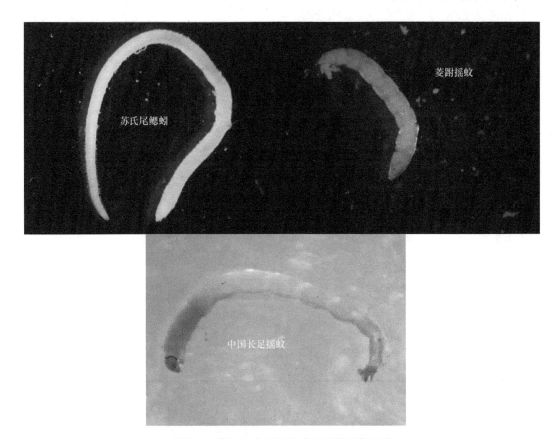

附图 1 鄱阳湖典型湿地常见底栖动物图片

（本节作者：王晓龙）

第九节 鄱阳湖湿地生态系统浮游植物监测结果

一、样品采集与分析

在鄱阳湖 3 个碟形湖（白沙湖、常湖池、梅西湖）和 1 个典型断面（黄金咀）进行野外样品采集，每个湖区或断面均匀布设 3 个采样点，每个样点采集 4 次，采样时间分别为 2016 年 4 月、2016 年 8 月、2016 年 10 月和 2017 年 3 月。浮游藻类定量样品取用 1 L 充分摇匀后的混合水样，倒入试剂瓶中之后加 1%体积的鲁戈试剂固定，静置 48 h 后，利用虹吸法将上清液吸除，定容至 30 ml。计数时，将计数样品充分摇匀后，迅速吸取 0.1 ml 样品到计数框（面积 20 mm×20 mm）中，盖上盖玻片，保证计数框内无气泡，也无样品溢出，置于 Olympus BX41 显微镜下进行镜检。浮游藻类的种类鉴定参照《中国淡水藻类——系统、分类及生态》。在计数过程中发现鄱阳湖浮游藻类丰度较低，为避免较大的计数结果误差，本节采用全片计数法。由于浮游藻类的比重接近 1，即 1 mm³

的细胞体积等于 1 mg 湿重生物量，故生物量的测定可以采用体积转化法。细胞的平均体积根据物种的几何形状计算。

二、鄱阳湖子湖浮游植物种类组成

经镜检，3 个碟形湖和 1 个典型断面共发现浮游植物 89 种，其中常湖池发现的种类最多，有 50 种（表 4-51），隶属于 7 门 9 纲 14 目 20 科 34 属，其次是梅西湖的 43 种，隶属于 6 门 8 纲 14 目 20 科 32 属。

表 4-51　鄱阳湖典型子湖浮游植物种类数

	白沙湖	常湖池	黄金咀	梅西湖
蓝藻	6	3	5	2
金藻	1	0	0	0
黄藻	0	1	0	0
硅藻	11	16	13	18
隐藻	2	3	2	3
甲藻	2	2	2	2
裸藻	2	3	1	6
绿藻	14	22	13	12

白沙湖和黄金咀所发现的浮游植物种类相对较少，白沙湖为 38 种，隶属于 6 门 9 纲 12 目 17 科 26 属，黄金咀为 36 种，隶属于 6 门 8 纲 12 目 17 科 25 属。硅藻门和绿藻门种类较多，其中在黄金咀和梅西湖中，硅藻种类数最多，分别为 13 种和 18 种，各占总种类数的 36.11% 和 41.86%（图 4-142）；在白沙湖和常湖池，浮游植物种类数最多的为绿藻门，分别为 14 种和 22 种，各占总种类数的 36.84% 和 44.00%。蓝藻门种类数在白沙湖最多（6 种），占该湖总种类数的 15.79%，在常湖池和梅西湖中所占比例较低，分别为 6.00% 和 4.65%。隐藻门、甲藻门和裸藻门的种类数相对较少，在白沙湖、常湖池和黄金咀 3 个湖区中，这 3 门类不超过总种类数的 16%；裸藻门种类数在梅西湖中较多，为 6 种，占总种类数的 13.95%。黄藻门和金藻门种类极少，分别仅在常湖池和白沙湖发现。

三、鄱阳湖典型子湖浮游植物空间分布特征

密度方面，黄金咀的浮游植物密度最高，平均值为 9.50×10^6 cells/L（图 4-143），处在一个相对较高的水平上，白沙湖的浮游植物密度次之，为 7.42×10^6 cells/L，常湖池和梅西湖相对较低，密度平均值分别为 2.19×10^6 cells/L 和 5.54×10^5 cells/L。群落组成上，蓝藻在 4 个湖区的平均密度均相对较高，特别是在黄金咀，为 8.64×10^6 cells/L，占该湖区浮游植物总密度的 90% 以上，远远高于其他各门类（图 4-143）；此外，蓝藻在常湖池和白沙湖的相对百分比也较高，均在 65% 以上，在梅西湖相对较低，为 62.36%。硅藻门在白沙湖含量相对较高，平均密度为 2.03×10^6 cells/L，占该湖区总密度的 27.36%，梅西湖的硅藻百分比也较高（12.60%）。绿藻门在梅西湖和常湖池的密度较高，分别为 9.26×10^4 cells/L 和 3.06×10^5 cells/L，各占对应湖区总密度的 16.71% 和 13.97%（图 4-144）。

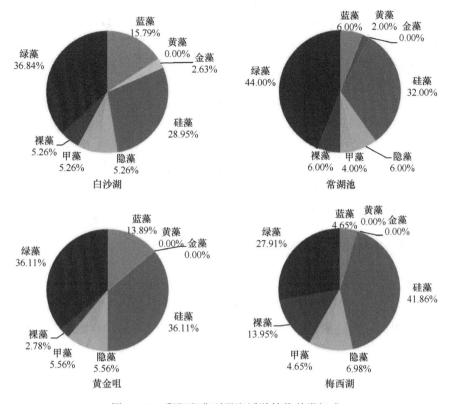

图 4-142　鄱阳湖典型子湖浮游植物种类组成

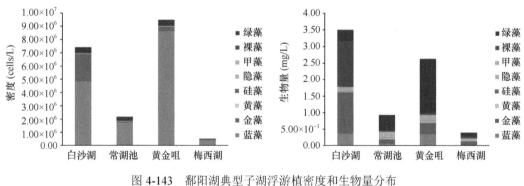

图 4-143　鄱阳湖典型子湖浮游植密度和生物量分布

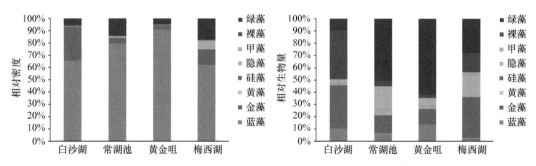

图 4-144　鄱阳湖典型子湖浮游植物相对密度和相对生物量分布

生物量方面，白沙湖高于其他 3 个湖区，平均值为 3.51 mg/L（图 4-143），黄金咀的浮游植物生物量次之，为 2.63 mg/L，常湖池和梅西湖的生物量较低，分别为 0.94 mg/L 和 0.40 mg/L。裸藻和硅藻是白沙湖浮游植物生物量的主要组成部分，分别占总生物量的 39.99% 和 35.12%（图 4-144）。由于裸藻和硅藻个体普遍较大，单个细胞生物量也相应较大，因而造成白沙湖浮游植物生物量较高的现象。黄金咀中，浮游植物密度最高，但主要以蓝藻（微囊藻，*Microcystis* sp.）为主，其单个生物量较小，因而其生物量不及白沙湖。在常湖池和黄金咀中，绿藻的生物量均要高于其他门类，所占各湖区生物量百分比分别为 50.19% 和 61.67%；梅西湖绿藻门所占总生物量百分比为 27.60%，仅次于硅藻门。甲藻门的生物量在常湖池中较高，为 0.18 mg/L，其次是黄金咀中，梅西湖中含量最低，占该湖区总生物量的 2.09%。

四、鄱阳湖典型子湖浮游植物时间变化特征

在常湖池、黄金咀和梅西湖中，浮游植物密度的季节变化趋势基本一致，夏季（2016 年 8 月）密度较高，其他时间段较低，特别是在黄金咀，夏季密度为 $3.18×10^7$ cells/L，远远高于其他时间段浮游植物总密度，其中蓝藻门密度为 $3.12×10^7$ cells/L（图 4-145）；夏季常湖池的浮游植物总密度为 $7.69×10^6$ cells/L，与 2016 年 4 月、2016 年 10 月及 2017 年 3 月也存在较大差距。白沙湖中，浮游植物总密度按照 2016 年 4 月、2016 年 8 月和 2016 年 10 月的顺序不断上升，最大值为 $1.52×10^7$ cells/L，蓝藻在 3 个季节中均占有较高比重（50% 以上），特别是在夏季（90.50%）。

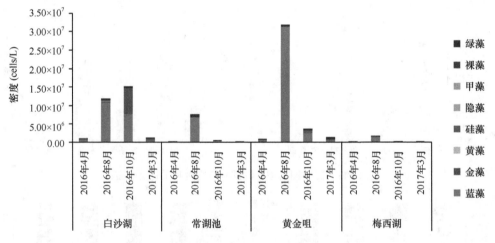

图 4-145　鄱阳湖典型子湖浮游植物密度时间变化

与密度类似，4 个湖区中，浮游植物生物量均表现出"夏季高，春秋季低"的现象（图 4-146）。夏季，白沙湖的浮游植物总生物量最高，为 7.04 mg/L，其中裸藻是造成生物量较高的主要原因，其生物量为 5.25 mg/L；黄金咀春季总生物量较高，2016 年 4 月和 2017 年 3 月总生物量分别为 2.73 mg/L 和 2.98 mg/L。梅西湖夏季浮游植物总生物量为 1.02 mg/L，而其他时间段总生物量均不超过 0.22 mg/L。

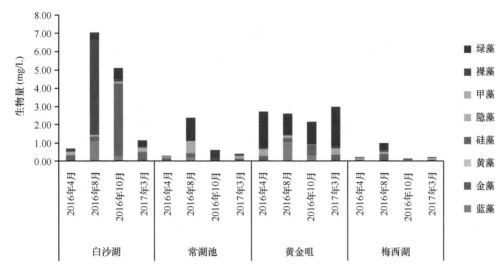

图 4-146　鄱阳湖典型子湖浮游植物生物量时间变化

五、鄱阳湖典型子湖浮游植物优势度和优势种

可以看出（表 4-52），各湖区的主要优势种有颗粒直链极狭变种。白沙湖浮游植物优势种为微囊藻（*Microcystis* sp.）、颗粒直链藻极狭变种（*Aulacoseira granulata* var.*angustissima*）、类颤鱼腥藻（*Anabaena oscillarioides*）、拟鱼腥藻（*Anabaenopsis* sp.）、浮游蓝丝藻（*Planktothrix* sp.）和水华束丝藻（*Aphanizomenon flos-aquae*），优势度依次为 0.35、0.22、0.070、0.055、0.040 和 0.038。在常湖池和黄金咀中，微囊藻占绝对优势，优势度分别为 0.45 和 0.29，此外类颤鱼腥藻和空球藻（*Eudorina elegans*）也是常湖池的优势种，优势度分别为 0.043 和 0.024，卷曲鱼腥藻在黄金咀中的优势度为 0.061，是该湖区的另一优势种。微囊藻、类颤鱼腥藻和杂球藻（*Pleodorina californica*）是梅西湖的优势种，优势度依次为 0.17、0.075 和 0.022。

表 4-52　鄱阳湖典型子湖浮游植物优势种

湖区	优势种
白沙湖	微囊藻、颗粒直链藻极狭变种、类颤鱼腥藻、拟鱼腥藻、浮游蓝丝藻和水华束丝藻
常湖池	微囊藻、类颤鱼腥藻和空球藻
黄金咀	微囊藻、卷曲鱼腥藻
梅西湖	微囊藻、类颤鱼腥藻和杂球藻

六、鄱阳湖典型子湖浮游植物多样性及生物学评价

生物群落多样性是生物群聚（population）的一个重要属性，它反映生物群落的种类与个体数量的函数关系，可用多样性指数和均匀度衡量。种类多样性指数是生物群落结构的一个重要属性的反映，可作为水质评价的生物指标。现使用 Shannon-Wiener 法的多样性指数计算公式：

$$H' = -\sum_{i=1}^{s} P_i \log_2 P_i$$

式中，H' 为多样性指数；s 为种类数；$P_i = n_i/N$（n_i 为第 i 个物种的个体数，N 为全部物种的个体数）。

H' 值在 3~4 为清洁区域，2~3 为轻度污染，1~2 为中度污染，<1 为重污染。

白沙湖浮游植物 Shannon-Wiener 多样性指数在 2017 年 3 月最高，为 2.82，在夏季和秋季逐渐减低且均小于 2（图 4-147）；常湖池中，Shannon-Wiener 多样性指数在春季相对较高，在 2016 年 4 月和 2017 年 3 月分别为 2.59 和 2.25，夏季最低（1.15）；与常湖池类似，黄金咀的浮游植物 Shannon-Wiener 多样性指数在 2017 年 3 月取得最大值（3.01），2016 年 4 月次之（3.00），夏季较低（0.35）；梅西湖 3 个季节的浮游植物 Shannon-Wiener 多样性指数变化范围为 1.61~2.44，在 2017 年 3 月取得最大值。

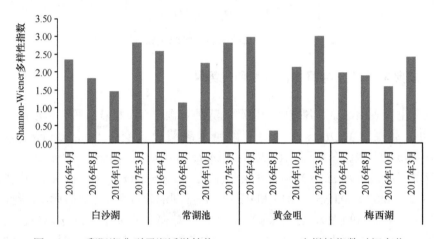

图 4-147 鄱阳湖典型子湖浮游植物 Shannon-Wiener 多样性指数时间变化

根据 Shannon-Wiener 多样性指数的评价标准，白沙湖水质在春季受到轻度污染，而在夏秋两季为中度污染；常湖池春秋两季水质较好，为轻度污染，夏季较差，为中度污染；黄金咀春季水质最好，为清洁区域，秋季次之，夏季最差，为重污染；在春、夏、秋 3 季中，梅西湖水质基本处于中度污染水平。

（本节作者：王晓龙）

参 考 文 献

长江中下游湿地保护网络水鸟工作组. 2008. 长江中下游湿地保护网络水鸟调查与监测手册. 北京: 世界自然基金会(瑞士)北京代表处.

陈大庆, 刘绍平, 段辛斌, 等. 2002. 长江中上游主要经济鱼类的渔业生物学特征. 水生生物学报, 6: 618-622.

陈伟民, 黄祥飞, 周万平. 2005. 湖泊生态系统观测方法. 北京: 中国环境科学出版社.

高敏敏, 万凌凡, 马燕天, 等. 2018. 水淹条件下灰化薹草和藜草活体, 枯落物分解过程的比较. 生态学报, 38(21): 9.

国家环境保护总局《水和废水监测分析方法》编委会. 2022. 水和废水监测分析方法. 第四版. 北京: 中国环境科学出版社.

侯曼曼, 陈微, 蔡奇英, 等. 2018. 基于系统发育和功能性状的薹草属适应性进化. 基因组学与应用生物学, 37(8): 9.

黄孝锋, 邴旭文, 陈家长. 2012. 基于 Ecopath 模型的五里湖生态系统营养结构和能量流动研究. 中国水产科学, 19(03): 471-481.

李文, 王鑫, 何亮, 等. 2018. 鄱阳湖洲滩湿地植物生长和营养繁殖对水淹时长的响应. 生态学报, 38(22): 8176-8183.

李文, 王鑫, 潘艺雯, 等. 2018. 不同水淹深度对鄱阳湖洲滩湿地植物生长及营养繁殖的影响. 生态学报, 38(9): 8.

李雅, 于秀波, 刘宇, 等. 2018. 湿地植物功能性状对水文过程的响应研究进展. 生态学杂志, 37(3): 8.

吕宪国. 2005. 湿地生态系统观测方法. 北京: 中国环境科学出版社.

秦天龙, 沈建忠, 李宗栋, 等. 2016. 鄱阳湖、赣江以及长江白鲢资源分析与保护研究. 人民长江, 47(12): 23-27.

任慕莲. 1994. 黑龙江的鳜鱼. 水产学杂志, 2: 17-26.

宋文, 祝东梅, 王艺舟, 等. 2014. 梁子湖团头鲂的年龄和生长特征. 大连海洋大学学报, 29(1): 11-16.

万松贤, 兰志春, 刘以珍, 等. 2017. 基于 NDVI 指数的鄱阳湖丰水期湿地植被覆盖对水文情势变化的响应. 南昌大学学报(理科版), 41(4): 8.

王晓龙, 吴召仕, 刘霞, 等. 2018. 鄱阳湖水环境与水生态. 北京: 科学出版社.

王晓龙, 徐金英. 2016. 鄱阳湖湿地植物图谱. 北京: 科学出版社.

吴斌, 方春林, 傅培峰, 等. 2015. 鄱阳湖通江水道短颌鲚生长特性初探. 水生态学杂志, 36(3): 51-55.

夏少霞, 于秀波, 刘宇, 等. 2016. 鄱阳湖湿地现状问题与未来趋势. 长江流域资源与环境, 25(7): 1103-1111.

肖调义, 章怀云, 王晓清, 等. 2003. 洞庭湖黄颡鱼生物学特性. 动物学杂志, 5: 83-88.

熊飞, 刘绍平, 段辛斌, 等. 2009. 鄱阳湖鲤的年龄与生长特征. 水生态学杂志, 30(4): 66-70.

张广帅, 于秀波, 刘宇, 等. 2018a. 鄱阳湖碟形湖泊植物分解和水位变化对水体碳氮浓度的叠加效应. 湖泊科学, 30(3): 668-679.

张广帅, 于秀波, 张全军, 等. 2018b. 鄱阳湖湿地土壤微生物群落结构沿地下水位梯度分异特征. 生态学报, 38(11): 3825-3837.

张欢, 谢平, 吴功果, 等. 2013. 日本沼虾与秀丽白虾的营养生态位. 环境科学研究, 26(1): 22-26.

张觉民, 何志辉. 1991. 内陆水域渔业自然资源调查手册. 北京: 农业出版社.

张明祥, 张建军. 2007. 中国国际重要湿地监测的指标与方法. 湿地科学, (1): 1.

张全军, 于秀波, 胡斌华. 2013. 鄱阳湖南矶湿地植物群落分布特征研究. 资源科学, (1): 44-51.

张全军, 于秀波, 钱建鑫, 等. 2012. 鄱阳湖南矶湿地优势植物群落及土壤有机质和营养元素分布特征. 生态学报, 32(12): 3656-3669.

张全军, 张广帅, 于秀波, 等. 2019. 鄱阳湖植食越冬候鸟粪便对洲滩湿地薹草枯落物分解过程及碳、氮、磷释放的影响. 湖泊科学, 31(3): 208-218.

张全军, 张广帅, 于秀波, 等. 2020. 鄱阳湖湿地优势植物枯落的分解速率及碳、氮磷释放动态特征. 生态学报, 40(17): 12.

张全军, 张广帅, 于秀波, 等. 2021. 鄱阳湖湿地枯丰水期转换对灰化薹草(*Carex cinerascens* Kükenth)枯落物分解及碳、氮、磷释放的影响. 湖泊科学, 33(5): 1508-1519.

张堂林, 李忠杰. 2007. 鄱阳湖鱼类资源及渔业利用. 湖泊科学, 19: 434-444.

张堂林. 2005. 扁担塘鱼类生活史策略、营养特征及群落结构研究. 北京: 中国科学院研究生院博士学位论文.

张廷龙, 孙睿, 胡波, 等. 2011. 改进 Biome-BGC 模型模拟哈佛森林地区水碳通量. 生态学杂志, 30(9): 8.

张燕萍, 吴斌, 方春林, 等. 2015. 鄱阳湖通江水道翘嘴鲌(*Culter alburnus*)的生物学参数估算. 渔业科学进展, 36(5): 26-30.

中国科学院南京地理与湖泊研究所. 2015. 湖泊调查技术规程. 北京: 科学出版社.

中国生态系统研究网络科学委员会. 2007. 陆地生态系统生物观测规范. 北京: 中国环境科学出版社.

中国生态系统研究网络科学委员会. 2007. 陆地生态系统水环境观测规范. 北京: 中国环境科学出版社.

中国生态系统研究网络科学委员会. 2007. 陆地生态系统土壤观测规范. 北京: 中国环境科学出版社.

中国生态系统研究网络科学委员会. 2007. 水域生态系统观测规范. 北京: 中国环境科学出版社.

Christensen V, Walters C J. 2004. Ecopath with Ecosim: Methods, capabilities and limitations. Ecol Model, 172: 109-139.

Guan B C, Liu X, Gong X, et al. 2017. Identification of evolutionary hotspots in the Poyang Lake Basin based on genetic data from multiple rare and endangered plant species. Ecological Informatics, 42: 114-120.

Guo C, Ye S, Le S, et al. 2013. The need for improved fishery management in a shallow macrophytic lake in the Yangtze River basin: Evidence from the food web structure and ecosystem analysis. Ecol Model, 267: 138-147.

Huang J, Gao J. 2017. An ensemble simulation approach for artificial neural network: An example from chlorophyll a simulation in Lake Poyang, China. Ecological Informatics, 37: 52-58.

Huang J, Qi L, Gao J, et al. 2017. Risk assessment of hazardous materials loading into four large lakes in China: A new hydrodynamic indicator based on EFDC. Ecological Indicators, 80(9): 23-30.

Kao Y C, Adlerstein S, Rutherford, E. 2014. The relative impacts of nutrient loads and invasive species on a Great Lakes food web: an Ecopath with Ecosim analysis. J Great Lakes Res, 40: 35-52.

Li Y, Yu X, Guo Q, et al. 2019. Estimating the biomass of *Carex cinerascens* (Cyperaceae) in floodplain wetlands in Poyang Lake, China. Journal of Freshwater Ecology, 34(1): 379-394.

Straile D. 1997. Gross growth efficiencies of protozoan and metazoan zooplankton and their dependence on food concentration, predator-prey weight ratio, and taxonomic group. Limnol Oceanogr, 42: 1375-1385.

Wang X, Han J, Xu L, et al. 2014a. Soil Characteristics in relation to vegetation communities in the wetlands of Poyang Lake, China. Wetlands, 34: 829-839.

Wang X, Xu J, Xu L. 2017. Effects of prescribed fire on germination and plant community of *Carex cinerascens* and *Artemisia selengensis* in Poyang Lake, China. South African Journal of Botany, 113: 111-118.

Wang X, Xu L, Wan R, et al. 2016a. Seasonal variations of soil microbial biomass within two typical wetland areas along the vegetation gradient of Poyang Lake, China. Catena, 137: 483-493.

Wang X, Xu L, Wan R. 2016b. Comparison on soil organic carbon within two typical wetland areas along the vegetation gradient of Poyang Lake, China. Hydrology Research, 47: 261-277.

Wang Y, Kao Y C, Zhou Y, et al. 2019. Can water level management, stock enhancement, and fishery restriction offset negative effects of hydrological changes on the four major Chinese carps in China's largest freshwater lake? Ecological Modelling, 403: 1-10.

Wang Y, Xu J, Yu X, Lei G. 2014b. Fishing down or fishing up in Chinese freshwater lakes. Fisheries Manag Ecol, 21: 374-382.

WangY, Yu X, Li W, et al. 2011. Potential influence of water level changes on energy flows in a lake food web. Chin Sci Bull, 56: 2794-2802.

Yao J, Li Y, Zhang D, et al. 2019. Wind effects on hydrodynamics and implications for ecology in a hydraulically dominated river-lake floodplain system: Poyang Lake. Journal of Hydrology, 571: 1-10

You H, Xu L, Liu G, et al. 2015. Effects of inter-annual water level fluctuations on vegetation evolution in typical wetlands of Poyang Lake, China. Wetlands, 35: 931-943.

Zhang G, Yu X, Gao Y, et al. 2018. Effects of water table on cellulose and lignin degradation of *Carex cinerascens* in a large seasonal floodplain. Journal of Freshwater Ecology, 33(1): 311-325.

Zhang Q, Wang Z, Xia S, et al. 2022. Hydrologic-induced concentrated soil nutrients and improved plant growth increased carbon storage in a floodplain wetland over wet-dry alternating zones. Science of the Total Environment, 822.

Zhang Q, Zhang G, Yu X, et al. 2019. Effect of ground water level on the release of carbon, nitrogen and phosphorus during decomposition of *Carex. cinerascens* Kükenth in the typical seasonal floodplain in dry season. Journal of Freshwater Ecology, 34(1): 305-322.

Zhang Q, Zhang G, Yu X, et al. 2021. How do droppings of wintering waterbird accelerate decomposition of *Carex cinerascens* Kükenth litter in seasonal floodplain Ramsar Site? Wetlands Ecology and Management, 29(4): 581-597.

Zhang, G, Yu X, et al. 2018. Effects of environmental variation on stable isotope abundances during typical seasonal floodplain dry season litter decomposition. Science of The Total Environment, 630: 1205-1215.

附表 鄱阳湖湿地生态系统监测工作用表

附表 1 水文、水资源调查用表
水文、水资源调查用记载表 PL-W01

监测单位：					监测日期：	
天气：						
序号	站名	时间	水位（m）	水温（℃）	流速	备注
1						
2						
3						
4						
5						
6						
7						
8						
9						
10						
11						
12						
13						
14						
15						
16						
17						
18						
19						
20						
21						
22						
23						
24						
25						
26						
27						
28						
29						
30						

监测人：   校核：

附表 2　湖泊水质采样记录表

江 西 省 水 资 源 监 测 中 心

_____年_____河（湖）_____站水质采样记录表 PL-W02

共_____页　第_____页

流域：　　　　　　水系：　　　　　　河名：　　　　　　站址：　　　　　　天气状况：　　　　　　风力：　　　　　　风向：

样品类别：

断面名称	垂线编号	取样时间（时、分）	气温（℃）	水温（℃）	pH	流速（m/s）	电导率（μS/cm）	溶解氧（mg/L）	矿化度（mg/L）	氧化还原电位（mV）	浊度（NTU）	透明度（cm）	颜色	气味	添加保护剂（ml）				未添加保护剂（ml）	备注
															氢氧化钠	硝酸	硫酸	盐酸		

采样人：　　　　　　年　月　日　　　　　　送样人：　　　　　　年　月　日

附表3 植被样方调查工作用表

鄱阳湖湿地植被调查表 PL-V01

样方号： 调查时间：

经纬度： 高程： 水深：

群落类型：

群落高度： 总盖度：

土壤： 干扰：

小样方号	物种	高度	多度	盖度	生物量

附表4 大型底栖动物野外采样记录工作用表

大型底栖动物野外采样记录工作用表 PL-A01

水体名称	样点编号	日期	经度	纬度	采样工具	采样面积（m²）	底质类型	水生植物盖度和优势种	其他

附表 5　鱼类资源调查工作用表

渔获物调查表 PL-F01

调查时间			调查地点		
经度			纬度		
调查人			记录人		
开始时间		结束时间		累计时间	
调查方法/渔具		总渔获量（kg）		样品量（kg）	
种类和组成					
编号	鱼类名称	尾数	比例（%）	重量（g）	比例（%）
1					
2					
3					
4					
5					
6					
总计					

鱼类生物学数据记录表 PL-F02

采集时间：　　　　　　采集人：　　　　　　记录人：

编号	名称	全长（cm）	体长（cm）	体重（g）	体高（cm）	性别	年龄
1							
2							
3							
4							
5							
6							
7							
8							
9							
10							
11							
12							
13							
14							
15							
16							
17							
18							

附表6 鸟类调查记录工作用表

鄱阳湖水鸟监测点调查表 PL-B01

序号	调查点名称	对应遥感影像区块序号	观测点1 编号	观测点1 角度	观测点2 编号	观测点2 角度	水鸟中文名	水鸟数量	所属类群	栖息地类型	行为	威胁因子
1										A. 泥滩 B. 浅水 C. 深水 D. 草洲 E. 稻田 F. 其他请备注	A. 休息 B. 觅食 C. 理羽 D. 警戒 E. 其他请备注	A. 火烧 B. 捕鱼 C. 道路 D. 其他请备注
2												
3												

鸟类样线（点）调查记录工作表 PL-B02

调查样线（点）号： ，位置： 县 乡，湖名：

调查人： 调查日期： 天气状况： 风速： 温度：

开始时间：_____时_____分 结束时间：_____时_____分

物种名称	数量（成）	数量（幼）	距样线（点）距离	生境	行为	经度	纬度	备注

鸟类红外相机调查工作表 PL-B03

调查样点号： ，位置： 县 乡，湖名：

生境地类型： 调查人：

相机编号	相机位点经纬度	小生境	布设起止时间	物种名称	有效照片数量	独立照片数量

附表 7　鸟类生境调查工作用表

鸟类生境样方调查工作表 PL-B04

调查样方号：　　　　，位置：　　　　县　　　　乡，经度：　　　　纬度：

调查人：　　　　调查日期：　　　　天气状况：　　　　风速：　　　　温度：　　　　湿度：

开始时间：＿＿时＿＿分；结束时间：＿＿时＿＿分

物种名称	个体数量	高程	SB	VC	VH	VD	WD	WC	BL	pH	RD	HD	AD	SD	土壤质地	土壤硬度	鸟粪数量	刨食坑数量	备注

注：SB. 沉水植物生物量（kg）；VC. 薹草盖度（%）；VH. 薹草高度（cm）；VD. 薹草密度（分蘖数/m^2）；WD. 水深（m）；WC. 水盖度（%）；BL. 水面宽度（m）；pH. 水体 pH；RD. 距最近道路距离（m）；HD. 距最近居民区距离（m）；AD. 距最近农作物距离（m）；SD. 距最近水源距离（m）

土壤质地：分为砂土、壤土、黏土

土壤硬度：利用土壤硬度计随机测量 5 个点，取平均值，单位为 kg/cm^2

鸟粪数量：统计新鲜鸟粪数量

刨食坑数量：针对鹤形目鸟类进行此项统计